Gabriele Walter/Kurt Ries

EIN HAUS AUS HOLZ

Gabriele Walter / Kurt Ries

EIN HAUS AUS HOLZ

Planen · Bauen · Wohnen

Eberhard Blottner Verlag

2. überarbeitete Auflage

Bildnachweis: Alle Fotos und Zeichnungen von den Autoren
Titelfoto: Gabriele Walter
Umschlaggestaltung: Britta Blottner
Grundlayout: Manfred Sinicki
Druck: Druckhaus Darmstadt GmbH

Bibliographische Informationen der Deutschen Bibliothek:
Die Deutsche Bibliothek verzeichnet diese Publikation in der Deutschen Natio-
nalbibliographie; detaillierte bibliographische Daten zu diesem Werk sind im In-
ternet über http://dnb.ddb.de abrufbar.

© 2004, Eberhard Blottner Verlag GmbH, D-65232 Taunusstein
e-mail: blottner@blottner.de / URL: www.blottner.de
ISBN 3-89367-101-3 / Printed in Germany

Inhalt

Vom Wohnen auf dem Lande 141

Keine Kraft mehr für den Garten? 146

Literaturverzeichnis 151

VORWORT

Bei aller Mühe der Autoren haben die meisten Baubücher ein wesentliches Manko: Der gestreßte Bauherr liest sie nur halbherzig, weil sie in einem trockenen und ermüdenden Stil geschrieben sind. Während unserer eigenen Bauzeit vermißten wir zudem eine umfassende Lektüre, die uns die hautnahen Erfahrungen bei dem Selbstbau von Holzhäusern vermitteln konnte. Und wenn eine Reiseautorin und ein Künstler - gleichzeitig zwei leidenschaftliche Fotografen - zusammen ein Haus in Eigenregie bauen, dann liegt es nahe, diese wertvollen Erfahrungen zu Papier zu bringen. So reifte unsere Idee, ein Holzhausbuch zu schreiben und zu illustrieren, das neben Anleitungen und Erfahrungswerten von Selbstbauern auch Unterhaltung und kreative Anregungen bieten soll. Es handelt sich um einen persönlichen Erfahrungsbericht, der auf fachgerechten Recherchen beruht, jedoch allgemein keinen Anspruch auf Richtigkeit erhebt. Wenn musisch veranlagte Menschen ein Haus bauen, dann wird nicht nur einfach gebaut, sondern überlegt, wie man das Haus möglichst verlockend gestalten kann. Das Larsson-Haus in Schweden (vgl. S. 142) ist ein gutes Beispiel dafür. Dieses Buch ist mehr als eine bloße Anleitung zum Planen und Bauen eines Holzhauses. Es plaudert auch mit Ihnen über die Philosophie des Bauens und des Wohnens und zeigt einen Weg, wie man ein Haus preiswert, umweltfreundlich und attraktiv zugleich erbauen kann - ohne von individuellen Vorstellungen ablassen zu müssen. In dem vorliegenden Buch lernen Sie auch Holzhäuser in Skandinavien kennen. Sie werden schnell erleben, wie spannend und anregend diese Reise ist - Inspiration für Ihre eigenen Ideen. Darüber hinaus möchten wir dem „Do-it-your-selfer" nicht nur unzählige Telefonate und Recherchen ersparen, sondern auch solche Interessenten begeistern, die sich ein Fertighaus oder ein Ausbauhaus aus Holz kaufen wollen. Sie gewinnen bei der Lektüre Einblick in die Materie und erhalten eine umfassende Einführung in die Holzbauweise. Dadurch können Firmenangebote und die Qualität von Häusern besser überprüft und verglichen werden. Die Bauart unseres Holzhauses ist im Prinzip die gleiche wie die Fertigbauweise. In Amerika und Skandinavien baut man so schon seit Jahrhunderten. Lediglich bei der Verkleidung der Fassade und der Innenwände verwendet man im Gegensatz zum deutschen Fertighaus etwas mehr Holz. Es ist ein großer Trugschluß, daß in einem Holz(ständer)haus die Wände ausschließlich aus Holz bestehen. Nach der Lektüre dieses Buches werden Sie uns sicher zustimmen, daß die Holzbauweise äußerst flexible und abwechslungsreiche Gestaltungsmöglichkeiten bietet.

Gabriele Walter
Kurt Ries

EINFÜHRUNG

Unser selbstgebautes Haus! Die Veranda unter der Balkonterrasse profitiert im Winter von der Wärme der tiefstehenden Sonne und ist im Sommer durch Markisen vor Hitze geschützt. Der Sitzplatz unter der (noch unbewachsenen) Weinlaube wurde so geplant, daß man die Gartenmöbel vom Haus aus nicht sehen muß. Der Gartenteich dient als Sammel- bzw. Sickerbecken für das Regenwasser vom Dach. (Wasser und Abwasser sind teuer!)

Vor einigen Jahren reiste ich nach Schweden. In der Zeit der weißen Nächte legte ich zusammen mit einer Freundin mit dem Auto über 6000 km zurück. Durch das Studium einschlägiger Literatur waren meine Vorstellungen und Erwartungen immens. Wie eine bestimmte Kategorie Fotos in meinem Reisealbum beweist, wurden sie von einer nebensächlichen touristischen Attraktion übertroffen, der ich aber während der Vorbereitungszeit längst nicht den Stellenwert eingeräumt hatte, den er dann für mich bekam. Wenn ich heute an Skandinavien denke, dann nicht allein an endlose Wälder, sonnenrotglitzernde Seen und breite Flüsse, Schären und Klippen, Elche und Rentiere, sondern schlicht und einfach an farbenfrohe Holzhäuser. Und so klebt neben anderen Hausfotos ein Bild in meinem Album, das von geradezu schicksalhafter Bedeutung für mich ist. Umgeben von einer großen Wiese mit hohen Bäumen, sieht man darauf ein zierliches, leuchtend gelbes Holzhaus - liebevoll mit filigranen und weißgestrichenen Sägearbeiten verziert und einem Dach aus braunen Bitumenschindeln (vgl. S. 10 Foto). Man kann sich in ein Haus nicht verlieben, aber man kann sein Herz daran verlieren. Im Laufe der Jahre schlug ich mein Fotoalbum immer wieder auf, nur um das rustikale und dennoch so

DER TRAUM VOM EIGENEN HAUS

elegante Holzhaus zu betrachten und ein wenig zu träumen ... In seiner verblichenen Unschärfe wirkt das Bild etwas weltfremd, wie eine Fata Morgana, die man zwar betrachten, aber nicht erreichen kann. Lange hegte ich nicht im entferntesten die Absicht, mir ein Haus zu bauen, weil ich nicht genug Geld dazu hatte. Auf meinen Reisen fand ich jedoch immer mehr Gefallen an den verschiedenen Wohnstilen in aller Welt, erhielt nicht nur in Nordeuropa, sondern auch in südlichen Gefilden (Provence, Toskana, Griechenland und Marokko) raffinierte Anregungen und Ideen. Der Holzbau in Florida, Neuseeland, in der Karibik und im Orient lehrte mich, daß Holz sogar mit tropischer Exotik harmonieren kann. So reifte in mir das Verlangen nach einem eigenen Heim, in dem kreative Gedanken entstehen können und Kreativität zur Enfaltung kommt. Ich wünschte, daß die Sonne und das geheimnisvolle Fremde in meine vier Wände Einzug halten und meinen Alltag anheimelnd und heiter gestalten würden. Lange mußte dies ein Traum bleiben, denn in einer Mietwohnung kann man die eigenen Vorstellungen nur bis zu einem gewissen Grad realisieren. Schließlich lernte ich meinen Lebensgefährten kennen. Gemeinsam ist man stärker! So begannen wir, Baupläne für ein kleines Haus zu schmieden. Bei dem Stichwort »Holzhaus« kramte ich wieder mein Fotoalbum hervor. Das Bild mit dem gelben Schwedenhaus riß ich heraus. Das kleine Wunder von architektonischer Schlichtheit und Finesse zeigte ich herum. Ich stieß auf Bewunderung und Erstaunen, bei einigen Baufirmen auf respektvolle Distanz (bei manchen Kollegen und Freunden wohl auf Tuscheln und Ungläubigkeit). Nicht zu unrecht! Als wir endlich begriffen hatten, daß uns keine Baufirma ein solches Haus zu einem für uns bezahlbaren Preis errichten konnte, beschlossen wir, es selbst zu bauen. Die zufällige Bekanntschaft mit einem Holzhaus-Bauherren nämlich hatte uns gezeigt, daß man ein solches Haus tatsächlich sehr preiswert und von Anfang an ganz allein erbauen kann. Die Gespräche mit dem erstaunlichen Selfmademan waren sehr interessant. Heute wohnen wir - nach langen Strapazen und viel Streß - in unserem Holzhaus. Manchmal klopfen wir an das Holz. Denn wir können es selbst kaum glauben, daß wir uns unseren Traum von einem idyllischen Landhaus aus Holz verwirklicht haben. Und was macht meine skandinavienbegeisterte Freundin? Mittlerweile hat sie auch ein Holzhaus gebaut. Übrigens - ebenso wie wir - aus einheimischem Holz! Aber es ist anmutiger und farbenfreudiger als die meisten weißverputzten und gleichförmigen Einfamilienhäuser aus Stein. Ein Haus also, um das es in diesem Buch geht.

Idealist oder Masochist?

Für Selbstbauer gibt es viele schlechte, aber durchaus auch sehr gute Nachrichten. Fangen wir mit den schlechten an: Neulich fand ich in meiner Schublade die Computerkopie eines Briefes an meine Eltern, den ich während unserer Bauzeit geschrieben hatte: »Bis Ende nächster Woche sollen die Fenster und Dachfenster sowie die Haustüren im Haus, die Schindeln auf dem Dach und der Kamin fertig sein. Der Graben soll auch noch ausgebaggert und die Abwasser- und Wasserrohre verlegt werden... Dabei müssen wir

uns wieder mit allen möglichen Behörden herumschlagen. Wir wissen eigentlich gar nicht, wo uns der Kopf steht.« Über die Zeilen mit der unrealistischen Einschätzung des Arbeitsvolumens können wir heute lachen. Soweit ich mich erinnere, waren innerhalb jener Woche zwar die Fenster und Türen im Haus, aber weder die Schindeln auf dem Dach noch der Kamin fertig, geschweige die anderen in dem Brief beabsichtigten Arbeiten erledigt. Richtig ist allerdings, daß wir wegen des Wasser- und Stromanschlusses Ärger mit den Versorgungsunternehmen auszustehen hatten, der uns wieder einmal einige Telefonate, Benzin, Zeit und Nerven kostete. Der Eigenbau bedeutet nicht nur schwere Arbeit, die oft in Schinderei ausartet, sondern auch nervliche und zeitliche Belastung, der man unbedingt gewachsen sein sollte. Der Bau eines Hauses läßt sich nun einmal beim besten Willen nicht innerhalb eines längeren Sommerurlaubs bewerkstelligen. Nur wenn Selbsthilfe auf lange Sicht geplant und eingesetzt wird, kann sie erfolgreich sein. Im Klartext heißt das, daß Sie sich innerhalb eines Zeitraums von drei bis vier Jahren in Ihrer Freizeit fast ausschließlich nur um Ihren Hausbau zu kümmern haben. Dies kommt einer Lehr- oder Studienzeit gleich, die Sie quasi im Abendstudium erledigen müssen. Es beginnt damit, daß sich Ihre geruhsamen Wochenendausflüge in verzweifelte Grundstückssuchtouren verwandeln, bei denen Sie sich u.a. mit unfairen Angeboten, pokernden Grundstücksbesitzern und Wucherpreisen einiger unseriöser Makler herumschlagen müssen. Allein für die Grundstückssuche und die Planung Ihres Hauses benötigen Sie etwa ein Jahr Zeit und einen nicht geringen Aufwand an Benzin und Telefonkosten. Falls Sie bereits ein Grundstück besitzen, können Sie immerhin ein halbes Jahr davon abziehen. Wenn Ihr Bauantrag genehmigt ist, haben Sie unzählige Stunden damit verbracht, die Finanzierung zu sichern und die Pläne für Ihr Haus zu entwerfen. Sie müssen dabei Termine bei Banken, Behörden, Versorgungsunternehmen, Baufirmen, den Architekten und dem Notar wahrnehmen, eine ganze Menge

Ein südschwedisches Holzhaus diente als grundlegendes Vorbild für die Gestaltung unseres Hauses. Ein Urlaubsfoto aus dem Jahre 1991. Den Giebel-, Tür- und Fensterdekor und auch das Balkongeländer kann man (u.a. aus wetterfestem Sperrholz) mit der Stichsäge selbst herstellen

Formulare ausfüllen bzw. Anträge stellen, Korrespondenz führen und bereits einen großen Teil der meist unerwarteten Nebenkosten bezahlen. Schließlich beginnt dann die eigentliche Bauzeit, die an Tücken und Hürden nichts zu wünschen übrig läßt. Mal liefert Ihnen der Baustoffhandel die falschen Materialien, die Sie sogar selbst ab und wieder aufladen dürfen, mal läßt ein Handwerker ungebührlich lange auf sich warten oder tritt gar nicht erst bei Ihnen an. Vom »Falsch verbunden!«, »Kein Anschluß unter dieser Nummer!« sowie endlosen musikalischen Einlagen in der Hörermuschel haben Sie schon Ohrensausen. Und auch das Wetter kann Ihnen einen dicken Strich durch Ihre Zeitrechnung machen. Dies sind nur wenige Beispiele, die Ihnen Ihr Bauleben einigermaßen zur Qual werden lassen können. Erst nach etwa zwei bis drei Jahren dürfen Sie etwas aufatmen. Dann haben Sie hoffentlich das Gröbste hinter sich und können langsam in das Haus einziehen. Sie sitzen wochenlang in einem Chaos von Umzugskisten und allerlei Utensilien. Bis zur endgültigen Fertigstellung Ihrer Wohnung und der Außenanlagen (es gibt nach wie vor noch viel zu tun!) sollten Sie dann noch etwa ein Jahr einplanen. Ihr Trostpflaster: Bei überlegter Planung findet das Bauen tatsächlich ein Ende. Dann ist der Streß verflogen!

Und die guten Seiten? Sie möchten der üblichen Selbsttäuschung und einigen unvermeidbaren Enttäuschungen »unbedingt« erliegen und glauben den obigen Zeilen kein Wort! Sie wollen also wie die drei ägyptischen Affen weder hören noch sehen und gehen wacker und schweigend ans Werk. Sie

sind ein unverbesserlicher Optimist! Aber das ist die richtige Einstellung - und Ihre Chance. Nur wer beim Eigenbau unwissentlich mitgegangen, kann auch mitgehangen..., d.h. er kann die unvermeidbare Flucht nach vorn antreten. Und das hat sogar einen Sinn. Am Ende können Sie nämlich stolz auf Ihr Werk sein und haben wahrscheinlich das lukrativste Geschäft Ihres Lebens vollbracht. Nur wer etwas Außerordentliches erreichen will, kann etwas Ordentliches schaffen. Unsere Traumhäuser werden uns nebenbei helfen, die Wohnungsnot zu lindern. Der Eigenbau hat nicht allein die Funktion eines sozialen Wohnungsbaus, er ist auch eine kulturelle Triebfeder. Auch wenn man aus jedem Hunderter das Optimum herausholt, müssen Sparsamkeit und Komfortverzicht noch lange keinen Verlust an Lebensqualität bedeuten. Im Gegenteil! Sie müssen als ökonomischer »Do-it-your-selfer« eben nicht aus Kostengründen viele Abstriche (kein Dachüberstand, keine Sprossenfenster, keine sichtbare Holzbalkendecke ect.) machen, so daß es am Ende möglicherweise gar nicht mehr Ihr Traumhaus ist - sondern Sie können tatsächlich ein Haus bauen, das Ihren ursprünglichen Vorstellungen weitgehend entspricht. In unserem Kapitel »Philosophie des Bauens und des Wohnens« finden Sie unwiderlegbare Argumente für den Eigenbau. Wer sich für den Eigenbau entscheidet, hat in der Regel keine andere Möglichkeit, um zu Wohneigentum zu gelangen. In Deutschland gilt die Eigenheimquote als Schlußlicht unter den Industrieländern. Das liegt sowohl an den hohen Baupreisen, als auch an den Grundstückspreisen, die in Ballungsgebieten nicht selten mehr als die Hälfte der Baukosten betragen. Viele Durchschnittsverdiener können gar nicht bauen; es sei denn, sie bürden sich eine finanzielle Belastung auf, der sie kaum oder nicht gewachsen sind.

»Jedes Tier hat sein Revier«, es hat ein Stück Erdoberfläche, auf dem es sein Nest bauen kann. Das ist ein Naturrecht, das auch uns Menschen innewohnt. Aber viel zu viele Leute können dieses Recht nicht einlösen. Beim Selbstbau tritt an die Stelle einer eintönigen, grauen Mietwohnung ein hübsches, individuelles Häuschen mit Garten, dessen geringe Kosten und Lasten langfristige, große Freude bereiten. Aufgrund der niedrigen Kosten kann der Selbstbauer nach der Fertigstellung des Hauses sein Leben ohne finanziellen Druck, d.h. in seelischer Harmonie genießen - eine der Voraussetzungen für gute Gesundheit. In der Regel haben Selbstbauer keine übermäßigen Schulden, sind unabhängiger von Geldgebern und können deshalb ruhiger schlafen. Man ist auch weitgehend befreit von persönlicher Abhängigkeit. Die Kinder können im Garten spielen, den man nach eigenem Gutdünken bewirtschaftet. Wenn man will, kann man sich auch gewerbliche Räume in dem Haus einrichten. Krach kann es höchstens mit den Nachbarn, nicht aber mit einem Vermieter geben. Der Knüller: Man spart für den Rest des Lebens die Miete und hat sich am Ende - wenn alle Kredite abgezahlt sind - eine zusätzliche Altersrente gesichert. Man bedenke, daß Geld nur bedrucktes Papier ist und jede Art bedrucktes Papier vergänglich ist. Grund und Boden hingegen sind unvergänglich und die Immobilie steigt im Wert. Innerhalb von nur vier Jahren erfuhr unser Grundstück eine Wertsteigerung von 40 €/qm. Wir haben viel Geld verdient, ohne einen Finger krumm zu machen. Die Immobilie ist das rentabelste Gut mit der höchsten Rendite. Sie ist außerdem die beste Vermögensversicherung. Eigenbauer haben es aufgrund ihres relativ niedrigen Verdienstes und des Objekts, das quasi noch gar nicht existiert, in der Regel bei Banken nicht leicht. Bereits bei Fertigstellung des Hauses allerdings wendet sich das Blatt. Dann kann der Selbstbauer nicht selten einen Wertzuwachs von 50 000 € und mehr verbuchen. Durch konsequente Selbsthilfe können bis zu 40% Baukosten gespart werden. Eine Summe, die jeder Bank finanzielle Sicherheit verspricht und die Kreditwürdigkeit in ein vollkommen anderes Licht rückt. Allerdings soll hier nicht verheimlicht werden, daß man als Selbstbauer leider auch weniger von der Steuer absetzen kann. Und Vorsicht! Gehen Sie mit der Kreditwürdigkeit nicht leichtfertig um!

Schließlich haben Sie sich den Streß des Eigenbaus angetan, weil Sie sich hohe Zinsen nicht leisten können. Ihr schönes Häuschen soll Ihnen doch nicht unter den Füßen weggezogen werden. Und da ist noch ein unbestreitbarer Vorteil des Eigenbaus: Sie können Ihr Haus nicht nur äußerst kostensparend, individuell und kreativ bauen, sondern Sie sind auch frei von jeglicher Bankrottgefahr einer Baufirma. Nicht selten gehen kleinere und preisgünstige Baufirmen während eines Hausprojekts bankrott, was nicht nur Ihre finanzielle Planung erheblich durcheinander bringen würde. Außerdem ersparen Sie sich durch den Eigenbau evtl. vertragliche Diskrepanzen mit einer Baufirma, da Sie nur einzelne Aufträge mit begrenztem Umfang vergeben. Auf einen Rechtsanwalt für den Firmenvertrag können Sie in der Regel verzichten. Vieles wird schwieriger, aber teilweise auch leichter, weil Sie während der Bauphase unabhängiger sind. (Wer weiß schon bei der Unterschrift unter einem umfassenden Bauvertrag, was er wirklich will!?) Der Selbstbau ermöglicht es, seine Vorstellungen langsam wachsen und reifen zu lassen. Sie können ständig neue Ideen ohne zusätzliche Kosten entwickeln und daß ohne Diskussionen mit einer Baufirma. Sie wachsen in das Haus wie in die eigene Haut. Fazit: Es ist phantastisch, im eigenen Heim aus Holz zu wohnen.

Persönliche Voraussetzungen für den Eigenbau

Ein paar persönliche Voraussetzungen für den Eigenbau sollten Sie mitbringen. Sie müssen kein Fachmann sein, um ein Holzhaus in Eigenregie zu errichten. Aber Sie sollten über handwerkliches Geschick und gute körperliche und seelische Konstitution verfügen. Und Sie sollten sich mit Werkzeugen auskennen und wissen, wie diese einzusetzen sind. Sie sollten möglichst viele dieser Werkzeuge besitzen. Seien Sie bitte nicht leichtsinnig mit Ihrer Gesundheit.

Pflegen Sie sie bewußt und mehr als je zuvor. Kreuzschmerzen, Muskelverspannungen, Nervosität und Erkältungen sind typische Selbsthilfe-Symptome. Manche Männer glauben, sich am Bau im Bodybuilding üben zu müssen. Aber was nützt Ihnen denn der Kraftbeweis, wenn plötzlich der Arm schmerzt oder die Bandscheibe nicht mehr mitspielt? Dann müssen Sie auf halber Strecke aufgeben ... Eine Rückenschule kann vorbeugen. Heben Sie niemals zu schwere Lasten! Die Lasten werden sich mit der Zeit summieren, der Körper streikt bei vielen Menschen erst später und ganz unerwartet. Kaminöfen, Kaminsteine und die Dacheindeckung zählen zu den schwersten Gegenständen beim Holzbau. Ein Flaschenzug sollte auf der Baustelle nicht fehlen. (Er diente schon in der Antike als Hebegerät. Daneben wurden Auslegekräne mit Treträdern benutzt, wie sie beispielsweise auf dem bekannten Relief des römischen Haterier-Grabmals dargestellt sind.) Außerdem sollten Sie in der Bauzeit möglichst wenig familiäre und berufliche Belastungen haben. Ein Nebenjob oder gar eine zusätzliche Ausbildung wäre fatal. Verspüren Sie Zwistigkeiten in der Familie oder in der Partnerschaft, dann lassen Sie lieber die Finger vom Bau. Es ist äußerst wichtig, daß Ihre Mitmenschen Ihnen voll und ganz zur Seite stehen. Wenn Sie sich darauf nicht verlassen können, drohen Ihnen deprimierende Bautage voller Hoffnungslosigkeit. Der Selbstbau ist auch nichts für Workoholics, die bis spät abends Überstunden leisten, und deren Ehefrau voll arbeitet oder drei Kinder versorgen muß. Günstig ist, wenn die Bauherrin über genug Zeit verfügt, sich um die organisatorische Seite des Baus zu kümmern (Finanzierung, Bauskizzen, Einholen von Angeboten, Ausfüllen von Formularen, Korrespondenz, Verhandlungen, Behördengänge). Der Eigenbau kommt zwei Fulltime-Jobs gleich. Wenigstens ein Baupartner sollte über eine flexible Arbeitszeit verfügen. Kalkulieren Sie deshalb neben dem Kredit- oder Dispolimit auch Ihr Zeitlimit nüchtern und objektiv. Wenn Sie nicht genug Zeit für den Bau haben, zieht er sich elend in die Länge. Sie können leicht die Lust (und damit zuviel Geld!) daran verlieren. Planen Sie deshalb eine nicht zu kurze - aber auch nicht zu lange - Bauzeit ein. Wichtig ist zudem eine gute Vorplanung Ihrer Wohnverhältnisse. Sie sollten sich vor Augen halten, daß Sie etwa zwei Jahre lang eine doppelte finanzielle Belastung durchzuhalten haben. Bringen Sie sich mit dem Umzug keinesfalls in Zugzwang, denn es ist äußerst schwierig einzuschätzen, wann Sie in Ihrem neuen Haus wirklich schon wohnen können. Ein überstürzter Umzug kann Sie leicht in den nervlichen Ruin treiben. Solange in dem Haus noch allzuviele Baustoffe und Werkzeuge liegen, haben Umzugskisten kaum Platz. Sie müssen Ihren Rücken durch sinnloses Hin- und Herstapeln beanspruchen und verschwenden viel Zeit für die Suche nach fehlenden Gegenständen im Haushalt.

Eine sehr wichtige Voraussetzung für den Eigenbau ist zudem, daß Sie ein netter Mensch sind. Fehlt es Ihnen an Freundlichkeit, wird manche Hilfe - die Sie oft dringend benötigen - ausbleiben. Hilfe am Bau kann man auch durch eine Nachbarschafts-Selbsthilfegruppe gewinnen. Das funktioniert vor allem in Neubaugebieten. Man kann sich mit Know-how, Tips, Werkzeugen und Maschinen gegenseitig unterstützen. Zudem sei auf die Holzbau-Schulen und -seminare hingewiesen, die von einzelnen Verbänden und Firmen angeboten werden. Außerdem findet der Eigenbauer unabhängige Beratung (auch zur Finanzierung) und hilfreiche Unterstützung beim Verband Privater Bauherren e.V. in Hamburg oder vom Verband Wohnen im Eigentum e.V. in Bonn.

Über die Bauberufsgenossenschaft müssen Sie Ihre freiwilligen Hilfskräfte am Bau versichern. Es sei an dieser Stelle geraten, sich den Unfallschutz zu Herzen zu nehmen. Schließlich möchten Sie nicht, daß sich Ihre Verwandten und Freunde auf der Baustelle Schäden zuziehen (und auch Sie möchten gesund in Ihr Haus einziehen). Weisen Sie deshalb auch Ihre Hilfskräfte in den Unfallschutz ein!

DER ROHSTOFF HOLZ

Die typischen Vorurteile gegenüber Holz: Es brennt, es fault, es wird feucht und morsch und es lockt sogar den Holzwurm an; Holz schwindet und quillt, es bekommt leicht Risse, und außerdem ist es hellhörig - setzen manche Gegner des Holzbaus noch gern hinzu. Da braucht man sich nicht zu wundern, daß Holzhäuser (ungerechtfertigt) zuweilen eine schlechtere Beleihbarkeit oder höhere Versicherungsprämien haben. Die genannten Vorbehalte gegenüber dem Baustoff Holz werden aber schnell ausgeräumt, wenn

ÄLTER ALS DIE PYRAMIDEN

sich die Bauherren mit der Materie befaßt haben. Wenn Sie das Holz sorgfältig ausgesucht, behandelt und gepflegt haben, ist es nicht nur äußerlich sehr attraktiv, es erfüllt seine Funktion am Bau meist zuverlässiger als Beton. Holz trägt - bezogen auf sein Gewicht - 14mal soviel wie Stahl, seine Druckfestigkeit ist genauso hoch wie die des Stahlbetons. Der älteste erhaltene Holzbau der Welt ist zweieinhalb Jahrtausende älter als die ägyptischen Pyramiden, nämlich - sage und schreibe - 7300 Jahre. Er steht in Deutschland! Es handelt sich um einen Brunnenschacht der Jungsteinzeit aus mächtigen Eichenbohlen. In der Nähe des rheinischen Städtchens Erkelenz wurden von dem ursprünglich etwa zwölf Meter tief in den Sand- und Kiesboden reichenden Brunnenkasten knapp acht Meter in gutem

Zustand freigelegt. Das Bohlenrechteck von 3 x 3 Metern Größe gilt als die bisher älteste bekannte Blockbauweise. Auf den bahnschwellenähnlichen, derben Balken lassen sich sogar noch die Hiebspuren von den Steinäxten der Urzimmerleute erkennen. Die bis zu einem Meter dicken Eichenbäume, die für den äußeren Kasten verwendet wurden, wurden im Herbst oder Winter des Jahres 5303 v.Chr. gefällt und sehr wahrscheinlich schon im nächsten Sommer verbaut. Etwa 200 dieser Eichenbalken wurden fachgerecht konserviert und im Rheinischen Landesmuseum Bonn als Steinzeitbrunnen ausgestellt.

Und Beispiel Venedig: Seit 800 Jahren steht die alte Lagunenstadt auf Holzpfählen. Das älteste aller noch erhaltenen Blockhäuser (um 1250) steht im Freilichtmuseum von Oslo. In den nordamerikanischen Staaten beträgt der Anteil der Holzhäuser 90%, und auch in Skandinavien wird der überwiegende Teil der Häuser in Holzständerbauweise erstellt. In Norwegen bauen nur Außenseiter aus Stein. Holz ist der ursprünglichste und älteste Baustoff der Welt. Die Konstruktionen der Monolithen in Stonehenge bei Salisbury und auch die später errichteten Tempel der Antike weisen Nachahmungen hölzerner Zapfenverbindungen auf. Das Konstruktionssystem des

Die norwegischen Stabkirchen aus dem 12. und 13. Jahrhundert sind Meisterwerke der Holzbaukunst. Bei allen Stabkirchen ist die vertikale Stellung der Balken und Wandbohlen auffällig. Ihre Bauweise ist mit dem heutigen Ständerbau vergleichbar. Offensichtlich war das vertikale Holz in der germanischen Tradition ein Ausdruck sakraler oder archaisch-ehrwürdiger Architektur. Der normale, weltliche Hausbau bediente sich damals des Blockbaus

klassischen griechischen Tempels wurde aus einer älteren, für das Heraion von Olympia auch literarisch bezeugten Holzbauweise heraus entwickelt. Seit dem 8./.7. Jh. v.Chr. wurden die hölzernen Elemente (Pfosten, Rähm und Balkenlage) allmählich durch steinerne Glieder ersetzt. Ein Beispiel für die Gliederbauweise sind auch die mit einiger Sicherheit aus einer urspünglich hölzernen Ringhallen- oder Laubenkonstruktion entwickelten Säulenordnungen der griechischen Antike (dorische, toskanische, ionische, korinthische Ordnung).

Leben mit Holz: umweltfreundlich, tolerant und romantisch

In Deutschland beträgt der Anteil der Holzbauten derzeit etwa 10%, und nicht ohne Grund ist die Tendenz steigend. In der Ursprünglichkeit des Baustoffes Holz verbirgt

Der Holzständerbau bietet die vielfältigsten Gestaltungsmöglichkeiten für ein Haus. Man kann es mit Holz oder auch Klinker verkleiden bzw. verputzen

sich eine ganze Lebensphilosophie. Holzhausverehrer schätzen nicht nur den natürlichen Duft, sondern auch das Knarren und Knacken des Holzes in den Wänden und Böden. Wenn dazu das Feuer im Kamin knistert, dann kann ein verputztes Steinhaus in seiner leblosen Sterilität mit dieser lauschigen Atmosphäre kaum mithalten. Holz kommuniziert - es lebt sogar im verarbeiteten Zustand. So wie der Wein im Holzfaß zu edler Güte reift, formt ein Holzhaus auch den Charakter eines Menschen. Das Holz hat einen schmiegsamen und warmen Charakter, während Stein Härte, Widerstand und Kälte verkörpert. Ein Holzfußboden federt im Gegensatz zu einem Fließenfußboden leicht, er ist fußwarm und gibt nach. Fällt eine Tasse auf den Boden, dann zerschellt sie nicht gleich, sondern es gibt einen schönen Ton. Und wenn ein Kind fällt, dann schlägt es sich nicht gleich den Kopf auf. Bei einer Steinwand braucht man Dübel, um einen Haken zu befestigen. In das Holz klopft man ganz einfach einen Nagel hinein. Und abgesehen von der künstlerischen Wirkung des Holzes

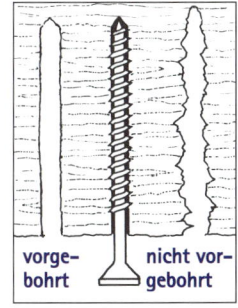

(Maserung, Farbe, Schnitzwerk, kunstvolle Säge- und Drechselarbeiten, Fassadengestaltung) und der Behaglichkeit des naturnahen und rustikalen Interieurs, ist dieser Baustoff außerdem ein unschlagbarer Pluspunkt für die Umwelt, sofern er in heimischen Gefilden gewonnen wird. Der Staat sollte nicht nur allgemein den Bau von Niedrigenergiehäusern fördern, sondern ganz besonders den Holzbau. Denn jedes Holzhaus ist im Grunde ein Energiesparhaus. Der mit Abstand größte Anteil am Energieaufwand bei der Bereitstellung des Holzes entfällt auf den Ferntransport zum Sägewerk. (Ebenso haben auch die Kahlschlaggebiete aus dem Regenwald keine gute Ökobilanz.) Der Gesamtenergieaufwand zur Herstellung eines Holzhauses ist viel geringer als bei Gasbeton- oder Backsteinhäusern. Die Holzfabrik »Wald« wird allein mit Sonnenenergie betrieben! Für die Bereitstellung von Rohstoffen wie Kunststoff, Stahl und Aluminium werden dagegen große Mengen fossiler

Energie benötigt. Zudem kann Brennholz fossile Energieträger ersetzen. Erze, mineralische Rohstoffe, Erdöl, Erdgas und Kohle sind begrenzt, während Holz immer wieder nachwächst. 70% des jährlichen Holzzuwachses werden genutzt, die Waldfläche nimmt zu. Wälder produzieren nicht nur Holz, sondern sie erzeugen auch Sauerstoff und dienen der Erholung. Dabei wirken neue Wälder als besonders aktive Kohlenstoffspeicher. In einem Blockhaus, bestehend aus 50 Kubikmetern Holz, sind 12,5 t Kohlenstoff mit einem CO_2 Äquivalent von 45 Tonnen über Jahrhunderte gespeichert. In dem Ökosystem Wald wächst und vergeht alles aus eigener Kraft. Das Erntealter eines Baumes liegt zwischen 80 und 240 Jahren. Tiere und Pflanzen werden durch die Bewirtschaftung deshalb nur wenig gestört. Häßliche Industriebauten entfallen. Außerdem hält der Wald das Grund- und Oberflächenwasser rein, er schützt vor Erosion, Wind und Lärm und verbessert das Klima be-

Faszination Holzständerbau. Dieses Haus wurde – ähnlich wie die Stabkirchen – sozusagen an Masten »aufgehängt«

Wenn man nicht vorbohrt, werden die Holzfasern zerstört und die Schraube verliert ihren Halt

vorge-   nicht vorbohrt   gebohrt

15

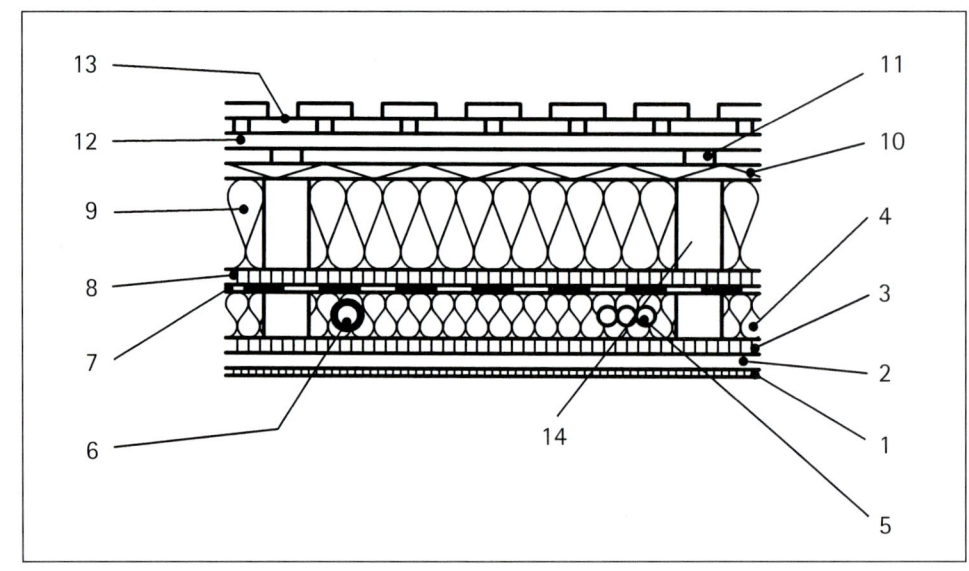

Unterschiedliche
Zahnungen für
unterschiedliche
Sägearbeiten

nachbarter Siedlungsräume und Freiflächen durch Luftaustausch.

Rheuma ade!

Es gibt noch mehr Vorteile des Holzbaus, die immer mehr Bauherren zum Hammer statt zur Maurerkelle greifen lassen. Der amerikanische Schriftsteller Mark Twain wunderte sich über die vielen Rheumabäder in Deutschland und fragte, wo wir Deutschen uns denn sonst unseren aus feuchten Steinhäusern herrührenden Rheumatismus heilen sollten. Viele Ärzte empfehlen ihren Patienten, in ein Fertighaus umzuziehen, weil Feuchtigkeit die Lebensgrundlage von Hausstaubmilben und damit Allergien ist. Wer häufig an Erkältungen, Husten und Bronchialkrankheiten leidet, ist in einem Holzhaus besser aufgehoben. Holz kann viel Feuchtigkeit absorbieren, es gibt diese aber auch

wieder ab, wenn die Luft zu trocken wird. Kalte Wände oder gar Schimmel gibt es in einem Holzhaus nicht. Die Temperatur einer Holzoberfläche wird immer nahe an der Raumtemperatur liegen, so daß man sich sehr behaglich fühlt. Nur der Baustoff Lehm hat eine ähnlich feuchtigkeitsregulierende Wirkung. In einem Holzhaus eignet er sich deshalb hervorragend als wärmespeichernde Ergänzung. Eine Wand hinter dem Ofen oder eine von der Sonne angestrahlte Wand sollte man unter Berücksichtigung dieses Aspekts mit Lehm verputzen. Holz besitzt leider nur eine geringe Wärmespeicherfähigkeit (nicht zu verwechseln mit der Dämmfähigkeit, die beim Holz außerordentlich hoch ist). Wenn die Außentemperaturen fallen, kühlt ein Holzhaus relativ schnell ab, heizt sich aber – dank der geringen Speichermasse – ebenso schnell auf. Ein

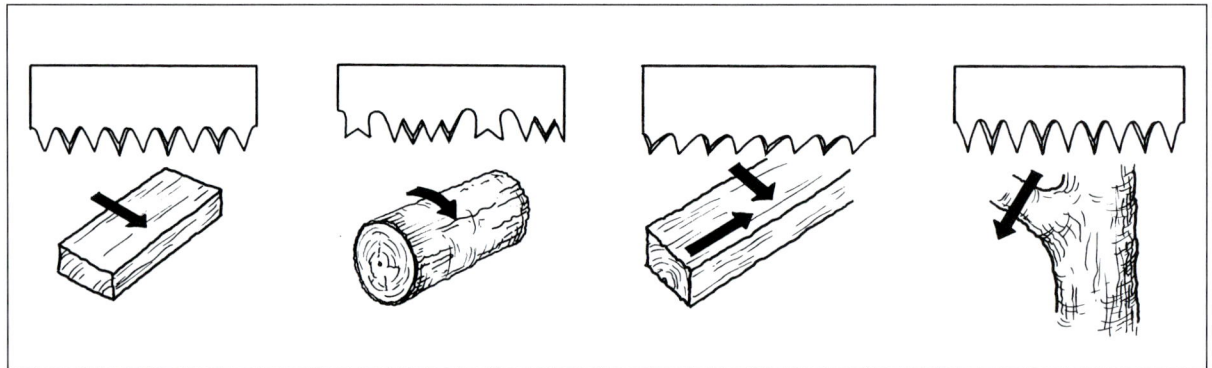

16

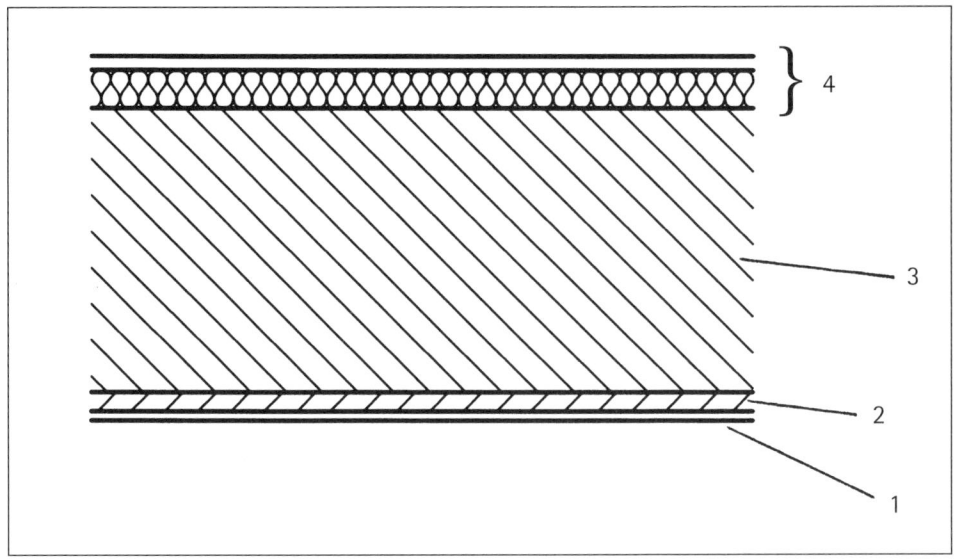

1 Tapete
2 mineralischer
  Putz 20 mm
3 Ziegelwand
  365 mm
4 Wärmedämm-
  verbundsystem
  60 mm

Holzhaus hat relativ dünne Wände, wodurch viel Platz gespart werden kann. (Eine Steinwand ist erheblich dicker als eine Leichtbauwand.) Besonders günstig ist das für kleine Grundstücke! Infolge der sehr guten Isoliereigenschaften des Holzes geht bei konstanten Außentemperaturen nur wenig Wärme aus dem Haus verloren. In Übergangszeiten braucht man so in gut isolierten Holzhäusern kaum noch zu heizen. Erst gegen Mitternacht wird es spürbar kühler, so daß man eigentlich nachheizen müßte. Aber in der Regel liegt man dann ja schon im warmen Bett. Bei großer Sommerhitze kühlt ein Holzhaus gegen Abend im Nu aus. Das angenehme Klima im Holzhaus beruht auf dem natürlichen elektrischen Gefälle der Luft, wie Wissenschaftler feststellten. Auch störende Gerüche werden im Holzhaus schnell neutralisiert, so daß die Räumlichkeiten immer angenehm riechen. Eine offene Küche zum Beispiel ist in einem Holzhaus weniger problematisch, die unschöne Dunstabzugshaube meistens überflüssig. Es genügt, wenn man nur kurz das Fenster öffnet. Bei unserem Umzug aus einem alten Steinhaus brachte ich zwei Tüten voller muffiger Handtücher mit, die dort monatelang auf dem Speicher gestanden hatten. Die Handtücher in der einen Tüte hatte ich einige Male gewaschen, bis der muffige Geruch daraus verschwand. Die andere Tüte stand noch einige Tage unberührt in der Ecke. Als ich auch diese Handtücher waschen wollte, rochen sie überraschenderweise kaum noch muffig. Das atmungsaktive Raumklima in unserem Holzhaus hatte dafür gesorgt. Zudem gibt es bauliche Vorteile, die zur

Mögliche Holzverformungen

17

Attraktivität eines Holzhauses beitragen. Es ist nur dann hellhörig, wenn die in unserem Schallschutz-Kapitel (siehe ab Seite 126) empfohlenen Maßnahmen nicht beachtet werden. So mancher musikbegeisterte Bauherr bevorzugt allein aus akustischen Gründen ein Holzhaus. Komponisten wie Edward Grieg und Peter Tschaikowskij arbeiteten gern in Holzhäusern, zumal Holzbauten eine besondere künstlerische Ausstrahlung besitzen.

Der Werkstoff Holz ist leicht zu bearbeiten, er rostet bzw. korrodiert nicht. Leitungen können spielend leicht (ohne viel Dreck und Wändeaufklopfen) verlegt werden. Außerdem verkürzt sich die Bauzeit aufgrund des Trockenbaus. Der Bau muß nicht austrocknen, und es kann – sobald die erste Dachdeckung erfolgte – gleich im Trockenen gearbeitet werden. Vor Wind, Regen und Kälte ist der Bauherr bald geschützt, so daß ihm der Schnupfen erspart bleibt. Holzwerkstoffe sind nicht schwergewichtig; sie können auch leichter bearbeitet werden. Beim Bau eines Holzhauses können deshalb auch Frauen gut mit anpacken. Um- und Anbauten sind im Holzbau leicht zu bewerkstelligen. Und das i-Tüpfelchen: Holz ist ein preiswerter Baustoff! Und außerdem sind Holzständerhäuser elastisch genug, um Erdbeben zu trotzen. Auch deshalb werden in Amerika und Neuseeland vorrangig Holzhäuser gebaut. Und übrigens zeigt ein Holzständerhaus - im Gegensatz zu einem Blockhaus - kaum Setzungserscheinungen.

Holz vom Feinsten?

Als Bauherr eines Holzhauses möchten Sie sicher etwas über die Holzverarbeitung erfahren. Lesen Sie dazu auch die Kapitel »Ständerwerk« und »Holzschutz«. Dort erfahren Sie noch mehr über den Feuchtigkeitsgehalt des Holzes, der nicht mit der Feuchtigkeit in Steinhäusern verwechselt werden darf. Es ist nicht weiter schlimm, wenn Holz naß wird, es muß nur rasch wieder trocknen können! Holz beinhaltet ohnehin einen Anteil Wasser. Das Wasser ist in seinen Zellhohlräumen als freies Wasser und in den Zellwänden als »gebundenes Wasser« vorhanden. Deshalb besitzt Holz eine Quellwirkung, die man in alten Steinbrüchen zur Sprengung von riesigen Felsen einsetzte. In Faserrichtung schwindet Holz kaum, quer zur Faser jedoch beachtlich. Die Schwundmaße stehen zueinander im Verhältnis: längs-radial-tangential = 1:10:20. Wenn beim Sägen die Jahresringe beachtet werden, schwindet Holz also nur gering. Lufttrockenes Holz (15%) eignet sich für Bauteile, die dauernd mit der Außenluft in Verbindung stehen (Fenster, Haustüren, Holzbauten im Garten, Holzfassaden). Holz für Möbel oder den Innenausbau muß deutlich weiter heruntergetrocknet werden (6-7%). Fußbodenbretter, Kanthölzer für den Innenausbau und Paneele zum Beispiel sollten deshalb mehrere Tage lang unter den gleichen Klimabedingungen lagern, unter denen sie später verwendet werden. Unregelmäßiges oder schnelles Trocknen führt zu Rissen im Holz. Zum langsamen Trocknen von Holz eignen sich unbeheizte Räume gut. Stapeln Sie das Holz auf Lagerhölzern und legen Sie etwa in den Drittelpunkten Leisten dazwischen, damit es gut durchlüftet wird. Um Verfärbungen des Holzes zu verhindern, sollte es im Schatten gelagert werden. Im Freien muß das Holz mit einer Folie abgedeckt werden. Kesseldruckimprägniertes Holz braucht man nur, wenn die Konstruktionsteile der Feuchtigkeit ausgesetzt sind (zum Beispiel für Holzterrassen). Wenn Sie mindestens 20 cm über dem Boden liegen und Luft zirkuliert, ist dies nicht notwendig. Als Bauholz eignen sich vor allem unsere einheimischen Nadelhölzer Fichte, Kiefer, Tanne, Douglasie und Lärche. Buche und Eiche wären ebenso geeignet, sind aber zu teuer. Einheimisches Holz hat gewisse Nachteile gegenüber dem Holz aus Skandinavien und Nordamerika, das aufgrund der Kälte langsamer wächst und deshalb härter und widerstandsfähiger ist. Auch die heute gefährdeten Tropenhölzer sind wetterfester und pilzresistenter. Das harte Holz des Gummibaums zum Beispiel besitzt eine sehr hohe Oberflächendichte. Einheimisches Holz ist - wenn es nicht gerade aus den Alpenhöhen kommt - zwar weicher, aber dafür viel preiswerter und vor allem umweltfreundlicher. Der oft vermutete Zusammenhang zwischen Schädlingsresistenz und Härte des Holzes ist außerdem umstritten. In jedem Fall verfügt Kernholz über die höchste Widerstandsfähigkeit; noch mehr natürlich das moderne Brettschichtholz. Die Resistenzklassen-Unterteilung bei Bauholz lautet wie folgt: 1. Robinie, 2. Eiche und Red Cedar, 3. Lärche und Douglasie, 4. Kiefer, Fichte und Tanne. Beim Fichtenholz zeigen sich die meisten Risse, Harzgallen und Verfärbungen.

Holz hat eine Seele, es lebt und arbeitet. Am eindrucksvollsten merkt man das am heimischen Fichtenholz. Beim Kiefernholz haben die ganz großen Balken nach zwei Jahren nur kleine Risse. Unbehandelte Eichen- und Kiefernhölzer vertragen sich nicht. Die Gerbsäure der Eiche schadet der Kiefer. Beim konstruktiven Holzschutz sollten beide Hölzer getrennt werden. Das Holz der Tanne bekommt kaum grobe Schwundrisse, es ist abriebfest und absolut frei von Harzgallen. Nach einer gewissen natürlichen Lichteinwirkung gewinnt die Maserung des Tannenholzes eine sehr reizvolle gelb-graue Färbung. Die Douglasie - ein leichtes Holz mit einer gelblich bis rötlich-braunen Färbung - ist im Westen Nordamerikas das wichtigste Holz für bauliche Zwecke. Ihr Kernholz hat eine ähnliche, rote Farbe wie die Lärche. Seine Qualität ist stark von der Jahrringbreite abhängig. Das gefragteste einheimische Holz ist der Walnußbaum, es ist aber unerschwinglich. Auch das Holz der Lärche und der falschen Akazie sind sehr fäulnisbeständig. Lärchenholz behält über viele Jahre hinweg einen schönen, rötlichen Ton, ohne zu vergrauen. Buche wird leicht von Insekten befallen. Eschenholz läßt sich nicht so leicht wie Eiche bearbeiten. Es eignet sich ebenso wie Robinie als Biegeholz. Man sollte generell darauf verzichten, das Holz in einem bestimmten Farbton zu beizen, denn es dunkelt ohnehin nach. Weide,

Ulme, Eschenahorn und Pappel bringen kaum Qualitätshölzer hervor, außerdem lassen sie sich nur schwer bearbeiten. Auch das Gewicht spielt bei der Holzauswahl eine Rolle. Eichenholz wiegt fast doppelt soviel wie Kiefern- oder Fichtenholz. Die Eiche galt den meisten indogermanischen Völkern, aber auch den Japanern als heilig. Wurde eine Eiche vom Blitz getroffen, bewahrte man Stückchen ihres zersplitterten Holzes als gefahrenabwehrende Amulette auf. Hemlock ist ein wichtiges Handelsholz in Amerika, das in viele Teile der Welt verschifft wird. In Nordamerika wächst auch die »Red Cedar«. Zedernholz ist aufgrund seiner natürlichen Resistenz gegen Holzschädlinge und Pilze ausgezeichnet für den Fachwerkbau geeignet. Das Geheimnis der Red Cedar liegt bei dem ihr eigenen ätherischen Öl, das jeden chemischen Holzschutz überflüssig macht. Zedernholz neigt nicht zur Rißbildung und verdreht sich nicht. Trotz extremer Formbeständigkeit besitzt es ein nur geringes Gewicht und eine außerordentlich gute Wärmedämmfähigkeit. Es ist sogar schwerer entflammbar als sonstiges Holz. Im Gilgamesch-Epos, dem bedeutendsten Werk der babylonischen Literatur vom Ende des 2. Jt. v. Chr., wird über die Zedernholz-Expeditionen nach den syrischen Gebirgen und dem Libanon berichtet. Die Libanon-Zeder gilt als edelstes Holz. Laut geschichtlicher Überlieferung wurde es für die Tore der Stadtmauer von Uruk verwendet. Die hochragenden Zedernstämme (bis zu 40 m hoch) waren auch zum Decken der Dächer monumentaler Tempelbauten bestens geeignet und wegen ihres Duftes besonders begehrt. Man schaffte die kostbaren Balken zum Euphrat, um sie aus dem Zweistromland stromab zu flößen. Schon damals schätzte man den Charakter des Holzes: In dem Epos hören wir gleichsam den Todesgesang der von Gilgamesch gefällten, aber noch der Sprache fähigen bzw. noch »lebend« am Boden liegenden, heiligen Zedern.

PHILOSOPHIE DES BAUENS UND DES WOHNENS

Eine Schule aus Holz! Waldorf-Schule in Neuwied mit lebensfroher Farbgestaltung. Beispiel für anthroposophische Architektur

Man hüte sich vor Architekten, die betont modern bauen, denn behaglich und preiswert wird das nicht! Das menschliche Leben besteht aus den Traditionen und Neuschöpfungen gleichermaßen. Der Mensch braucht ein Haus, das zu ihm paßt wie eine alte Jacke. Etwa um 33 v. Chr. legte Vitruvius in seinem umfassenden Werk »de architectura« seine ästhetischen Kriterien über die Standortwahl römischer Villen dar. Demnach sollte sich die Längsachse des Hauses von Ost nach West erstrecken, wodurch die Front mit der Portikus dem vollen Sonnenbogen ausgesetzt war. Gern wählten die Römer sowohl geschützte als auch erhöhte Standorte über einer Talniederung am Fuße eines Hanges, so daß sich von der Portikus eine ungestörte Sicht über das Tal eröffnete. Albert Schweitzer richtete seine Gebäude im afrikanischen Urwald zum Fluß hin aus, so daß kühlende Luft hindurchstreichen konnte. Man sollte die Natur in ein Haus – sowohl innen als auch außen – so weit wie möglich einbeziehen: ihre Luft, ihren Duft, ihre Formen und Farben, ihre Schönheit. Unser zierliches rapsgelbes Holzhaus wirkt mit seinen Verzierungen wie eine Blume in der Landschaft. Im Herbst erinnert es an das Gelb der Maiskolben oder an eine Sonnenblume, im Frühjahr an Forsythia, Osterglocken und Ginster.

DEN FRAUEN UND KÜNSTLERN DAS ZEPTER AM BAU?

Wenn man Bäume fällt, um sie als natürliche Baustoffe für ein Haus zu verwenden, gibt man ihnen ein neues Leben. Sozialwissenschaftliche Untersuchungen beweisen, daß die heutige Bauweise einen erheblichen Anteil an unseren Zivilisationskrankheiten hat. Kritisch-humanistische Bauphilosophien bemängeln zu Recht die sozialen und damit auch finanziellen Verluste, die durch die rationelle Architektur verursacht werden. Friedensreich Hundertwasser und auch die Anthroposophen stellen die wahren und bleibenden Werte wie erhöhte Lebensqualität, Gesundheit, Zufriedenheit, Sehnsucht nach Romantik, Individualität, Kreativität, Erleben in Harmonie mit der Natur und mit anderen Menschen der sozialen Bilanz gegenüber. Monotone Hochhausbauten führen erwiesenermaßen zu gesteigerter Aggressivität und kriminellem Verhalten. Der österreichische Künstler Arik Brauer fordert: »Das Bauen müßte in den Schulen ein Pflichtfach sein. Es würde sich dann mit der Zeit ein bunt wuchernder Baustil entwickeln, der im einzelnen vielleicht kitschig, im Gesamtbild aber ein großartiges Stadtbild ergeben könnte.« Einen sehr interessanten Beweis dazu lieferte ein Experiment in einer Schule in Dessau. Die Schüler sollten ihre Traumschule malen.

Gesagt, getan! Ergebnis: Die meisten Bilder ähnelten Gebäuden von Friedensreich Hundertwasser! Hundertwasser zauberte übrigens in Dessau aus einem langweiligen, planwirtschaftlich grauen Schulbau eine Traumschule. Aber wer soll das für alle Schulen in Deutschland bezahlen? Zwischenfrage: Wie hoch belaufen sich die Kosten für die soziale Betreuung von Kriminellen und die von ihnen verursachten Schäden? Die Umverteilung der Finanzfonds würde auf lange Sicht viele soziale Probleme lösen und auch eine positive Bilanz ergeben. Hundertwasser spricht von »Gefängnissen gleicher glatter Schachteln«, in denen die Bewohner beginnen sollten, die Einheitstüren und weißen Fensterrahmen nach Belieben farbig zu streichen. Die Benutzung eines Lineals bezeichnet er als »verbrecherisch«, ja als Symbol des neues Analphabetentums. Die Erziehung durch Architektur spielt auch bei den Anthroposophen eine wichtige Rolle. Wer naserümpfend über die Gepflogenheiten an Waldorf-Schulen redet, sollte wenigstens zur Kenntnis nehmen, daß die soziale Entwicklung von Waldorf-Schülern erwiesenermaßen äußerst positive Statistiken vorweisen kann. Auch die Anthroposophen wehren sich gegen geradlinige Monsterkonstruktionen, schließen ihre Räume gern durch ein Gewölbe aus Holz nach oben hin ab. Der rechte Winkel wird bewußt vermieden, in der Shilouette ihrer Bauwerke werden die der Landschaft innewohnenden Linien aufgenommen. So kann ein Dach entweder schildkrötenartig oder auch pilzhaubenförmig gestaltet sein. Ihre Schulen wirken oft wie ein fremdartiges Wohntier. Dabei fehlt es nicht am Einsatz natürlicher Materialen. Die Wände müssen nicht weiß oder grau gestrichen werden, sondern sie sind orange, rot oder gar blau eingefärbt. Hundertwasser spricht von »schöpferischer Verschimmelung«, fordert das Zurück zu urigen Materialien und zu einem natürlich, belassenen Eindruck. Interessant ist auch die Frage, warum sich unter jenen neuen Baukünstlern immer häufiger Frauen finden. Wenn Ehepaare ein Haus bauen, dann kümmert sich in der Regel die Frau um die architekto-

nischen Details. Männer gehen an die Hausplanung oft ohne praxisnahes Denken heran. Haushalt, Kochen, Kindererziehung, Gemütlichkeit und Saubermachen sind Aufgaben, die der Frau seit der Urgesellschaft traditionell innewohnen und laut wissenschaftlichen Umfragen auch heute noch von der Mehrheit der Männer als Frauensache betrachtet werden. Sollten deshalb nicht besser die Frauen – in Absprache mit den Männern – Wohnungen planen? Stöbern Sie in einem Buchladen mal unter der Rubrik »Wohnen« herum. Die meisten Bücher wurden von Frauen verfaßt, weil sich die Männer zwar für das Bauen, aber weniger für das Wohnen in den Gebäuden interessieren. Aber warum sollten sie dann unsere Wohnungen entwerfen?

Plädoyer für den Eigenbau

Die o. g. Bauphilosophien sind sich in einem weiteren Punkt einig, nämlich der unbestreitbaren Rechtfertigung des Eigenbaus. Sie fordern, daß ein Haus eine »Dritte Haut« für die Bewohner sein soll, die mit ihm organisch wächst. Wenn man ein Haus nicht selbst geplant und erbaut hat, hat man kei-

Die Waldorf-Schule in Neuwied gleicht einem kleinen Dorf: Chemiesaal und Vorbereitungsraum in einem Holzhaus. So können sich Kinder auch in der Schule wohlfühlen

ne oder nur eine vage Beziehung zu dem Gebäude. Laut Hundertwasser sollten die Architekten sich den Wünschen der Bewohner unterordnen. Sie dürfen nur die Funktion von technischen Beratern ausüben, zum Beispiel Fragen über Stabilität beantworten. Richtig! Unser Architekt übernahm die Statik. Hundertwasser bewertet die Schrebergärtenhäuser als Beispiel im Kleinen, wie wir die Krisen unserer Zeit bewältigen können: Energiekrise, Gesundheitskrise, Landwirtschaftskrise, Verkehrskrise, Sparmaßnahmen... Alles ist im Schrebergarten gelöst. Individuell in Farbe und Form, ohne Architekten und ohne baubehördliche Vorschriften. Auch die holländischen Hausboote betrachtet Hundertwasser als bauphilosophisches Vorbild. Holzhäuser sind deshalb so anheimelnd, weil sie die Seele eines Menschen verkörpern. Nicht von ungefähr legten die Künstler und Schriftsteller Wert auf die naturnahe Lage des Hauses mit möglichst schönem Ausblick. Sie erhofften sich Inspiration und schufen ein humanistisches Kulturerbe, ohne das unser Leben fahl wäre. Und auch die Anthroposophen sehen das Bauwerk nicht losgelöst von der Person seines Baumeisters, lassen vom Entwurf bis zur endgültigen Bauausführung vieles bewußt offen. Der Architekt soll nur bei komplizierten Baudetails persönlich zugegen sein. Die Entscheidung über Formen und Farben, die eine bestimmte Gesamtwirkung unterstützen sollen, wird intuitiv vor Ort gefällt. Das erlaubt eine kreative Offenheit bis hinein in die letzten Bauphasen. Auf diese Weise hat der Grundgedanke eines Gebäudes Zeit zum Reifen. Eine Arbeitsweise, die wir aus unseren Erfahrungen als Selbstbauer stark befürworten können. Die schönsten Bauerlebnisse sind jene, in die man selbst gestalterisch eingreift. Während unseres Baus veränderten wir an mehreren Stellen (in Absprache mit dem Bauamt) die Baupläne. An einer Wand beließen wir ein sichtbares Fachwerk (vgl. Seite 110), in einem Raum bauten wir ein zusätzliches Fenster (u.a. zur Lüftung) ein, und auch die Fenster an der hinteren Giebelseite verbreiterten wir durch zwei Festglasteile. Denn nach Erstellung des Hauses eröffnete sich von oben ein herrlicher Ausblick, den wir bei der Bauplanung nicht erahnen konnten. Baudetails, die unsere Wohnqualität erheblich verbesserten! Sonnenlichteinfall, Licht, Wind kann man erst richtig berücksichtigen, wenn das Haus bereits steht. Erst dann wird es in vollem Maße möglich, daß Architektur den Menschen berücksichtigt. Auch baukünstlerische Aspekte, farbliche Gestaltungen können im Grunde erst dann entschieden werden. Erst die visuelle Betrachtung vor Ort und das Durchdenken und Überdenken von Wirkung und Zweck können zu optimalen Lösungen führen, die auf Dauer akzeptiert werden. Zum Beispiel sollte die Gestaltung des Fußbodens erst sehr spät festgelegt werden; er kann im Erdgeschoß eine Beziehung mit dem Erdboden draußen erhalten bzw. das Außen mit dem Innen verbinden und vergrößern. Da gibt es Wände, die korrespondieren mit dem Licht und der Sonnenwärme, fangen die Stimmungen von draußen ein. Laubsägearbeiten an der Fassade können malerische Schattenspiele ergeben. Hundertwasser möchte »die Häuser den Menschen zurückgeben«, fordert die Dreieinigkeit von Architekt, Maurer und Bewohner, die ein Selbstbauer verkörpert.

Feng Shui und das neue Haus

Und da sind noch zwei Harmonielehren, die die Ordnung zwischen dem Menschen und seiner Umwelt regeln. Wer will, kann sein ganzes Haus nach den Mondphasen bauen. Eine zwar wertvolle, aber sicher recht mühsame Angelegenheit, da man zeitlich vom Mond abhängig ist. In jedem Falle hat die Gartenbepflanzung nach Mondphasen erwiesenermaßen hohe Erträge zur Folge. Wer sich dafür interessiert, sollte nach einschlägiger Literatur im Buchhandel fragen. Erfolg, Mißerfolg, Glück, Unglück, Gesundheit und Tod sind – auch nach chinesischem Glauben – nicht immer nur das Ergebnis menschlichen Handelns. Dahinter stecken oft Einflüsse unsichtbarer Erdkräfte, Ausstrahlungen, Schwingungen. Wer diese Kräfte kontrolliert, kann sie für sich nutzen, vergleichbar mit einem Boot, das mit der Strömung schwimmt. Die Chinesen bestimmen die Lage von Gebäuden und auch Grabstätten mit Feng Shui. Bedeutsam ist dabei auch das sog. Chi. Eine Vollmondparty entwickelt bekanntlich mehr Schwung. Städte und Dörfer haben ihr eigenes Chi. Feng-Shui-Berater können korrigieren; so werden schädliche Einflüsse mit sog. Kuren (vgl. Abbildung S. 52 / Bild Wasserfall) neutralisiert oder gar abgewendet. Letzteres ist beruhigend und ein Trost, denn man kann unmöglich alle wohnphilosophischen Regeln in Abstimmung mit den technischen und sonstigen Anforderungen beim Bauen unter einen Hut bringen. Aber man muß daran glauben. San Francisco hat das schlechteste Feng Shui (Andreasgraben), das eine Stadt haben kann. Sie gilt aber als eine der schönsten Städte der Welt und hat die größte Chinesen-Kolonie außerhalb Chinas. Ob man an Feng Shui glauben will oder nicht, das muß sicher jeder mit sich selbst ausmachen. Manch einer wird sich vielleicht fragen, warum zum Beispiel eine traditionelle Holzbalkendecke in einem deutschen Bauernhaus gesundheitsschädigend sein soll? Auch in Norwegen findet man alte, ehrwürdige und wunderschön verzierte Holzbalkendecken. Jedes Volk hat seine Traditionen, und die hiesigen sind ebenfalls – aber unter anderen Umständen – über Jahrtausende gewachsen. Inwieweit sich das Feng Shui auf andere Kulturkreise als den asiatischen übertragen läßt, darüber liegen bisher leider keine Erkenntnisse vor. Wir empfinden unsere sichtbare Holzbalkendecke jedenfalls weder belastend noch erdrückend, sondern rustikal, natürlich und gemütlich. Die schweren Balken vermitteln uns den Eindruck von Stärke, Standhaftigkeit und Zusammenhalt. Wir leben schon jahrelang in unserem Holzhaus und haben nicht die Absicht uns davon zu trennen. Dennoch gibt es viele Gesichtspunkte im Feng Shui, die für den europäischen Häuslebauer anregend sind und schon bei der Bauplanung berücksichtigt werden sollten.

Hier nur einige Beispiele: Bad und Toilette sind laut Feng Shui der Gesundheit abträglich, wenn sie mitten in der Wohnung liegen und keine Außenfenster haben. Das ist klar, denn es fehlt Frischluft. Interessant wäre zu wissen, wie die Feng-Shui-Berater über hochgedämmte Niedrigenergiehäuser mit Wärmerückgewinnungsanlagen denken? Dunstabzugshauben mögen die Chinesen jedenfalls nicht. Den sparsamen Vorschlägen von hiesigen Baufirmen zum Trotz soll man zudem darauf achten, daß Toilette und Küche möglichst nicht nebeneinander liegen oder deren Leitungen zumindest nicht in denselben Wänden installiert werden. Das ist alles sehr einleuchtend, denn wem schmeckt noch das Essen, wenn man die Wasserspülung beim Kochen leise durch die Wand hört. Außer dem Dach sollte ein Haus keine dreieckigen Gebäudeteile aufweisen, da sich in dieser Form besonders negative Energie sammelt. Ein spitzer Erker wirkt tatsächlich untraditionell und nicht harmonisch, sondern ziemlich aggressiv – wie ein Pfeil. Feng Shui rät, vorrangig Baustoffe einzusetzen, die in der natürlichen Umgebung des Hauses vorhanden sind und mit der Witterung im Einklang stehen. Ein Plädoyer für einheimisches Holz! Die Reetdächer an der Nordsee entsprechen dieser Vorstellung. Reet bricht das Windsausen. Wer in einem Reethaus Urlaub gemacht hat, dem ist vielleicht aufgefallen, daß man den Wind in der

Visuelle Abschirmung des »Stillen Örtchens« (Feng Shui

37

Nähe von Krankenhäusern, Polizeistationen oder Friedhöfen wohl? Aber es ist gut, darauf aufmerksam gemacht zu werden, zumal wir in Europa leider keine Wohnphilosophie haben, die uns jene Dinge so klar vor Augen hält und unsere nicht verwunderlichen Wohngebrechen mit wundersamen Kuren heilen kann.

IHRE WOHNUNG UND FENG SHUI

Dieses Kapitel möchte ich mit einem Experiment beginnen. Sicher steht in Ihrer Wohnung ein Schreibtisch oder irgendein Tisch, auf dem Sie die Hausarbeit verrichten. Stellen Sie diesen Tisch an das Fenster in Ihrer Wohnung, vom dem Sie die schönste, möglichst sonnige Aussicht haben. Außerdem sollten Sie den Tisch jeden Abend aufräumen, so daß Sie am Morgen ungehindert mit Ihrer Arbeit beginnen können. Sie werden dann sicher viel effektiver, kreativer und konzentrierter arbeiten! Das Ergebnis kann phänomenal sein. Möglicherweise haben Sie dies bereits – auch ohne Beratung – intuitiv herausgefunden und sich zu Nutzen gemacht. Derartige Fühl-Dich-Wohl-Erkenntnisse kann man bereits bei der Bauplanung verinnerlichen und natürlich auch beim Gestalten und Einrichten des Wohnraums berücksichtigen. Ihrem Kind, dem Sie doch sicher eine kreative und sonnige Entwicklung wünschen, sollten Sie deshalb nicht gerade ein Zimmer zuweisen, das später zum Abstellraum deklariert werden soll. Der Tausch von Schlafzimmer und Kinderzimmer kann oft Wunder bewirken und Ihnen manches Erziehungproblem ersparen.

Apropos Unordnung: Feng Shui rät, sich jeden Tag von einem Gegenstand zu trennen; es wendet sich gegen vollgestopfte Räume, gegen den Sammeltrieb, der den Energiefluß bremst und zu Stagnation führt. Dabei wird Ordnung allerdings von der Sterilität neurotisch aufgeräumter Räume unterschieden, die ebensoviel Energie entziehen können. Kann man sich in einer Wohnung wohlfühlen, die die leblose Atmosphäre eines Einrichtungshauses trägt?

Daß eine Gartentür einen freundlichen Empfang bieten kann, mag komisch klingen, aber tatsächlich wirkt die Form eines lächelnden Mundes heiterer als ein nach oben gewellter Bogen

Nacht kaum hört. Von Häusern mit Hängen und Bergen vor der Tür wird Ihnen eine Feng-Shui-Beraterin abraten. Das ist nicht verwunderlich, denn oft werden Keller von plötzlichen Quellsprudeln überschwemmt. Räume im Tiefparterre sollte man nicht zum Wohnen nutzen, da man dann unterhalb des Wasserspiegels wohnt. Große Fenster lassen viel Energie hinein, wenn sie sauber geputzt sind. Das ideale Verhältnis von Fenstern zu Türen liegt bei drei zu eins. Das Haus soll so groß oder leicht größer als die Nachbarhäuser sein. Das Haus selbst soll – laut Feng-Shui – eine harmonische Form haben: rund, quadratisch oder rechteckig mit gleich großen Stockwerken, was sicher nicht ohne Grund auch den baulichen Anforderungen an ein Niedrigenergiehaus entspricht! In einem Bungalow empfängt man laut Feng Shui angeblich die meiste Energie von Himmel und Erde. L-förmige oder U-förmige Häuser meidet man aufgrund der fehlenden Bagua-Bereiche, die durch das Auflegen einer rechteckigen Lebensbereich-Schablone (zum Beispiel Ahnen, Geld, Beziehung, Erfolg ...) ermittelt werden. Wenn laut Feng Shui bei Ihrem Haus die Geldecke fehlt, dann ... Man muß dran glauben! An dieser Stelle werden Sie möglicherweise ins Staunen geraten, denn es gibt verschiedene Feng-Shui-Theorien. Und wer fühlt sich schon in der

Neigt man in Deutschland nicht ganz besonders zu solchen Übertreibungen? Wenn ich in eine solche Wohnung eingeladen werde, habe ich das Gefühl, nichts berühren zu dürfen und nur zum »Gucken« und »Staunen« erwartet worden zu sein. Ich sitze voller Beklemmungen in dem mir zugewiesenen Sessel, und das eigentliche Anliegen meines Besuches, nämlich die Unterhaltung, ist irgendwie gebremst. Zumal ich annehmen muß, daß sich die Hausfrau den ganzen Tag »nur wegen mir« geschunden hat und mir jetzt wahrscheinlich ziemlich kraftlos und müde gegenübersitzt. Wer möchte, kann Feng Shui in die Hausplanung bewußt einbeziehen. Laut Feng Shui besteht die Eingangstür zum Beispiel nicht mehr als bis zur Hälfte aus Glas, und die Treppe im Haus führt nicht direkt dorthin, weil dadurch zu viel Energie entschwindet. Ein Windspiel schafft gegebenenfalls etwas Widerstand.

Bad oder gar WC in Blick- oder Hörweite schaden selbstverständich unserem ästhetischen Empfinden. Auch die Haustür oder die Küche möchte man beim Essen und Plaudern nicht gerade sehen; Perlschnüre oder ein schöner Vorhang können helfen.

Das Schlafzimmer verkörpert den Beziehungbereich. Dort braucht man Ruhe und Geborgenheit. Von unruhigen, schrägen Decken wird deshalb abgeraten. Es liegt im hinteren Teil des Hauses, am besten in der hinteren rechten Ecke des Baguaschemas.

Ideal ist ein separates Ankleidezimmer. Allzuviele Bücher oder gar das Arbeitszimmer haben im Schlafzimmer keinen Platz.

Bad und WC sollten nicht direkt gegenüber der Haustür liegen, und man geht dort niemals vom Schlafzimmer aus hinein. Es ist auch nicht angenehm, vom Esszimmer aus die Toilettentür zu erblicken. Das Kopfende der Wanne steht weiter weg von der Tür als das Abflußende. Da es heut zutage keine Plumpsklos mehr im Garten gibt, sollte man das WC wenigstens räumlich oder optisch etwas abtrennen. Zumindest sollte man dessen Standort so planen, daß man es nicht gleich von der Tür oder von der Badewanne aus sieht. Ein Holzfußboden im Bad ist ganz im Sinne des Feng Shui!

Holen Sie sich die Natur ins Haus!

Wie wär`s mit einer Aussicht auf ein Schloß mit Kirche oder eine Burg, auf Weinberge, Pferdekoppeln und Kuhweiden, Wiesen und Wälder – zu jeder Jahreszeit anders und immer schön? Dazu muß man nicht in einem Glasklotz von Wintergarten sitzen. Ein moderner Glasanbau zerstört die bauliche Formenharmonie eines Hauses. Feng Shui lehnt Häuser mit allzugroßen Glasflächen ab, weil dadurch viel zu viel Energie verlorengeht. In einem Wintergarten, in dem man im Grunde wie in einem Gewächshaus oder von allen Seiten einsehbar wie auf einer Terrasse sitzt, hat man oft das Gefühl der Ungeborgenheit. Außerdem kann sich der Glasbau bei Sonnenschein bis zum Unerträglichen erwärmen. (Sorgen Sie in jedem Fall für gute Lüftung!). Nicht von ungefähr wird der herkömmliche Wintergarten oft als »Brutkasten« bezeichnet. Viel angenehmer fühlt man sich in einer überdachten Veranda oder in einer Loggia, da sie das Drinnen und Draußen gemächlicher miteinander verbinden. Die herkömmliche Veranda ist harmonisch in den Baukörper eingebunden. Bei der schwedischen Veranda wirkt die Verglasung von außen nicht dunkel und schwarz, sondern mit Hilfe von Sprossenornamenten oft feingesponnen wie eine Spitzenklöppelei. Auch dadurch wird der Raum – trotz des naturnahen Panoramas – von draußen deutlich abgegrenzt. Außerdem kann der Übergang nach draußen durch die Verwendung natürlicher Baustoffe wie Holz oder Bambus verwischt werden. Ein herkömmlicher Wintergarten ist teuer! Viel preiswerter und wirkungsvoller kann es sein, andere Räumlichkeiten zum Wintergarten umzufunktionieren. Reizvoll ist zum Beispiel die Giebelverglasung mit filigranen Sprossen oder tiefe, große Dachfenster. Dort oben hat man ein prächtiges Panorama! Auch große, vieleckige Erker oder sogar ein verglastes Treppenhaus können den Bezug zum Garten und zur Landschaft raffiniert erweitern. Zumal man die Bereiche unter Umständen öfter frequentiert als einen Anbau. Übermäßig viel Glas im Wohnbereich ist allerdings nicht zu empfehlen. Zum typischen Wintergarten-Glaswürfel sollte kein offener Übergang bestehen (Energieverluste!). Besonders erholsam wird es, wenn man in die »grüne Ecke« des Hauses den Eßbereich oder die Hausbibliothek integriert. Der Blick von einer Treppengalerie, die wie ein schönes Möbel den Raum ziert, auf Palmen und dann hinaus in den Garten kann ebenfalls sehr reizvoll sein. Und auch auf der Galerie – die durch ein Dachfenster Licht erhalten kann – stehen Pflanzentröge. Stimmungen können durch farbiges oder bemaltes Glas (Jugendstil) verstärkt werden. Es sollte nur als Zierde und nicht großflächig eingesetzt werden. Sprossenmuster und farbiges Glas erzeugen in Verbindung mit hohen Zimmerpflanzen geheimnisvolle Farb- und Schattenspiele an den Wänden eines Raumes, die in einer Veranda möglichst hell sein sollten. Egal in welcher Form, ein Wintergarten ist immer eine Art, freizügig, kommunikativ und nicht zurückgezogen zu wohnen. Er leuchtet romantisch durch die Dämmerung am Abend, und in einem Wintergarten wachsen die Erdteile zusammen. Assoziationen an eine Orangerie, an Urlaub, Sonne und Meer bleiben nicht aus. Auch ein geschlossener Gartenpavillon kann als Wintergarten genutzt werden. Bei der Hausplanung muß man darauf achten, daß der Ausblick aus dem Wintergarten auch wirklich schön ist. Die Verbindung zur Terrasse spielt dabei eine wichtige Rolle. Um kein Gartenmöbelpanorama »genießen« zu müssen, sollte man die Terrasse ggf. etwas versetzen. Schöner ist es, wenn viel Grünes oder ein mediterran gestalteter Hof mit Buchsbäumen und mit Springbrunnen davor liegt. Und vom Garagendach duftet Lavendel herunter. Auch das Auto oder die Garage des Nachbarn sollten nicht in Blickrichtung stehen. Erkundigen Sie sich ggf. bei Ihren Nachbarn rechtzeitig nach deren Bauabsichten. Ein Teich direkt am Wintergarten ist sehr reizvoll, zumal sich darin Bäume und Sträucher spiegeln. Und ein Laubbaum an der richtigen Stelle ist eine sinnvolle Alternative zu Markisen, Vor-

hängen oder Rollos. (Ein innerer Sonnenschutz läßt die Sonnenstrahlen am schnellsten in den Raum hinein.) Auch Kletterpflanzen, die außen vor dem Glas an sprossenartigen Rankhilfen emporwachsen, sind ein guter Schutz. Empfehlenswert sind Pflanzenarten, die im Winter kein Laub tragen. Zum Beispiel Wilder Wein. Gute Sorten leuchten im Herbst wochenlang scharlachrot.

Und nun noch ein paar technische Details zum Thema Wintergarten. In den letzten Jahren hat man den Wintergarten als »Sonnenkollektor« wiederentdeckt, aber es ist ein Trugschluß zu glauben, daß man durch ihn allzuviel Energie gewinnen kann. Wenn die Sonne im Winter nicht scheint, dann ist er ebenso auch ein »Energieloch«. Man sollte in jedem Fall darauf achten, daß die Verbindungstür zum Wintergarten aus Glas ist, nicht nur damit die Wärme durch diesen Glaskanal in weitere Wohnräume gelangt. Süd- und Westseite sind ideal für den Wintergarten. Besonders wirksam für den Wärmegewinn in der kühlen Jahreszeit sind senkrechte Glasflächen, weil diese die tiefstehende Wintersonne gut durchlassen; geneigte Glasflächen reflektieren dann eher die Strahlen. Aber Dachflächen aus Glas dürften dennoch warm genug werden. Für den Wärmeschutz werden heute Isoliergläser angeboten, die einen k-Wert bis zu 0,7 W/qmK aufweisen. Dies wird erreicht, indem die Innenseite der inneren Scheibe mit einer durchsichtigen, wärmereflektierenden Metalloxydschicht versehen wird, welche die Wärme in den Raum hinein, aber nicht wieder heraus läßt. Gespeichert werden kann die Wärme in massiven Fußböden, Decken und Wänden. Im Wintergarten ist eine schnellreagierende automatische Radiatorenheizung gut geeignet. Wenn die Sonne scheint, kann man sie direkt abstellen.

WEGE ZUM EIGENEN HAUS

Die Vorteile eines freistehendes Einfamilienhauses gegenüber einem Doppelhaus oder einem Zwei- bzw. Mehrfamilienhaus liegen auf der Hand. Das freistehende Haus hat nicht nur einen großen Prestigewert, es bietet Ihnen weitgehende Selbständigkeit. Es ist aber auch erheblich kostenaufwendiger. Wer mit guten Freunden oder gar mit dem Partner ein Zweifamilienhaus baut, wird in der Lebensqualität kaum einen Unterschied spüren. Immerhin können dadurch Wohnprobleme gelöst

GEMEINSAM MACHT STARK!

werden. Äußerst wichtig ist, daß man seinen Baupartner gut kennt und sich auf ihn verlassen kann. Für den Bau eines Mehrfamilienhauses gelten schärfere Baubestimmungen als für ein Zweifamilienhaus. Der Bau einer Eigentumswohnung könnte durchaus eine Alternative für Sie darstellen, weil sie – gerade im Eigenbau – sehr preiswert sein kann. Eine 60–70 qm große und individuelle Wohnung mit Garten, Veranda und Terrasse kostet im Eigenbau nicht viel mehr als 60 000 € einschließlich Nebenkosten (ohne Grundstücksanteil). Allerdings müssen Sie zusätzliches Geld in den Schall- und Brandschutz investieren. Sie können bei den Anschlüssen und vor allem bei den Grundstückskosten sparen. Ein Zweifamilienhaus unterscheidet sich u.a. von einem Doppelhaus dadurch, daß die beiden Woh-

nungen über gemeinsame Anschlüsse (Wasser, Heizung und Strom) versorgt werden. Die entsprechenden Zwischenzähler dienen zum separaten Ablesen des jeweiligen Verbrauchs). Außerdem gehört die Außenhaut des Hauses beiden Parteien, und das Grundstück ist gemeinsames Eigentum. Es wird also keine Teilungsvermessung vorgenommen, die teuer ist, sondern lediglich die Nutzung der Domäne notariell festgelegt. Die Wohnungen können jeweils auf einer Etage, aber auch – ähnlich wie beim Doppelhaus – nebeneinander oder gar hinten und vorne liegen. Lange Grundstücke eignen sich besonders für die letzte Variante. So kann jeder seinen eigenen, abgeschlossenen Garten direkt an der Wohnung haben. Die Wohnungen müssen nicht gleich groß oder formgleich sein. Zu unterscheiden ist ein Zweifamilienhaus mit zwei notariell getrennten Eigentumswohnungen von einem Zweifamilienhaus, in dem jedem Bauherren je ein Teil der beiden Wohnungen gehört. Dies kann Auswirkungen auf eventuelle Fördergelder haben, die Sie nur für eine Wohnung voll bekommen, die Sie allein bewohnen! Man sollte sich rechtzeitig beraten lassen und schon bei Einreichung der Bauunterlagen die Teilungserklärung notariell anstreben. Hiervon unterscheidet sich wiederum ein Einfamilienhaus mit einer

Ein Holzständerhaus bietet flexiblere Gestaltungsmöglichkeiten als ein Blockhaus. Man kann das Ständerwerk in Eigenregie, von einer Zimmerei oder einer Holzbaufirma erstellen lassen. Ein Ausbauhaus in Tafelbauweise besteht aus Wänden mit einem höheren Vorfertigungsgrad. Es ist aber auch teurer

MODERNE BLOCKBAUWEISE

① Leimholzbohlen, 5-fach verleimte Blockbohle riß- und setzungsfrei. Ideal für das Ständerblockhaus

② Verleimte Blockbohlen mit der Sicherheit und den statischen Vorteilen einer Leimholz-Ständerwand

③ Nicht nur 90°-Ecken sind möglich. Jeder Winkel ist unter Einbehaltung der originalen Verbindung zwischen Blockbohlen und den Leimholzständern problemlos möglich

TRADITIONELLE BLOCKBAUWEISE

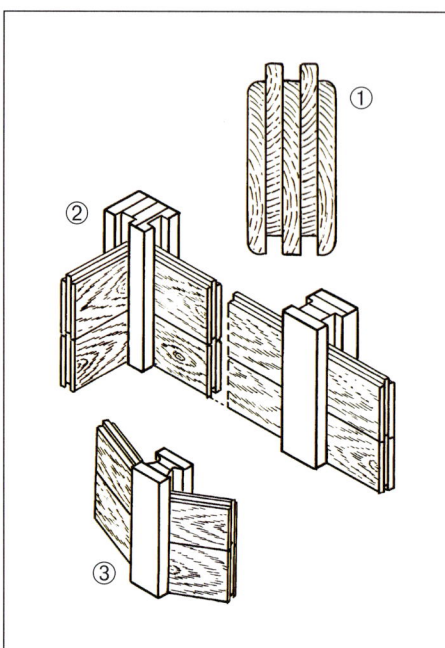

Halbschwalben-schwanz

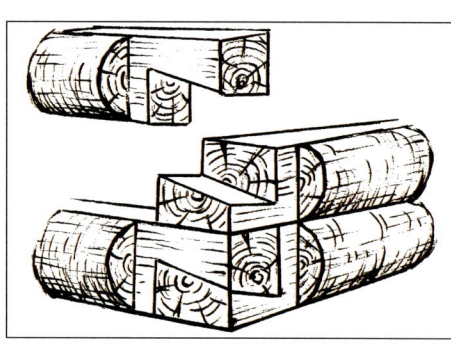

Überlattung

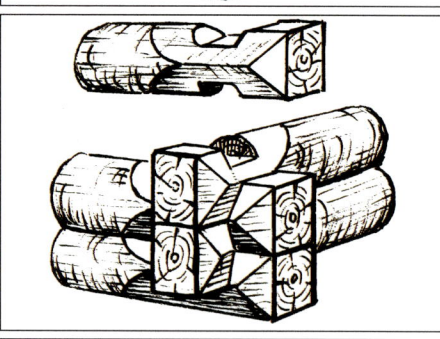

Einseitige Verkämmung

so genannte Einliegerwohnung, die nicht unbedingt einen Zwischenzähler benötigt. Sie gehört demselben Bauherren, der das Haus erbaute. Eine sehr wirtschaftliche Bauform sind Reihenhäuser. Eckreihenhäuser haben den Vorteil, etwas selbständiger zu sein, man hat aber eine relativ lange Straßenfront, die im Winter viel Arbeit macht.

»Schlüsselfertig« oder Bäume fällen?

Wer viel Zeit hat und sein Holzhaus möglichst preiswert erbauen möchte, der kann die Bäume selber fällen oder beim Holzfäller kaufen. Unter dem Gesichtspunkt der Qualität des Holzes und vor allem der Kosten betrachtet ist das eine durchaus sinnvolle Vorgehensweise. Den Kraftaufwand dafür darf man aber nicht unterschätzen. Die Alternative ist eine kleine Zimmerei, die Ihnen das Ständerwerk erstellt. Die meisten Zimmereien bauen – außer Dachstühlen – auch kleinere Häuser. Zu sehr guten Preisen! Ganz besonders preisgünstig könnte es bei einem Zimmermann werden, der gerade den Meistertitel erhalten hat und sich selbständig machen möchte. Siehe dazu auch das Kapitel über das Holzständerwerk (S. 30).

Fast jede Fertighaus- oder Holzbaufirma bietet Rohbau- oder Ausbauhäuser an. Ein Rohbauhaus bedeutet unter Umständen nicht mehr als ein Ständerwerk, das von außen verschalt ist. Jedenfalls beschlossen wir, zu einer Zimmerei zu gehen und unser Haus allein weiter zu bauen, als uns eine Baufirma ein solches Rohbauhaus anbot. Die Kosten für das Haus waren nämlich sehr viel höher als für das Ständerwerk, das uns die Zimmerei schließlich errichtete. Dabei offerierte uns die Baufirma lediglich ein Typen-Fertighaus und kein Architektenhaus.

Die Zimmerei baute uns nun ein ganz individuelles Architektenhaus (Ständerwerk), welches wir ganz nach unseren Wünschen entwarfen. Ein Architektenhaus, das Ihre persönlichen und kreativen Vorstellungen voll und ganz berücksichtigt, ist die ideale und zugleich exklusivste Bauform. Sie kön-

28

nen einen Architekten beauftragen, das Haus zu planen und zu zeichnen. Sie können es aber auch selbst entwerfen und die Pläne von einem Architekten in eine bauamtgerechte Form übertragen lassen. Auch die Statik muß ein Fachmann berechnen. Fertighäuser werden in den Katalogen der Baufirmen auch als Ausbau- oder Rohbauhäuser angeboten. Man kann bzw. muß ein Fertighaus entsprechend den Gegebenheiten auf dem Grundstück teilweise – unter Berücksichtigung der Statik – verändern. Dies ist mit zusätzlichen Kosten für einen Architekten verbunden, der in der Regel von der Baufirma zu einem ziemlich hohen Festpreis gestellt wird. Aufgrund der serienmäßigen Herstellung können Baufirmen die Fertighäuser relativ preiswert anbieten. Wenn Sie handwerkliche und beratende Unterstützung wünschen, kann es durchaus sinnvoll sein, ein Ausbauhaus bei einer Baufirma zu kaufen. Vergewissern Sie sich aber hinsichtlich der Kosten und der Qualität der Beratung. Verlangen Sie Referenzen! Das Ausbauhaus ist die Zwischenstufe zum schlüsselfertigen Haus. Sie können mit der Baufirma absprechen, bis zu welchem Grad Ihr Haus erstellt werden soll. Den »Rest« müssen Sie selbst erledigen. Die verbleibenden Arbeiten sollten so präzise wie möglich festgeschrieben sein. Ein Trugschluß ist es, zu glauben, das sich hinter dem Begriff »schlüsselfertig« nur die Schlüsselübergabe verbirgt. Die Häuser werden in der Regel ab Oberkante Keller angeboten. Sie müssen sich also noch um die Bodenplatte oder den Keller, Erdarbeiten, Außenanlagen und vieles mehr kümmern. Dachform, Dachüberstand, Schallschutz, Wärmedämmqualität, Fassadengestaltung, Extras in der Innengestaltung sind oft mit nicht unerheblichen Kostenzuschlägen verbunden.

Bausatz oder Baumarkt?

Wer einen Bausatz verwendet, kauft damit auch Bauberatung, -betreuung und ausführliche Anleitung. Bausätze eignen sich deshalb vor allem für Selbstbauer, die noch über wenig handwerkliche Erfahrungen verfügen. In der Regel sind die Bausätze überaus reichlich bestückt, so daß man keinen Materialmangel zu befürchten braucht. Ein Bausatz nimmt Ihnen viel Ärger und Arbeit ab. Sie brauchen sich nicht mehr um die Ausschreibungen für Baustoffe und Materiallieferungen zu kümmern. Achten Sie darauf, daß das Leistungspaket den o.g. Service in ausreichender Form beinhaltet. Der Nachteil eines Bausatzes: Die Ausstattung Ihres Hauses wird damit festgelegt. Das Haus kann nur im begrenzten Maße mit Ihrer Kreativität und Ihren Ideen wachsen. Damit vergeben Sie sich viel Freude in der schönsten Bauphase. Ausbauhäuser und Bausätze sind zwar eine preiswerte Lösung, sie sind aber im Vergleich zu den Baustoffen und Ausstattungen, die man im Baumarkt kaufen kann, relativ teuer. Sie können dann keine Preisvergleiche mehr anstellen und kaum noch Kosten sparen. Wenn Sie wirklich sparen möchten, dann verzichten Sie auf den Bausatz! Baumärkte, Baustoffhandlungen und Holzhandlungen sind Ihre wichtigsten und preiswertesten Lieferanten. Hier können Sie durch Preisvergleich sparen, sparen und nochmals sparen! Die preiswertesten Baustoffe bekommt man in der Regel beim Baustoffhandel oder in Holzhandlungen. Aber auch dort sind die Preisdifferenzen zuweilen immens! Scheuen Sie nicht die Mühe, möglichst viele Angebote einzuholen. Das geht auch telefonisch. Viele Baumärkte geben Mengenrabatte, bei einigen ist die Lieferung frei Haus, andere gewähren ein Skonto von 2 bis 3%. Diese Dinge können Sie bei den Ausschreibungen erfragen. Besonders zum Jahreswechsel hat der Bauherr bei Preisverhandlungen mit Baumärkten gute Chancen. Legen Sie stets einen Liefertermin fest und vergessen Sie diesen Termin nicht! Es ist empfehlenswert, ein Faxgerät zu besitzen, denn die Baumärkte antworten gern und schnell per Fax. Das betrifft auch Handwerker und Firmen. Nicht wenige antworten allerdings überhaupt nicht. Erfahrungsgemäß hat es nicht viel Sinn nachzuhaken. Wer nicht will, der hat schon ... Unter den

Kostenvoranschlägen findet sich meistens auch ein sehr günstiges Angebot. Natürlich sollten Sie die Qualität prüfen, aber in der Regel weicht sie nicht von der der Konkurrenten ab. Übrigens nehmen Baumärkte Fehlkäufe gegen Quittung zurück. Bei jeder Lieferung sollten Menge, Qualität und Kosten genauestens überprüft werden.

Holzständer- und Vollholzbauweisen

Ein Holzständerhaus können Sie innen sowohl mit Holz (Spanplatten und Paneelen) als auch mit Gipsplatten (Tapete, Fliesen oder Putz) verkleiden. Sie können es überhaupt äußerst abwechslungsreich in Material und Farbe gestalten. Die Außenfassade kann mit Holzpaneelen, Blockbohlen, Klinkersteinen verkleidet oder verputzt werden. Im Grunde ist es egal, ob das Haus nun in Holzrahmenbauweise oder Holztafelbauweise erbaut wird. Hauptsache, es steht fest und sicher. Diese zwei Ständerbauweisen und auch der Fachwerkbau sind eine Form

der sog. Gliederbauweise, die sowohl den Skelettbau als auch den Muskelbau umfaßt. Der Muskelbau ist mit dem menschlichen Skelett vergleichbar. Wer nicht viel Sport treibt und schlaffe Muskeln hat, wird bald auch Wirbelsäulenprobleme bekommen, weil die Wirbelsäule nicht genug Halt durch die Muskeln hat und sich allein stützen muß. Das Holzständerwerk ist ein Holzskelett, das keine allzu dicken Balken haben muß, weil es genügend Halt durch gute Vernagelung der flankierenden Bauteile wie Bauplatten und die Holzfassade erhält. Die Last des Holzständerwerks wird zudem durch Rispenbänder und vertikale Versteifungen abgefangen. Der Ständerbau in Deutschland hat sich u.a. aus dem Fachwerkbau heraus entwickelt. Deshalb existiert bei uns oft irrtümlicherweise die Vorstellung, man müsse ein Ständerwerk verzapfen. Im Fachwerkbau lebt das Holzständerwerk bzw. das Holzskelett durch die eigene Statik, die jedoch durch die Zapfen geschwächt wird. Deshalb müssen die Balken beim Fachwerk relativ dick sein! Ein weiterer Nachteil des Fachwerkbaus ist die große Fugenzahl in der Wand. Beim Holzrahmenbau sieht man nach Fertigstellung des Hauses die Holzbalken in der Außenwand nicht mehr. Auch die Metallwinkel und Nägel, die zur Verbindung der Balken dienen, verschwinden in der Wand. Sie erhält eine Aussteifung bzw. die statische Stabilität durch den gesamten Baukörper. Sogar die Treppe dient zur Aussteifung! Deshalb müssen beim Muskelbau bzw. Holzrahmenbau die Balken nicht so dick wie beim Fachwerk sein. Das Wort Tafelbauweise bezeichnet lediglich einen höheren Vorfertigungsgrad. Ganze Wände werden samt Verschalung und Dämmung, die zwischen den Balken liegt, ja sogar samt Installationsleitungen vorgefertigt und auf der Baustelle zusammengefügt. Dieser Begriff hat für Sie nur Bedeutung, wenn Sie mit einer Firma bauen, die Ihnen die fertigen Wände liefert. Eine Zimmerei oder eine Holzbaufirma wird Sie fragen, ob Sie das Ständerwerk aus Vollholz oder Brettschichtholz wünschen. Brettschichtholz ist vergleichbar mit der Herstellung von Leimholz in der Möbelindu-

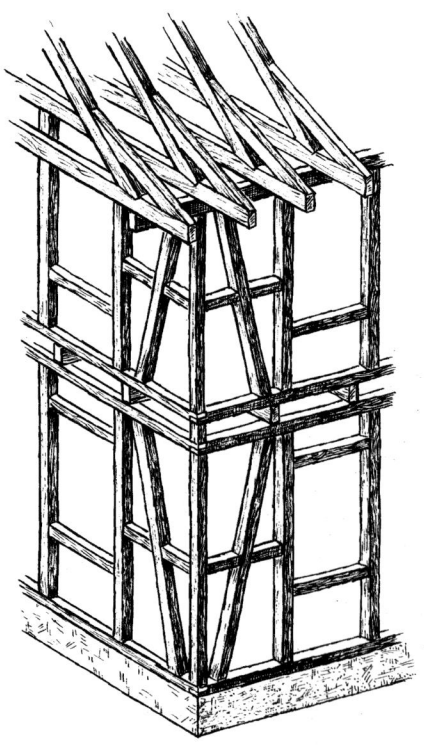

Fachwerk

strie. Schauen Sie sich mal eine massive Holztischplatte genauer an. Sie werden feststellen, daß sie aus verleimten Holzteilen bzw. Brettern besteht. Brettschichtholz besteht aus einzelnen Holzbrettern, die unter Druck schichtweise zu stabilen Balken verleimt werden. Aus dem qualitativ hochwertigen Holz kann das ganze Ständerwerk erstellt werden (siehe Kapitel Ständerwerk). Die schnellste und einfachste Art, ein Haus zu bauen, ist der Vollholzbau. Die Bauzeit für den Rohbau von Massivblockhäusern beträgt nur zwei bis vier Wochen! Sie können ein Blockhaus als Bausatz kaufen und mit einem Richtmeister aufbauen. Ein Bausatz ist allerdings kaum unter 80 000 € zu haben. Für die gleiche Summe können Sie auch ein kleines Holzständerhaus im Eigenbau mit voller Ausstattung, Bodenplatte und allen Nebenkosten errichten. Und außerdem hat das künstlerische und kreative Tüfteln und Gestalten im Blockhaus leider Grenzen. Die heimeligen Vollholzwände möchte man sich nur ungern farbig vorstellen. Und um die Wände mit Gipsplatten zu verkleiden, braucht man kein Blockhaus zu bauen. So muß man sich an Stilreinheit, nämlich die absolut rustikale Atmosphäre halten. Das mag nur eingefleischten Blockhausfans liegen. Absolut fehl am Platz dürfte der Versuch sein, einen sonnigen Touch ins Blockhaus zaubern zu wollen. Hier könnten höchstens große Fenster helfen. Ein Nachteil der Blockbauweise ist zudem die geringe Schalldämmung. Nicht nur deshalb geht man heute mehr und mehr zu zweischaligen Konstruktionen über. Eine Mischform aus Ständerkonstruktion und Blockbau ist die Holzständerkonstruktion mit vorgesetzter Blockbohlenwand. Hier gibt es im Hausinneren keinerlei Setzungerscheinungen, und die Gestaltung der Räume kann flexibel wie beim Ständerbau erfolgen. Auch sämtliche Leitungen verschwinden in den Wänden, während sie sonst im Blockbau in speziellen Schächten verlaufen. Allerdings ist die zweischalige Wand bezüglich des Feuchtigkeitsschutzes nicht ganz unproblematisch. Es muß unter allen Umständen verhindert werden, daß sich in der Außenwand Tauwasser

bilden kann. Als Isolierung kann zum Beispiel Zellulose verwendet werden. Es lassen sich k-Werte von rund 0,2 W/qmK erreichen. Bei der massiven Blockbauweise, die in der Regel aus etwa 13 x 18 cm dicken Balken besteht, braucht man diese Sorge nicht zu haben. Das Zusammenpressen der Balken erfolgt durch das Gewicht der darüberliegenden Wand und des Daches. Verbunden sind die Balken mit (drei) Nuten und Federn; in einer Nut ist zusätzlich ein (Wind-)Dichtungsband eingelegt.

Eine äußerst wuchtige Form des Blockbaus ist das Bauen mit Rundholz. Besonders reizvoll ist der »Blockbau-extrem« aus 30 bis 40 cm dicken Naturstämmen. Ein Naturstammhaus ist ein Erlebnis! Kanada läßt grüßen. Die Baumstammhäuser haben einen k-Wert von etwa 0,35. Durch weiße Fußbodenbeläge kann der relativ dunklen Holzstimmung ein reizvolles Gegengewicht mit einer sogar eleganten Note verliehen werden. Rundholz wird auch im Pfahlbau eingesetzt. Der Pfahlbau ist für Hanglagen oder im ungünstigen Gelände gut geeignet. Die im Kesseldruckverfahren und mit Arseniksalzen behandel-

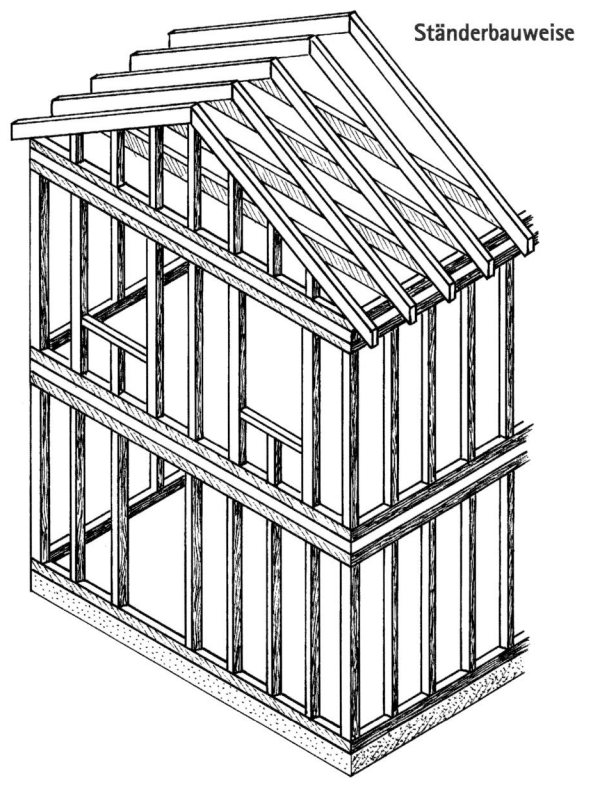

Ständerbauweise

31

ten Pfähle können uralt werden (wie auch Leitungsmaste und Buhnenpfähle veranschaulichen). Sie werden in ein Kiesbett oder in Beton im Erdreich verankert, wobei die Baukosten bei Eigenleistung niedrig liegen. Die traditionelle Blockbauweise paßt nicht in jede Landschaft. An der Küste Deutschlands, im Flachland oder inmitten von Weinbergen dürfte ein typisches Blockhaus deplaziert wirken. So reizvoll der Blockbau ist, man sollte Feingefühl zeigen und Traditionen nicht verletzen. Ein Nachteil sind auch die Setzungserscheinungen des Hauses. Früher sägte man in den Blockhäusern die Türöffnungen erst heraus, wenn das fertige Haus schon etwa ein Jahr gestanden hatte. In dieser Zeit konnte das Holz schwinden und sich setzen. Die Fugen im Blockhaus dichtete man früher mit Lehm, Moos oder gefärbten Wolltüchern ab.

Eine Innovation ist der Blocktafelbau, bei dem Bretter auf Abstand kreuzweise zu geschoßhohen Wänden verleimt werden. Die Blocktafel mit Hohlkammern bekommt eine außenliegende Wärmedämmung. Dampfsperren sind überflüssig, die Feuchtigkeit wird von innen nach außen geleitet. Die Wand ist fest wie Stein und dennoch aus purem Holz. Um ohne Leim und Metallverbindungen auszukommen, werden neuerdings auch Holzdübel eingesetzt.

Ein Blockhaus mit einem Bausatz erbaut

In dem Kapitel »Schritt für Schritt« finden Sie Berichte über die Erstellung von zwei verschiedenen Holzständerwerken. Hier sollen Sie erfahren, wie man als »Do-it-yourselfer« ein Blockhaus erbaut. Das geht viel einfacher, als man denkt! Wir haben uns darüber mit Bekannten, die ein solches Haus gebaut haben, unterhalten. Auch diese Häuslebauer legten Wert auf eine individuelle Bauweise und außerdem auf die zügige Erstellung des Hauses. Gesagt, getan! Den Bausatz bestellten Sie bei einer deutschen Blockbaufirma. Der Grundriß des 174 qm großen Eigenheims konnte freiweg nach

eigenen Wünschen gestaltet werden. Die Holzbalken - unbehandelte Stämme (Kernholz) aus finnischer Kiefer - wurden in einem Sägewerk in Finnland passend zugeschnitten und mit allen erforderlichen Bohrungen versehen. Passende Holznägel, das Schaumstoffband zur Isolierung der Fugen zwischen den Balken, eine Anleitung zum Aufbau des Hauses und außerdem mehr als genug Ersatzstämme wurden gleich mitgeliefert. Die Fracht kam per Schiff nach Hamburg. Von dort wurde sie auf dem LKW angeliefert. Jeder Holzstamm trug ein Etikett mit einer Numerierung. Die Blockhausfans hatten ihr Holzhaus in nur - ungelogen! - zwölf Tagen erbaut (ohne sanitäre Einrichtungen, Decken und Fußböden). Alle Außen- und Innenwände sowie der Dachstuhl waren fix und fertig! Eine wichtige Voraussetzung dafür waren die fünf bis sechs tatkräftigen Helfer, die unbedingt schwindelfrei sein mußten. Der Richtmeister der Blockbaufirma legte für alle Wände des Hauses die erste Balkenlage auf die Bodenplatte. Und dann konnte eigentlich nichts mehr schiefgehen. Im mehrtägigen Rhythmus kam Materialnachschub: pro LKW 30 Tonnen Holz. Ein ganzer Wald! Anhand der Etiketten ließen sich die passenden Stämme schnell an die richtige Stelle setzen. Durch die vorgefertigten Rundschnitte im Holz (Verblockung) und mit Hilfe von Holznägeln werden die Stämme miteinander stabil verbunden. Bis Fensterhöhe ging das spielend leicht, dann mußten ein Gerüst, viel Muskelkraft und natürlich viel Geschick her. Für den Firstbalken (und auch zum Entladen des LKW's) wurde ein kleiner Autokran eingesetzt. So wurde das »Legohaus« Balken für Balken zusammengesetzt. Nach dem Aufstellen bekam es einen ersten Anstrich, damit das unbehandelte Holz vor aller Witterung geschützt wird. Ein Innenanstrich war nicht nötig. Unsere Bekannten wohnen schon ein paar Jahre in ihrem gemütlichen Blockhaus - und sie bereuen keinen einzigen Tag! Vor allem konnten Sie aufgrund des Eigenbaus viel Geld sparen. Und es gibt noch einen angenehmen Begleiteffekt eines Blockhauses: Nie mehr tapezieren!

1 △

2 ▽

5 △

6 ▽

3

BLOCKHAUSBAU MIT BAUSATZ UND RICHTMEISTER:

1 Holzlieferung
2 Die erste Balken-
   lage legt der
   Richtmeister
3 Blick vom
   Autokran
4 Das Erdgeschoß
   ist fertig – neue
   Lieferung
5 Der Balkon wird
   angebaut
6 Ausstemmen der
   Aufleger für die
   Dachsparren
7 Die erste Pfette
   auf dem Dach
8 In 12–14 Tagen
   ein ganzes Haus

4

8

Der Eingang zum eigenen Haus. Planen Sie Ihr Finanzbudget weit voraus. Auch nach– dem Sie in Ihr Haus eingezogen sind, wird der Briefträger mit unerwarteten Rechnungen vor der Tür stehen. Aber ein Selbstbauer kann viel sparen, ohne auf Komfort ver– zichten zu müssen. Unsere Haustür hatten wir als preis– werten Restposten erstanden, das schöne Mosaik auf der Eingangsstufe kostete so gut wie nichts (vgl. S. 125)

DIE KOSTEN IM GRIFF

Aber ganz so teuer, wie oftmals angenommen, ist das Bauen – abgesehen vom Grundstückspreis – nun auch wieder nicht! Über verdeckte Kostenposten beim Bauen jedenfalls müssen sich nicht nur »Schlüsselfertigkäufer«, sondern auch die sicher gewissenhafteren Selbstbauer wundern. Wer mit einer Baufirma baut, sollte sich genauestens darüber informieren, welche Leistungen im Angebot enthalten sind und welche die Firma zusätzlich berechnet. Ob nun als bescheidener Selbstbauer oder als anspruchsvoller »Schlüsselfertigkäufer« – in der Regel unterschätzen Häuslebauer die Baukosten um etwa 25%. Selbstbauer lassen andere Kostenposten außer acht. Bei ihrer Suche nach einer kostengünstigen Bauvariante haben Sie zwar nicht wenige Baufirmen abgeklappert und schon einige Erfahrungen sammeln können. Trotz ihrer guten Kenntnisse der Baustruktur ihres Hauses, verkennen jedoch auch sie nicht selten den Arbeitsablauf und -aufwand am Bau. Ein Hausbau ist für den Laien wie eine Nuß, die er knacken muß, wenn er ihren Inhalt sehen will. Es gibt Kosten, die selbst wenn ein Haus in Einzelteile zerlegt werden würde, nicht mehr nachweisbar sind. Die »unsichtbaren« Kostenposten treten nicht klar hervor, weshalb sie bei der

ES LÄPPERT SICH

... leider viel, viel mehr, als man denkt

Bauplanung vernachlässigt oder gar nicht berücksichtigt werden.

Verdeckte Kosten beim Bauen

Beginnen wir mit den ersten Spatenstichen. Zunächst braucht man ein Schnurgerüst und dann folgt die Feinabsteckung, die möglichst ein Vermessungsingenieur ausführen sollte. Den Erdaushub wird man kaum in Eigenleistung bewältigen können. Ein Bagger kostet mit dem Baggerfahrer mindestens 60 € pro Stunde. Der Baggerfahrer verwandelt das Baugrundstück innerhalb von 1–2 Tagen in ein kleines Mittelgebirge. Wohin mit den Erdmassen? Für guten Mutterboden gibt es vielleicht Interessenten, weniger guter Boden kann (alledings nur selten) als Aufschüttungsgut abgegeben werden. In jedem Fall gibt es ein Wiedersehen mit dem Baggerfahrer, der die Erde auf seinen Laster lädt und sowohl für das Baggern und jede Lasterladung Geld sehen will. Erdarbeiten lassen sich im voraus nicht genau berechnen. Mindestens 5000 € sollten dafür eingeplant werden, sei denn man baggert selber, was sich allerdings kaum rentiert. Damit haben wir den nächsten Punkt der unsichtbaren Kosten ange-

Auch die Außenanlagen kosten viel Geld. Eine preiswerte Alternative für Zufahrten und Wege ist die Verwendung von Kies. Genug Kies sollte aber nicht nur auf Ihrer Terrasse, sondern auch (im übertragenen Sinne) auf Ihrem Konto liegen

Luxusvillen und Grundstücke in exponierter Lage. Wer soll das bezahlen? Ein Wolkenkuckucksheim ist nicht im Sinne des Eigenbaus

sprochen. Selbstbauer werden nicht umhin kommen, einige Maschinen und Werkzeuge zu mieten. Für einen Minibagger zahlt man nur an einem Wochenende mindestens 250 €, für den Transport schwerer und großer Bauteile (Fenster, Türen) braucht man einen Kleinlaster, der ca. 150 € pro Tag kostet. Für Arbeiten an der Dachrinne zum Beispiel benötigt man einen Lötkolben. Auch ein Schweißgerät (Eisenträger, Balkongeländer) kommt beim Holzhaus ab und zu zum Einsatz. In der Regel verfügen Selbstbauer über eine gute handwerkliche Ausrüstung. Wer über einen ausgesprochen reichhaltigen Maschinen- und Werkzeugpark verfügt, zahlt zwar nur noch die »halbe Miete«, aber auch er muß aufgrund des Verschleißes noch einige huntert Euro für Zubehörteile (Sägeblätter, Trennscheiben, Bohrer) einrechnen. Hinzu kommen Reparaturkosten und der Kauf neuer Maschinen, weil die alten »den Geist aufgaben«. Also noch einige Hunderter dazu. Und was kostet der Baustrom für all jene Maschinen? Wenn sich der Bauherr den

Strom beim Nachbarn holen darf, könnte er sogar etwas sparen. Neben den Mietkosten fallen mit Sicherheit auch Frachtkosten an. Die Lieferkosten sollten bei jeder Materialbestellung abgesprochen werden. Die Fracht kostet je nach Entfernung und Ware 20 bis 60 €.

Kleinvieh macht viel Mist! Der Verkäufer im Baumarkt wird lächeln, wenn ein Holzhausbauer ihn nach dem Preisunterschied zwischen 2 kg und 5 kg Nägel fragt. Zumindest die von seinem Hämmern entnervten Nachbarn werden das Gefühl haben, daß er Millionen Nägel verarbeite ... Wer weiß schon im voraus wieviel Kilogramm Nägel, Schrauben, Lochbänder, Winkel, Krallen usw. beim Hausbau benötigt werden. Für Dübel und allerlei Eisenwaren zahlt man »ein Vermögen«. Die Gesamtausgaben dazu belaufen sich auf rund 1 000 € ! Hinzu kommen weitere Kleinteile wie Übergangschienen an Türschwellen oder Kaminfußbodenumrandung, die verhältnismäßig teuer sind (2 m Messingleiste ca. 15 €). Bei einem Holzhaus läppern sich natürlich auch konstruktive Holzelemente wie Dachlatten und Kanthölzer (Innenwände und Fußbodenkonstruktion). Die Holzhandlung wird für den Holzhäuslebauer fast zum zweiten Wohnsitz. Da kommt leicht eine Summe von 2000 € zusammen. Preisvergleiche lohnen sich!

Für Beton, Fliesenkleber und Fugenmasse braucht der Holzhausverehrer hingegen nur ca. 250 €. Zum Abdichten von Stößen – zum Beispiel an der Dachfolie – werden Spezialklebebänder benötigt, die je nach ihrer baubiologischen Qualität sehr teuer sein können. Sorgfältige und vor allem mehrfarbige Malerarbeiten erfordern Papierbänder, mit denen Kanten, Ecken und Scheiben abgeklebt werden. Dadurch erspart man sich unnötiges und zeitaufwendiges Putzen. Da kommen schon wieder ca. 300 € zusammen. Der Hausbau erfordert zudem einen großen Aufwand an Dichtungsmitteln. Für den Einbau von Fenstern und Türen verwendet man Montageschaum, zum Abdichten von Naßräumen bietet sich Silikon an. Für Keller und Bodenplatte empfielt sich der Einsatz einer Dichtungsschlämme. Beim Verlegen von Dielenbrettern muß Holzleim in die Nut gedrückt werden. Für alle jene Mittelchen kommt ein Betrag von sage und schreibe rund 500 € zusammen.

Und die Malerarbeiten? Gerade bei der reizvollen Innengestaltung wird ein Eigenbauer nicht sparen wollen. Gestaltet man einen Raum in verschiedenen Farbtönen oder Farbmischungen bzw. Farbraster, kommen einige Dosen zusammen. Die Außenlasur für ein Holzhaus kostet meistens über 1000 €. Rund ein weiterer Tausender sollte für die übrigen Farben, Lasuren, Pinsel, Malerplanen und Holzschutzmittel eingeplant werden. Auch die Fliesen gehören zu den Schlußpunkten des Hausbaus, bei denen sich der Eigenbauer gern einige Highlights gönnt. Schließlich soll die lange und harte Bauzeit auch einen optischen Lohn bekommen. Ein Fliesenfußboden von 12 qm kann dann statt 150 € auch über 500 € kosten. Man sollte nicht am falschen Ende sparen! Die Innenausstattung kann das Wohngefühl und den Verkaufswert des Hauses langfristig enorm beeinflussen. Stichwort Wohnlichkeit: Auch für Fuß- und Fensterleisten muß man viel Geld ausgeben. Mit 300 € sollte gerechnet werden.

Völlig vergessen werden meistens die Umzugskosten. Manche haben nicht viele Möbel und können ihren Umzug mit dem eigenem PKW, der einen Dachgepäckträger oder Anhänger hat, meistern. Für den Kühlschrank und die Kühltruhe oder das Klavier muß man zumindest einen Kleintransporter mieten. Außerdem sollte man Überbrückungskosten einplanen, die je nach Höhe der Miete erheblich sind. Schließlich kann man seine Wohnung erst dann kündigen, wenn das neues Haus einzugsbereit ist. Dieser Termin kann sich für Selbstbauer empfindlich verzögern. Gut beraten ist der, der in der Bauzeit relativ preiswert wohnt. In dem neuen Haus braucht man auch Lampen und haben Sie zum Beispiel an Grünpflanzen gedacht? Wenn sich das Haus durch große Fenster der Sonne öffnet, sind hochwüchsige Grünpflanzen ein willkommener Sicht- und Sonnenschutz. Dazu werden natürlich auch schöne Vorhänge (oder Gardinen) dienen. Die Phantasie der Bauherrin wird grenzenlos sein! Ein- bis Zweitausend Euro wird sie im Handumdrehen ausgeben. Und auch der Bauherr ist dankbar, daß ihn die Nachbarn nicht in jeder Lebenslage beobachten können. Hinzu kommt das teure Gardinenzubehör. Auch die Kosten für Badutensilien (Seifennapf, Handtuchhalter, Duschvorhang) werden oft nicht nur unterschätzt, sondern einfach vergessen.

Ist man endlich in das Häuschen eingezogen, wirkt die »Mondlandschaft« drumherum alles andere als wohnlich. Die Schlammklumpen an den Schuhsohlen werden nicht allein die um Sauberkeit bemühte Hausfrau nerven. Selbst wenn die Wege nur mit Schotter und Kies belegt werden, würde das mindestens 500 € kosten. Außerdem ist der Garten zu gestalten, wozu auch viel Humuserde, Dünger, Samen, Blumenzwiebeln und natürlich Pflanzen (Bäume, Sträucher, Zierpflanzen) benötigt werden. Dafür sind mindestens 300 € anzusetzen. Für einen Gartenteich mit Folie reichen 250 €, falls der

Bagger dazu bereits eine Grube ausgehoben hat. Meistens braucht man auch einen Zaun, zudem vielleicht eine Pergola und ein Gartentor. Letzteres kostet als Doppeltor im Baumarkt um die 1000 €! Briefkasten, Türschilder, Klingel und Hausnummer kosten auch Geld. Hinzu kommen die Türschlösser für Haus und Garten.

Tür zu, Affe tot? Weit gefehlt, denn Sie haben zum Beispiel das Richtfest vergessen. Eventuelle Hilfskräfte sollte sich der Eigenbauer wohlgesonnen stimmen! Schließlich hat er noch »einen ganzen Wahnsinn« vor sich. Beziehungen sind nun mal das halbe Leben und das weiß ein Selbstbauer zu schätzen. Sicher wird er wissen, daß er alle Hilfskräfte versichern muß. Die Bauberufsgenossenschaft fordert je nach Gewerk einen bestimmten Betrag pro Arbeitstag und Person. Apropos Versicherungen: Für die anderen Versicherungen muß man einen Gesamtbetrag von mindestens 600 € einplanen, womit wir nunmehr auf die sagenumwobenen Nebenkosten zu sprechen kommen. Man glaubt doch gar nicht, was es alles für Gebühren gibt! Vor allem in den ersten Monaten des Baugeschehens flattern von allen möglichen Ämtern fortwährend Gebührenbescheide ins Haus: Bauamt, Katasteramt, Oberkreisdirektor, Finanzamt, Stadtverwaltung. Wenn sich die Gerichtskasse meldet, hat der Häuslebauer gewiß nichts verbrochen, sondern muß eben »nur« (»für nichts und wieder nichts!«, wird er berechtigterweise schimpfen) einen nicht unerheblichen Betrag entrichten. Hinzu kommen die Bankgebühren für einen eventuellen Kredit. Alles in allem wird der Bauherr – sage und schreibe! – nicht weniger als um 3000 € allein für Gebühren berappen müssen. Außerdem sollten die Notarkosten, evtl. Hauseinmessungskosten und evtl. Kanalanschlußgebühren nicht vergessen werden. Wer für die Hausanschlüsse (Wasser, Strom, Abwasser, Heizung, Baustrom) weitere 7000 € einplant, ist auch in dieser Hinsicht auf der sicheren Seite. Noch etwas vergessen? Gewiß! Den Steuerberater, den man während seiner verzweifelten Finanzplanung sicher aufsuchen wird und der sehr

kompetent sein sollte. Und außerdem die Kosten für Fachbücher, die man als Eigenbauer unbedingt lesen sollte, Anzeigenkosten für die Grundstücksuche und vielleicht auch Maklergebühren. Und da ist noch ein dicker Hund: des Häuslebauers Benzinkosten sowie seine Telefonrechnungen. Der Eigenbauer muß – ob er will oder nicht – viel telefonieren. Monatliche Mehrausgaben von 100 € sind für sein Haushaltsbudget während der Bauzeit leider normal! Noch etwas vergessen? Vielleicht die Dampfbremse im Dach und in den Außenwänden? Da braucht man viele, viele Quadratmeter, die im Endeffekt an die 400 € kosten.

Den Mut verloren? Nicht doch! Man rechne zu seinem ursprünglichen Kostenüberschlag 20% hinzu und überlege in Ruhe, wie der Differenzbetrag aufgebracht werden kann. Unglaublich, aber es gibt Geld, das vom Himmel fällt: Steuerrückzahlungen; auch die lieben Gaben nächster Verwandter läppern sich zu Pluspunkten. Auch unsere Sparempfehlungen könnten helfen! Außerdem fällt – ganz wie von allein – während der Bauzeit die alljährliche Urlaubsreise ins Wasser (Ersparnisse von bis zu 3000 € pro Person im Jahr). Da der Eigenbau mindestens zwei Jahre dauert, spart man also ganz ordentlich. Auch für Theater, Kino, Restaurant und ähnliches hat man leider kaum noch Zeit, verzichtet auf teure Gaderobe und vieles mehr. So kommen möglicherweise auch monatliche Ersparnisse hinzu. Kopf hoch, das Bauen geht weiter!

Anmerkung: Eine Garantie für die hier angegebenen Kosten können wir leider nicht übernehmen, es handelt sich lediglich um überschlägige Erfahrungswerte zur ersten Orientierung.

Zinsen – eine Milchmädchenrechnung

Für die schlüsselfertige Hausbauvariante muß man insgesamt mindestens 50 000 € höhere Gesamtbaukosten veranschlagen!

Hier scheiden sich meistens die Geister der Häuslebauer. Wenn Sie einen Kredit für Ihren Hausbau aufnehmen müssen, dann kommt Ihnen im Grunde jeder Euro sehr teuer zu stehen. Bereits bei einem niedrigen Festzins von vielleicht 7% und nur 1% Tilgung zahlen Sie monatlich 333 € Zinsen (inklusive Tilgung) (50000 € x 8% : 12), im Jahr 4000 €, nach 25 Jahren (so lange läuft in der Regel eine Finanzierung!) haben Sie sage und schreibe 100 000 € bezahlt. Wenn Sie die 333 € monatlich auf ein Sparkonto legen, und es nur mit 3% verzinst wird, dann steigen Ihre Zinsen jährlich, und es kommen viele, viele Tausender hinzu. Die 50 000 € zahlen Sie also doppelt und dreifach. Nun träumen Sie einmal ein wenig vor sich hin und überlegen Sie sich, was Sie mit dem Geld nach 25 Jahren alles tun könnten. Natürlich ist das in gewissem Sinne eine Milchmädchenrechnung, denn entweder haben Sie die 291 € (+ 42 € Tilgung) monatlich oder nicht. Für Sie als Selbstbauer sind 333 € monatlich in jedem Fall viel Geld, sonst würden Sie kaum in Erwägung ziehen, Ihr Haus selbst zu bauen! Oder wollen Sie in Zukunft auf schöne Reisen und jeglichen finanziellen Spielraum verzichten?

Allerdings wird Ihnen ohnehin keine Bank mehr als 45% des Nettoeinkommens an Zins und Tilgung zugestehen, weil Sie sonst Gefahr laufen, Ihren Kredit nicht mehr bezahlen zu können. Dann käme Ihr Häuschen unter den Hammer, woran kaum eine Bank Interesse hat. Sobald Sie eine realistische Vorstellung von Ihrer Bausumme haben, sollten Sie prüfen, ob Ihnen die Bank ein Darlehen bereitstellt. Sie müssen Ihrer Bank etwa 15–25% Eigenkapital und ein regelmäßiges Einkommen nachweisen, mit dem Sie Zinsen und Tilgung und Ihren Lebensunterhalt abdecken können. Es ist ein Trugschluß zu glauben, daß Banken auf »Teufel komm raus« Darlehen verkaufen möchten. Erst wenn man Geld leihen will, erfährt man, wie schwierig es ist. Angehende Selbständige zum Beispiel haben es bei Banken nicht leicht. Meistens unterliegen sie einer Einkommensnachweispflicht von zwei Jahren, bevor Sie einen Kredit beanspruchen kön-

nen. Die »bare Münze« zählt! Angestellte erhalten leichter einen Kredit. Als Selbstbauer müssen Sie der Bank neben allen möglichen Verdienstbescheinigungen einen detaillierten Kostenvoranschlag für Ihr Haus, sowie Bauzeichnungen, den Abschluß einer Brandschutzversicherung und natürlich ein »handfestes« Grundstück nachweisen. Außerdem möchten die Banken von Ihnen wissen, wer die vielen Eigenleistungen an Ihrem Haus bewältigen kann. Von wem können Sie handwerkliche Hilfe erwarten? Feste Familienbande (Vater, Opa, Bruder, Schwager) ist - wenn es um harte Arbeit geht - meist verläßlicher als Freundschaft! Sie sollten versuchen, möglichst sofort zu bauen und die Finanzierung für Ihr Grundstück und den Neubau in einem anzustreben. Aufgrund der Beleihung ist es schwierig, ein Grundstück getrennt vom Hausbau zu finanzieren. Sie müßten dann bei derselben Bank bleiben, die Ihnen vielleicht einen hohen Zinssatz aufbürdet. Bedenken Sie: Bei 50 000 € Kredit kostet Ihnen ein höherer Festzins von nur 1% nach 25 Jahren 10 000 €. Wenn Ihnen die Bank das Grundstück finanziert, dann sollten Sie auch um Ihr Häuschen kämpfen. Betont sei die Verkleinerungsform »chen«, denn ein kleineres Haus wird Ihnen als Selbstbauer schon bei der Finanzierung wesentlich weniger Sorgen bereiten. Das soll nicht heißen, nur ein halbes Haus zu bauen. Im Gegenteil: Sie sind besser beraten, Anbauten und Dachausbau in einem zu planen, denn später bedeutet das meistens einen erheblichen Mehraufwand. Die Bodenplatte für einen Anbau (zum Beispiel einen Wohnwintergarten) rentiert sich kaum, wenn sie nicht in einem Guß erfolgt. Ähnliches gilt für Garagen, die mit dem Haus direkt verbunden sind.

Wo kann ich sparen?

Bereits bei der Suche nach einem Bauplatz fängt es an. Zwischen Grundstücken, die gerade einmal 5–10 Minuten auseinander liegen, bestehen zum Teil erhebliche Preisunterschiede! Liegt ein Grundstück in der Nähe einer lauten Autobahn, ist es zwar in der Regel billiger als ein gleiches Grundstück, auf dem man die Autobahn nicht hört. Es kann jedoch durchaus viel teurer sein, als ein ruhiges Baugrundstück wenige Minuten weiter entfernt. Suchen Sie nach Alternativen! Schauen Sie sich in Ihrer Umgebung um. So mancher vorerst abwegige Ort könnte aufgrund seiner günstigen Bodenpreise und dennoch reizvollen Lage zu Ihrem Favoriten werden. Sind günstige Verkehrsanbindungen in Planung, dann kann ein Grundstück innerhalb weniger Jahre eine sprunghafte Wertsteigerung erfahren. Relativ niedrige Quadratmeterpreise weisen auch große Grundstücke auf. Allerdings summieren sich die Flächen zu hohen Kosten. Für jeden Quadratmeter müssen Sie Abgaben entrichten. Auch die Grunderwerbssteuer errechnet sich nach der Grundstücksfläche. Ein großer Garten verleiht gerade einem Holzhaus ein wunderschönes Flair. Vielleicht finden Sie einen Baupartner für ein Doppel- oder Zweifamilienhaus. Sie könnten auch versuchen, einen Teil des Grundstücks abzuteilen und als weiteres Bauland zu verkaufen. Dazu müssen Sie eine Teilungsgenehmigung bei der Gemeinde einholen. Kostensparend sind auch flache Grundstücke, weil Sie dort ohne Keller bauen können. Ein Keller kostet in der Regel ca. 20 000 € mehr. Das Bauen an Hängen kann kostenaufwendige Stützmauern, Treppen und Terrassenbefestigungen erfordern. Auf einem flachen Grundstück können Sie sich als Selbstbauer weitaus sicherer bewegen, viele Arbeiten – insbesondere an der Außenfront – einfacher ausführen, da Ihr Haus eine relativ geringe Höhe aufweist.

Ein Grundstück ist voll erschlossen, wenn es am städtischen Kanal angeschlossen ist und Zugang zu einer befestigten Straße hat. Sollte dies nicht der Fall sein, dann müssen Sie mit sehr hohen Erschließungskosten rechnen. Erkundigen Sie sich danach bei den zuständigen Ämtern der Stadt bzw. der Gemeinde.

Effektive Sparmöglichkeiten verstecken sich meist in ungeahnten Bereichen. Weniger Wohnraum spart in jedem Falle Kosten. Eine kleine Zweitwohnung zur Vermietung könnte sich evtl. aus steuerlichen Gründen rentieren. Natürlich können Sie als Selbstbauer sparen, wenn Sie minderwertiges Material kaufen, die Wände und Fußböden Ihres Hauses nicht so dick isolieren (den vorgeschriebenen k-Wert müssen Sie aber laut Bauordnung einhalten!) und auf manche schöne Ausstattung verzichten. Aber sparen Sie dabei nicht am falschen Ende? Materialien mit schlechter Qualität lassen sich meistens nicht nur schwer verarbeiten, sie beschleunigen auch den Alterungsprozeß Ihres Hauses und beeinträchtigen später Ihr Lebensgefühl. Ein hochwertiger biologischer Baustoff kann die Atmungsaktivität der Wände und damit das Raumklima im Haus sehr po-

Grundstücke, die von Maklern angeboten werden, sind meistens teurer als private Angebote

sitiv beeinflussen, was Ihnen auf Dauer gesundheitlich zugute kommt. Deswegen müssen Sie nicht gleich die allernobelsten Materialien einkaufen, eine optimale und preiswerte Auswahl genügt. Die Fußboden- und Wandbretter zum Beispiel können durchaus aus einer B-Sortierung stammen, die erheblich kostengünstiger sind als die A-Sortierung. Nichtverwertbare und fehlerhafte Bretter tauschen Ihnen die Baumärkte in der Regel um, und die weniger guten lassen sich an unauffälligen Stellen unterbringen (Dachschrägen, hinter Heizkörpern, unter Schränken und Tischen). Durch gewissenhaftes Aussortieren werden Sie kaum Verlust haben. Außerdem können Sie Fußbodendielen und Wandpaneele auch als Fenster- und Türeinfassung einsetzen und dabei die Bretter so geschickt zuschneiden, daß die schadhaften Stellen in den Abfall wandern können. Sperrholz ist eine kostengünstige Alternative für Leisten und Einrahmungen.

Für jede Materiallieferung und natürlich auch für jeden Handwerksposten sollten Sie sich ein Dutzend Kostenvoranschläge einholen. Sie werden staunen, welche Preisunterschiede es bei gleicher oder gar besserer Qualität gibt. In den »Gelben Seiten« finden Sie eine große Auswahl an Firmen und Handwerkern. Es ist günstiger, wenn sich die Firma in Ihrer Nähe befindet, denn die An- und Abfahrtswege müssen Sie bezahlen. Wenn Sie das Gefühl haben, daß man Ihnen minderwertige Materialien zu Apothekerpreisen verkaufen möchte oder einen Mercedes einreden möchte, wo keiner notwendig ist, dann suchen Sie sich eben eine andere Handwerkerfirma. Sie können aus den verschiedenen Angeboten der Handwerker auch viel lernen und erhalten eine gute Vorstellung von Quantität und Qualität. Außerdem gewinnen Sie einen besseren Einblick in die Abrechnung der Leistungen. Übrigens müssen Gerüste und Arbeitsbühnen von einer Höhe von nicht mehr als zwei Metern über dem Gelände kostenlos aufgestellt und abgebaut werden. Außerdem muß der Handwerker seinen Müll nach getaner Arbeit entsorgen. Bei Firmen, mit denen Sie länger zusammenarbeiten, sollten

Sie unbedingt darauf achten, daß sie nicht vom Bankrott bedroht sind. Leisten Sie keinesfalls irgendwelche Vorauszahlungen. Zahlen Sie nur für bereits erbrachte Leistungen! Sie können eine stufenweise Zahlung vereinbaren.

Das beste Preis-Leistungsverhältnis bei der Vergabe von Aufträgen an Handwerker und Firmen erreicht man durch Pauschalverträge. Einen guten Pauschal- bzw. Festpreisvertrag erreicht man aber nur durch eine ausgereifte Planung der Arbeiten; sie setzt vollständige und genaue Vergabeunterlagen voraus. Wenn der Festpreis nicht alle notwendigen Arbeiten enthält, wird's im Nachhinein teuer. Festpreisangebote eignen sich außerdem gut zu Preisvergleichen bei Ausschreibungen. Lassen Sie sich auf keine zusätzlichen Leistungen ein, die nicht abgesprochen sind oder für die kein Preis festgelegt wurde. Bei einem Stundenlohnvertrag haben weder der Bauunternehmer noch die Hilfskräfte Interesse daran, die Arbeit schnell, gut und mit geringem Materialverbrauch auszuführen. Man erkennt dies an dem betonten Schneckentempo, das Handwerker an den Tag legen können. Sagen Sie der Baufirma klar und deutlich, daß die Kosten für Sie kalkulierbar bleiben müssen. Vorsicht bei Formulierungen wie „sonst wie vor" oder bei Zirka-Preisen. Der Arbeitsaufwand für die Gewerke, die Sie als Selbstbauer vergeben, ist in der Regel überschaubar. Wenn Sie ein gutes Leistungsverzeichnis erstellen, können Sie erwarten, daß eine Firma den Material- und Zeitaufwand im Voraus genau berechnet. Jede Firma verfügt über ausreichende Betriebserfahrungen.

Mit der Zeit werden Sie Ihren zuverlässigsten und freundlichsten Baumarkt entdecken, bei dem Sie sich in der Regel die notwendigen Kleinteile besorgen. Große Materialbestellungen sollten Sie aber nur per Ausschreibung vornehmen. Bestehen Sie auf Mengenrabatten und verfolgen Sie die Sonderangebote der Baumärkte auf den Lokalseiten Ihrer Zeitung. Fragen Sie die Baumärkte nach der Gewährleistung eines Skontoabzugs, der je nach Zahlungsweise 2–3% beträgt und sich im Laufe Ihrer Bau-

zeit auf einige hundert Euros Ersparnis belaufen kann. Außerdem können Sie als Selbstbauer stets in Erwägung ziehen, gebrauchte bzw. »Second-Hand-Waren« einzusetzen. Dabei sind Ihrer Phantasie keine Grenzen gesetzt. Fenster und Türen zum Beispiel werden in den Baustoff-Anzeigen zu loyalen Preisen angeboten.

Darunter befinden sich zahlreiche Schnäppchen: Rundbogen- oder Sprossentüren und -fenster. Auch Fensterfirmen und Schreinereien bieten gelegentlich preiswerte und ausgefallene Restposten an. Sie können dort höflich nachfragen. Wenn Sie Ihre Fenster und Türen kaufen, bevor Sie Ihr Haus zeichnen, dann sind Sie in den Maßen noch variabel und haben eine relativ große Auswahl. Sie werden staunen, wie sich das äußere Erscheinungbild Ihres Hauses auf diese Weise äußerst kostengünstig verschönern läßt. Allerdings müssen Sie sich um den Transport der Fenster und Türen selbst kümmern und auch über einen Raum – vielleicht eine Ga-

rage – verfügen, der es Ihnen erlaubt, die Fenster bis zum Einbau in Ihr Haus zu deponieren. Viele Verkäufer liefern Ihnen aber die gebrauchten Fenster ins Haus, wenn Sie für den Transport etwas mehr bezahlen. Versichert gegen Glasbruch sind Sie dabei allerdings nicht. Und Sie werden sich wohl auch selbst um den Einbau der Fenster und Türen kümmern und peinlichst darauf achten müssen, daß die richtigen Maße beim Erstellen des Ständerwerks berücksichtigt werden.

Wenn Sie von Anfang an auf eine gute Finanzierung mit möglichst niedriger Belastung achten, dann haben Sie ebenfalls viel für Ihr Sparschwein getan. Second-Hand-Produkte tragen dazu bei. Außerdem können Sie bei einem Honorarberater eine faire Beratung und Betreuung erwarten. Je nach Finanzierungsform und Summe beträgt das Honorar 1–3% plus Mehrwertsteuer. Dieses Honorar wirkt steuersenkend. Der Honorarberater verpflichtet sich Ihnen gegenüber, alle Provisionen und Vergütungen offenzulegen und Ihnen zur Verfügung zu stellen (Verrechnung, Zinsgutschrift, Barauszahlung). Nur so können Sie eine objektive Finanzierung erhalten, die Ihre Kosten erheblich senken kann.

Um die Tücken der Finanzierung zu begreifen, sollten Sie möglichst viele Gespräche mit verschiedenen Banken, Versicherungen und Bausparkassen führen. Das nackte Zahlenmaterial ist dabei entscheidend. Gefühle haben in der Finanzwelt nichts zu suchen.

Das Annuitätsdarlehen (Bankfinanzierung) ist die übliche und nicht selten die effektivste Form einer Immobilienfinanzierung. Es wird von Banken, Bausparkassen, Pensionskassen und Lebensversicherungen angeboten. Dem Darlehensgeber stehen nur die Zinsen aus der nichtgetilgten Schuld zu. Tilgungsdarlehen können verglichen werden, wenn man von ein und derselben Auszahlungssumme, gleicher Zinsbindung und gleicher Belastungshöhe ausgeht. Am wichtigsten ist die Frage nach Ihrer Restschuld, die Ihnen nach einem bestimmten Zeitraum verbleibt. Die geringere Restschuld stellt wiederum in der Anschlußfinanzierung einen Vorteil dar. Anhand dieser Restschuld können Sie ersehen, welche Bank Ihnen das günstigste Darlehen anbietet. Voraussetzung ist, daß Sie selbst die Auszahlungssumme (nicht gleichbedeutend mit der Darlehenssumme!), Ihre optimale monatliche Belastung und gleiche Zinsbindungszeiten vorgeben. (Wichtig ist der Nominalzins, der effektive Jahreszins ist für Sie relativ unbedeutend!)

Durchforsten Sie zudem Ihre täglichen Lebenshaltungskosten. Streichen Sie überflüssige oder unrentable Ausgaben. Diese Beträge können Sie für Ihre Finanzierung einsetzen! Prüfen Sie zum Beispiel Ihre Versicherungen. Sind sie wirklich alle notwendig? Können Sie durch einen Wechsel der Versicherungsgesellschaft einen niedrigeren Kostenaufwand erzielen? Bei den Versicherungen für Ihren Neubau sollten Sie aber nicht gerade sparen! Läuft ein überflüssiges Zeitungsabonnement? Wo zahlen Sie Vereinsbeiträge, ohne sich wirklich zu engagieren? Benötigen Sie unbedingt zwei Autos? Wobei können Sie Steuern sparen? Wer durch bessere Kostengestaltung im Monat nur 50 € spart, gewinnt allein dadurch während der Laufzeit schon mehr als 15000 €. Wer den gesparten Fünfziger clever anlegt, ist um einige Jahre früher schuldenfrei.

Auf Landesebene werden Familien mit geringem Einkommen gefördert. Der Wohnraum muß über eine bestimmte (familiengerechte) Größe und Ausstattung verfügen, was bei weniger komfortablen Wohnansprüchen durchaus zu Mehrkosten führen kann. Die bereitgestellten Fördersummen sind allerdings horrend. Der Förderantrag sollte vor Baubeginn gestellt werden, gleichzeitig muß der Bauplan vorliegen. Über dieses Förderverfahren sollte man sich auf dem Amt schon vor der Bauplanung eingehend informieren. Am besten persönlich, da ein Amtsarchitekt zu Rate gezogen werden muß, der beurteilt, ob die geplante Wohnung förderungswürdig ist.

Bevor der Hausbau beginnen kann, müssen eine ganze Menge Anträge bei den Behörden gestellt werden. Das kostet nicht nur viel Zeit und Geld. Die grundlegenden Gewerke für ein Holzhaus – wie Bodenplatte und Hausanschlüsse – erfordern einen enormen Arbeitsaufwand, der meistens unterschätzt wird

DER PAPIERKRIEG
MIT DEN BEHÖRDEN

Im Kapitel »Die Kosten im Griff behalten« wurde auch über die hohen Gebühren der Behörden und Versorgungsbetriebe berichtet. Dort läßt sich kaum etwas sparen, denn die Hausanschlüsse und behördlichen Zustimmungen sind nun mal notwendig, allerdings sehr oft auch unterschiedlich gestaltet. So ist der Weg zum Eigenheim mit viel Papier gepflastert. Neben der eigentlichen Baurechtsbehörde, also dem Bauamt, gibt es noch eine ganze Menge anderer Stellen, die zu dem Bauvorhaben gehört werden müs-

BEHÖRDEN KOSTEN VIEL GELD!

sen. Das Tiefbauamt zeichnet sich verantwortlich für die Straße an Ihrem Grundstück, dessen Zufahrt und Zugänglichkeit sowie die Abwasserbeseitigung. Dort prüft man auch, ob Rückstaugefahr besteht. Außerdem müssen Sie die Hausanschlüsse beim Gas- und Wasserversorgungsunternehmen, dem Elektrizitätswerk und dem Fernmeldeamt beantragen. Oberstes Gebot: Seien Sie freundlich, denn wie man in den Wald hineinruft, so schallt es auch wieder heraus. Das fällt den gestreßten Bauherren nicht immer leicht, denn das Nervenkostüm kann während der harten Bauzeit zuweilen äußerst dünn sein. Und leider kann es – wie die Praxis immer wieder beweist – auch passieren, daß Sie einem Menschen begegnen, der unzugänglich ist, ja rüde und ungerecht vorgeht. Eine solche Behandlungsweise müssen Sie sich

nicht gefallen lassen. Durch eine höfliche Beschwerde bei einer übergeordneten Stelle kann man sich schützen. Von einer Behörde kann man eine differenzierte und individuelle Beurteilung der Situation und kein schematisches Routinedenken erwarten. Bauen ist eine schöpferische Tätigkeit und verantwortungsvolle Kulturpolitik und kann nicht nur allein am Reißbrett stattfinden. Dennoch kann es in dem einen oder anderen Fall besser sein, seinen Ärger für sich zu behalten. Fehler wird eine Behörde nur vor dem Rechtsanwalt zugeben. Halten Sie ständigen und freundlichen Kontakt zu den Versorgungsunternehmen und Baubehörden. Fragen Sie dort immer wieder nach, wenn Ihnen etwas unklar ist oder ein Bescheid zu lange auf sich warten läßt. Die Beamten sollen nicht nur Diener des Staates, sondern auch Helfer des Staatsbürgers sein. Sie müssen ihrer Auskunftpflicht nachkommen. Die behördlichen Leistungen bekommt man nicht geschenkt, man muß dafür viel Geld bezahlen. Eine Sachentscheidung darf nicht durch Untätigkeit lange verzögert werden. Die folgende Aufstellung soll Ihnen helfen, einen Überblick über die wichtigsten Anträge zu gewinnen, die Sie als Eigenbauer bei Behörden und Versorgungsunternehmen stellen müssen:

Bis alle Anschlüsse und Leitungen gelegt sind, vergehen einige Monate. Erst danach kann man mit dem Innenausbau beginnen

- Die Bauvoranfrage (möglichst noch vor dem Notartermin) ist nicht zwingend, aber zu empfehlen. Ein Bauvorbescheid hat zwei bis drei Jahre Gültigkeit / Bauamt (unterschiedliche Handhabung)
- Antrag auf Beseitigung geschützter Bäume / Gemeinde
- Bauantrag / Bauamt bzw. Architekt
- Abschluß verschiedener Versicherungen
- Baubeginnanzeige (spätestens eine Woche vor Baubeginn) / Bauamt
- Abnahme der Gebäudeabsteckung und des Schnurgerüstes / Bauamt - Vermessungsingenieur
- Ggf. Antrag auf die vorübergehende Sperrung öffentlicher Verkehrsflächen / Gemeinde

- Antrag auf Bauwasseranschluß / Wasserwerk
- Antrag auf Baustromanschluß / Elektrizitätswerk
- Antrag auf Abwasserkanalanschluß / Stadtentwässerung / Tiefbauamt / Abwasserzweckverband
- Antrag auf Hauswasseranschluß mit Zählermontage / Wasserwerk
- Antrag auf Hausstromanschluß mit Zählermontage / Elektrizitätswerk
- Ggf. Antrag auf Montage des Gaszählers / Gaswerk
- Anträge für die gewünschten Kommunikationsanschlüsse (Kabel, Telefon usw.)
- Rohbau- und Schlußabnahme des Kamins / Bezirkskaminkehrermeister

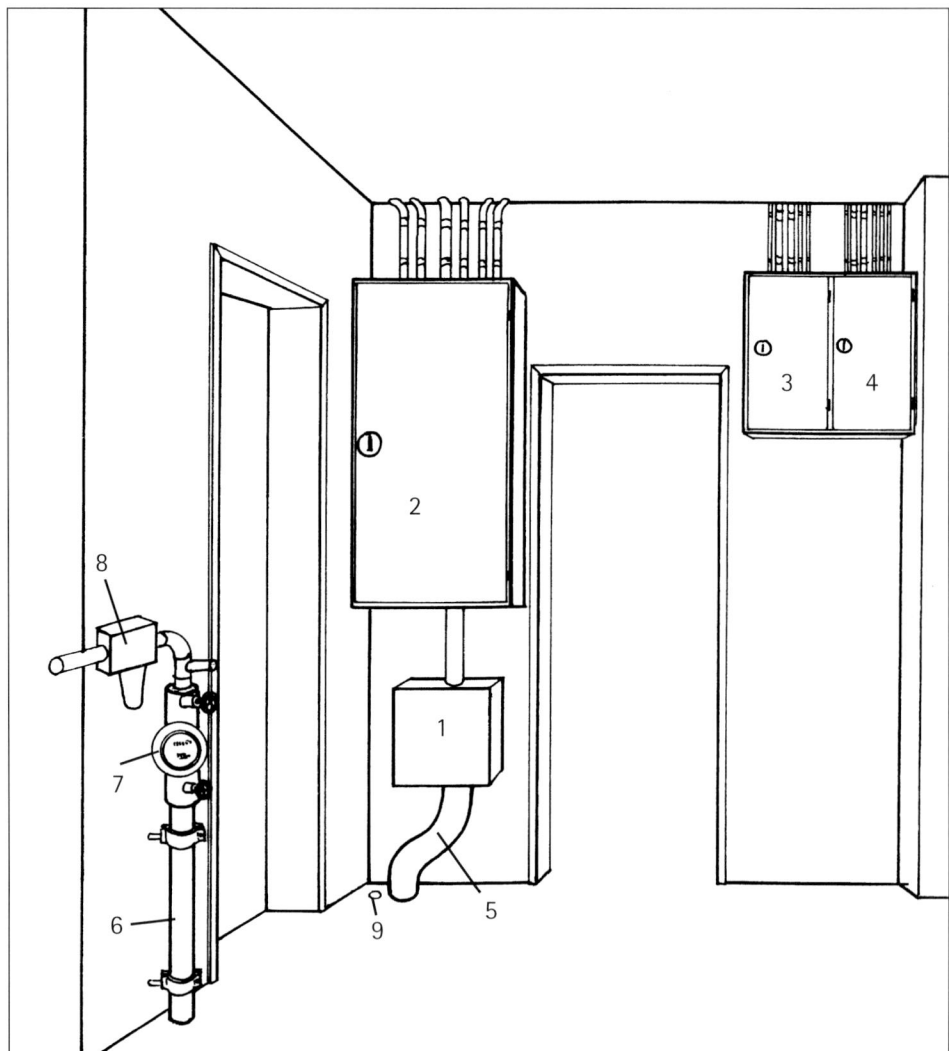

HAUSANSCHLÜSSE

1 Panzerkasten
2 Zählerkasten und Hauptsicherung mit Steuergerät für Heizung
3 Haushaltssicherung (Unterverteiler)
4 Sicherungen (Nachtspeicherheizung)
5 Hauptstromleitung
6 Hauptwasserleitung zum Haus
7 Wasseruhr
8 Wasserfilter
9 Leerrohr für Telefonzuleitung

- Rohbauabnahme, Gebrauchsabnahme und Schlußabnahme des Gebäudes / Bauamt

Stellen Sie diese Anträge rechtzeitig. Die Bearbeitung kann mehrere Wochen dauern! Genehmigungs- und anzeigefreie Bauvorhaben sind: Gebäude bis zu 20 Kubikmeter umbauten Raum (z.B. Gartenhaus), Stützmauern bis zu 1 m Höhe über Gelände, Gartenzäune an der Straßenfront bis zu 1 m Höhe, Wasserbecken (bis zu 50 Kubikmeter) und Teiche, Aufschüttungen und Abgrabungen bis zu 2 m Höhenunterschied gegenüber dem Gelände (Angaben ohne Gewähr).

Als Heimwerker sind Sie verpflichtet, Ihre Bauhelfer bei der zuständigen Bauberufsgenossenschaft anzugeben. Für Sie als Bauherr besteht hingegen keine Versicherungspflicht. Es empfiehlt sich, eine freiwillige Unfallversicherung abzuschließen. Sie ist allerdings ziemlich teuer. Auch die Ehefrau des Bauherren muß sich nicht zwingend versichern. Durch die Meldung bei der Bauberufsgenossenschaft schützen Sie Ihre Freunde und Ihre Familie. Wenn zum Beispiel ein Familienmitglied bei Dacharbeiten vom Dach stürzt und sich schwer verletzt, dann ist es über die Bauberufsgenossenschaft versichert. Eine Voraussetzung ist, daß Sie als Bauherr die notwendigen Unfallschutzmaßnahmen einhalten. Sie können sich auch per Fax oder e-mail am ersten Bautag anmelden. Die Bauberufgenossenschaft schickt Ihnen dann die notwendigen Unterlagen und Merkblätter zur Unfallverhütung zu, die Sie sich sehr aufmerksam durchlesen sollten. Sie tragen als Selbstbauer eine große Verantwortung für die Sicherheit an Ihrem Bau! Die Bauberufsgenossenschaft verlangt dann in regelmäßigen Abständen die Angabe der Personen, die Ihnen am Bau geholfen haben. (Arbeiter von Firmen sind bei den Unternehmen ohnehin versichert und haben für die Bauberufsgenossenschaft keine Bedeutung.) Die Versicherungsbeträge für Ihre Hilfskräfte richten sich nach der Art der ausgeführten Arbeit und der Anzahl der Arbeitsstunden.

Hausanschlüsse

Um in einem Haus leben zu können, braucht man Strom, Wasser, ggf. Gas und die Abwasserentsorgung. Posten, die von Häuslebauern nicht selten unterschätzt werden, sowohl finanziell als auch hinsichtlich des Arbeitsaufwandes. Sie können den Architekten damit beauftragen, sich um die Anschlüsse von Wasser, Kanal, Elektroversorgung oder Gas sowie Telefon und Verkabelung zu kümmern. Das müssen Sie ihm natürlich bezahlen. Für den Antrag auf Grundstücksentwässerung benötigen Sie eine Baubeschreibung, Querschnittsberechnungen, den amtlichen Lageplan und Projektzeichnungen. Ähnlich verhält es sich mit den anderen Anschlüssen. Das jeweilige Versorgungsunternehmen schickt Ihnen den Antrag zu. Sprechen Sie also so früh wie möglich – am besten persönlich – bei dem jeweiligen Versorgungsunternehmen vor. Lassen Sie sich in jedem Fall beraten! Viele Berater kommen auch gern zu Ihnen nach Hause.

Für ein Ein- oder Zweifamilienhaus ist ein Hausanschlußraum nicht zwingend. Die Anschlüsse können auch im Korridor plaziert werden. Wenn Sie sie geschickt in Einbauschränken verschwinden lassen, haben Sie viel Platz gespart. In diesem Fall sollten Sie Ihre Vorstellungen mit dem Versorgungsunternehmen genauestens absprechen, denn es gibt dabei Vorschriften, die beachtet werden müssen. Lassen Sie sich die Absprachen schriftlich bestätigen, denn von der Planung Ihres Hauses bis zur Ausführung der Anschlüsse vergehen einige Monate. Möglicherweise haben Sie dann mit einem anderen Kollegen des Unternehmens zu tun, der eine andere Meinung als sein Vorgänger hat. Wenn Sie kein Schriftstück in der Hand haben, kann es zu Komplikationen kommen. In unserem Fall wollte das Stromversorgungsunternehmen den Zählerschrank – entgegen der ursprünglichen Festlegung – genau dort plazieren, wo die Garderobe geplant war. (Es war vorgesehen, den Zählerschrank in einem Einbauschrank im Korridor zu »verstecken«). Der Korridor wäre

Die Versorgungsleitungen werden in der jeweils vorgeschriebenen Mindesttiefe in einem Sandbett verlegt und mit farbiger Folie abgedeckt

fast zu einem Unding verunstaltet worden. Wenn dann die Männer des Versorgungsunternehmens der Meinung sind, man könne seine Mäntel direkt neben der Haustür und der Toilette aufhängen, kann es für die Hausfrau bitter werden … Schließlich handelt es sich um eine Entscheidung, mit der man ein Leben lang zurechtkommen muß. Die Mitarbeiter der Versorgungsunternehmen sind nun mal Techniker, die in erster Linie ihre technischen Interessen vertreten. Dabei möchten sie es sich unter Umständen möglichst einfach machen. Dann muß die Hausfrau beharrlich kämpfen. Diskussionen und Streitereien bleiben nicht aus. Das kostet enorm viel Zeit und Kraft. Optimal ist ein Anschlußraum, der gleichzeitig auch Abstellraum sein kann.

Für den Kanalanschluß muß ein Kontrollschacht in der Nähe der Straße hergestellt werden. Dazu müssen Sie ein etwa 2–3 m tiefes Loch mit einem Durchmesser von 2 m graben. Die Schachtringe können Sie im Baumarkt kaufen. Sie werden mit einem Kran geliefert, der sie direkt in das Loch aufeinandersetzt. Die Schachtringe sollten gut abgedichtet werden, auch die Sohle des Schachts muß dicht sein. Beim Wasseranschluß gibt es verschiedene Möglichkeiten. Manche Wasserwerke verlangen u.U. eine Bohrung, die sehr teuer ist. Man kann den

Anschluß stattdessen in einen zweiten Kontrollschacht legen. In diesem Falle gehört die Wasserleitung den Haus- und Grundstücksbesitzern, die dafür die Verantwortung tragen. Bei einem Leitungsbruch – der nur selten auftreten dürfte – kann es teuer werden. Die Leitungen müssen auf dem kürzesten Weg vom Haus zur Straße geführt werden. Sie sollten später möglichst nicht überbaut werden. Dabei müssen die Leitungen stets im rechten Winkel, also gerade verlaufen. Den Graben für die Hauptleitungen der Versorgungsunternehmen können Sie selbst ausbaggern. Dazu können Sie sich einen Minibagger mieten, der unbedingt genügend PS und eine größere Schaufel haben sollte. Nicht jeder kann einen Bagger bedienen! Man muß darauf achten, daß er nicht vornüber kippt. Natürlich können Sie den Graben auch mit dem Spaten ausschachten, was recht mühsam ist und dem Rücken gewiß nicht gut bekommt. Einige Nacharbeit per Hand wird wohl ohnehin notwendig sein. Danach können alle Leitungen nacheinander in dem Graben verlegt werden. Dazu wird Ihnen seitens des jeweiligen Versorgungsunternehmens eine Mindesttiefe vorgeschrieben. Aus hygienischen Gründen liegen die Abwasserleitungen ganz unten (etwa 1,50 m tief). Es ist sinnvoll, ein Rückstauventil einzubauen. Außerdem müssen Sie jetzt bereits entscheiden, wie Sie Ihr Oberflächenwasser abführen. Wenn Sie es in den Kanal leiten, müssen Sie dafür zukünftig bezahlen. Die Zahlungen für das Oberflächenwasser berechnen sich aus den nicht wasserdurchlässigen Flächen auf Ihrem Grundstück. Dazu zählen die Dachflächen, Balkone und wasserundurchlässige Wege und Terrassen. Gründächer, Kiesflächen, wasserdurchlässige Pflaster oder ein Belag aus Rindenmulch zum Beispiel sind wasserdurchlässig. Terrassen und Eingangspodeste können aus Holz gebaut werden. Sie können das Oberflächenwasser in einen Gartenteich leiten. In manchen Gegenden braucht man so keinen Cent dafür zu bezahlen. Die Leitungen in dem Graben müssen jeweils in einem Sandbett liegen, damit sie keine Beschädigungen durch Druck oder spitze Steine erleiden. Und

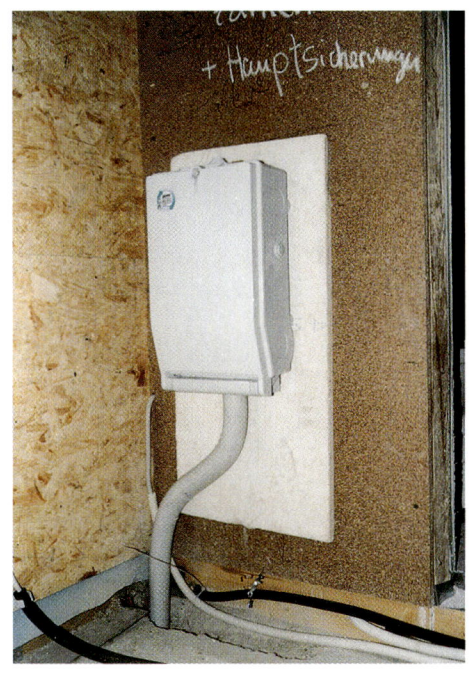

sie müssen mit einer farbigen Plastikfolie abgedeckt werden, damit man sie beim Aufschachten leicht wiederfinden kann. Wasserleitungen müssen frostsicher verlegt werden, also ca. 120 cm tief. Die Gasleitung liegt in dem selben Graben, etwa 1 m tief. Bei der Ferngasversorgung werden Dampfleitungen verlegt. Die Stromleitungen liegen in ca. 80 cm Tiefe. Dann folgen das Telefonkabel und andere Verkabelungen. Legen Sie in den Graben auch Klingelkabel und Kabel für Außenbeleuchtungen und ggf. für Gartenhaus und Garagenbeleuchtung hinein. Es wäre ein viel zu großer Aufwand, den Graben nochmals aufzuschachten. Die Abwasserrohre können Sie im Baumarkt kaufen, die richtige Wasserleitung verkauft Ihnen das Wasserversorgungsunternehmen oder die Firma, die Ihre Sanitärinstallation abnimmt bzw. installiert. Die Stromleitung verlegt das Stromversorgungsunternehmen. Das Telefonkabel bringt man Ihnen zur Verlegung vorbei. Die Verlegearbeiten (außer Gas) können Sie selbst erledigen. Sie sollten sich aber unbedingt fachmännisch beraten lassen. Wasser- und Abwasserleitungen benötigen ein bestimmtes Gefälle, damit es nicht zu Verstopfungen kommt. Bevor der Graben aufgefüllt wird, muß das zuständige Versorgungsunterneh-

men die verlegten Leitungen überprüfen. Die Stromkästen für die Zähleranlagen und auch die Sicherungskästen muß ein Elektromeister installieren. Sie sollten sich eine Elektrofirma suchen, die mit Ihnen kooperativ zusammenarbeitet bzw. auf Ihre Wünsche eingeht. Lassen Sie die Finger von Unternehmen, die Ihnen einen möglichst großen und komplizierten Stromkasten aufschwatzen wollen. Sie werden u.U. nur überflüssige und sehr teure Ausgaben haben. Holen Sie deshalb von mehreren Unternehmen Angebote ein. Die Zähler und Sicherungen können sehr platzsparend angeordnet werden. Falls Sie mit Nachtstrom heizen, benötigen Sie für die Heizungsanlage, die ebenfalls in den Zählerkasten integriert werden kann, einen gesonderten Zähler. Sie müssen dabei Ihre eigenen Vorstellungen mit den Absichten des Stromversorgungsunternehmens und der Elektrofirma abstimmen. Das ist – wie bereits oben erläutert – zuweilen leider nicht einfach.

Links:
Der Panzerkasten läßt sich in einer Ecke im Korridor oder in einem gesonderten Anschlußraum unterbringen

Rechts:
Zu den Bauvorbereitungen gehört auch ein Gerüst – insbesondere für Dacharbeiten. Das Gerüst sollte man nicht selbst aufstellen, es kann instabil sein. Und im Falle eines Unfalls gibt es keine Haftung

Bei der Hauspla-
nung stellt man die
Weichen für das
spätere Lebensge-
fühl in seinem
Haus. In einem klei-
nen Haus bietet
sich das »offene
Wohnen« an,
wodurch die Räume
größer wirken.
Man sollte seine
Vorstellungen ganz
genau durchdenken

HAUSPLANUNG UND ARCHITEKT

Die Frage, ob man für ein kleines Holzhaus einen Architekten braucht, läßt sich »eindeutig« mit »Jein!« beantworten. Das Bauamt verlangt statische Berechnungen zu dem Haus. Diese muß der Architekt bzw. Statiker ausführen. Auch die Sockelhöhe des Hauses legt der Architekt fest. Er berät Sie über die Bauweise von Bodenplatte und Keller. Sie werden also keinesfalls ohne ihn auskommen. Er hat deshalb auch studiert! Den Bauantrag sollte der Architekt stellen, er kennt die Bauvorschriften in Ihrem Baugebiet. Er

ZEICHNEN SIE IHR TRAUMHAUS SELBST!

sollte sich im Holzbau gut auskennen. Unter Berücksichtigung der Anregungen im Kapitel »Philosophie des Bauens und des Wohnens« (ab Seite 20) können Sie die rein architektonischen Pläne selbst entwerfen und diese mit dem Architekten besprechen. Selbstbauer sind eigenwillige und kreative Menschen, weshalb es möglicherweise auch schwierig sein kann, mit einem Architekten klarzukommen oder umgekehrt. Suchen Sie einen verständnisvollen Architekten, der sich mit Ihnen arrangiert und bereit ist, Ihren Hausplan sozusagen »bauamtgerecht« aufzubereiten. Das ist eine sehr preiswerte Alternative. Manche Architekten freuen sich sogar über neue Anregungen. Und Sie können ein paar Tausender sparen! Dazu brauchen Sie nicht mehr als ein Blatt Milimeterpapier, ein Lineal und einen Bleistift. Kopie-

ren Sie das Blatt mehrmals, dann können Sie sich darauf »austoben«, – bis zum optimalen Entwurf tüfteln, entwerfen und verwerfen. Am leichtesten läßt es sich im Maßstab 1 cm = 1 m arbeiten. Im Hausbau ist der Mensch das Maß aller Dinge, und auch die Gegenstände in den Räumen stellen Sie sich möglichst anschaulich vor. Messen Sie mit dem Zollstock Ihre Möbel ab und legen Sie die Größe der Zimmer nach eigenen Erfahrungswerten fest. In Ihrem Wohnraum können Sie praktisch ausprobieren, ob Ihre Vorstellungen realistisch sind. Sobald Sie Ihr Optimumhaus ausgeklügelt haben, sollten Sie es wie eine Puppenstube basteln. Kleben Sie dazu Millimeterpapier auf Pappe, dann schneiden Sie die Wände ihres Hauses aus (2cm : 1 Meter). Nehmen Sie Pappe, die etwa der Wandstärke des Hauses entspricht. An den Fenstern schneiden Sie die Pappe aus. Sie erhalten eine räumliche Vorstellung von dem Haus; die Möbel, Küchen- und Badeinrichtungen können Sie in dem selben Maßstab mit Knetmasse formen und beliebig verrücken. Wer sich mit Computern auskennt, kann das Haus am Computer planen. Dazu gibt es spezielle Programme. Hilfreich sind außerdem Besuche von Musterhausausstellungen und Gespräche mit Bauunternehmern. In den Katalogen von Baufirmen

In der Bauzeit muß der Rohbau als »Lagerhalle« dienen. Baustofflieferungen können sehr umfangreich sein

findet man viele Anregungen. Eine solide Hausbaufirma wird Sie nicht zu einem Vertrag drängen. Wir hatten während unserer Bauzeit gute Kontakte zu Holzbaufirmen, die wir gern weiterempfehlen. Und auch sonst sollten Sie sich viele Häuser kritisch anschauen. Durch Ihren persönlichen Einsatz bei der Planung können Sie ein besseres und billigeres Haus bekommen. Bei einem Ein- oder Zweifamilienhaus können Sie die Bauleitung übernehmen. Die Baurechtsbehörde kann bei sog. »geringfügigen« Bauvorhaben auf die Bestellung eines Bauleiters verzichten. Einzelne Gewerke, wie zum Beispiel die Bodenplatte, sollte der Architekt überprüfen. Die Ausschreibungen der verschiedenen Gewerke an Handwerker müssen Sie nicht dem Architekten überlassen. Das ist ein sehr teurer Posten, den Sie durchaus selbst erledigen können. Außerdem lernen Sie bei den Gesprächen mit verschiedenen Handwerkern viel dazu! Zum Bauantrag gehören außer den Antragsformularen die folgenden Unterlagen: Baubeschreibung, Berechnung des umbauten Raumes, Berechnung der Wohn- und Nutzfläche, amtlicher Lageplan, Bauzeichnungen (Grundrisse und Querschnitte), Freiflächengestaltungsplan (Teiche für Oberflächenwasser, Stellplätze, Zufahrten), statische Berechnung, Wärmebedarfsberechnung, Schall- und Brandschutznachweis. Alle Unterlagen werden üblicherweise dreifach angefordert. Die vielseitigen Leistungen eines Architekten werden in der »Honorarordnung für Architekten und Ingenieure«

(HOAI) beschrieben, auf die sich jeder Architektenvertrag bezieht. Die Verordnung bindet den Architekten an die Höhe der Baukosten. Ein Vertrag kann bereits mündlich oder durch »schlüssiges Verhalten« zustande kommen, wenn Sie zum Beispiel die Pläne unterschreiben. Ein Erfolgshonorar wird nur dann gezahlt, wenn der Architekt durch Ausschreibungen und Vorschläge (z.B.: preiswertes Material) die Kosten für Ihr Haus erheblich senken kann.

Klein, aber fein!

Man braucht kein riesiges Schlafzimmer, das den ganzen Tag leer steht, dennoch muß genügend Platz vorhanden sein, um sich darin nicht beengt zu fühlen. Ein kleines Haus muß nicht »kleinlich«, sondern es soll mit viel Überlegung und Liebe gestaltet sein. Je einfacher Sie planen, desto mehr können Sie selbst machen. Je kleiner Sie planen, desto weniger kostet das Haus, desto eher sind Sie mit dem Hausbau fertig und desto weniger Arbeit werden Sie auch später in Ihrer Wohnung haben. In der Planungsphase können Sie zwar freiweg träumen, ein Wolkenkuckucksheim dürfte aber nicht im Sinne eines »Do-it-your-selfers« liegen. Überschlagen Sie bei Ihrer Planung immer wieder Ihre Finanzen und halten Sie sich den Arbeitsaufwand vor Augen! Spätestens beim Innenausbau des Hauses werden Sie jeden überflüssigen Quadratmeter bereuen! Für ei-

Unsere Freunde sagen: »Euer Haus wirkt von innen viel größer als von außen...«. Die offene Raumanordnung, große Fenster, die Glastür von der kleinen Küche zum Wintergarten, perspektivische Wandbilder und große Spiegel führten zu dem überraschenden Eindruck. Dabei haben wir viel Arbeit und Geld gespart

ne Familie mit zwei Kindern sind 100 bis 125 qm Wohnraum sicherlich ausreichend. Und eine attraktivere Ausstattung wird Ihnen sehr viel mehr Freude bereiten, als ein paar überflüssige Quadratmeter Wohnraum. Es gibt einige Tricks, ein Haus größer erscheinen zu lassen, als es ist. Im Eßzimmer zum Beispiel möchte man nur essen und nicht Fußball spielen. Wenn Sie dort ein großes Fenster (Erker, Terrassentür) mit Grünpflanzen einplanen, können Sie eine geschickte Verbindung mit einem schönen weiten Ausblick oder mit dem Garten schaffen, so daß das Zimmer großzügig wirkt. Preisgünstige Glasflächen sind Festverglasungen, die Sie bei einem Holzständerwerk geschickt mit Balkontüren kombinieren können. Wenn Sie die Weite durch einen großen, schönen Spiegel an der gegenüberliegenden Wand des Fensters verdoppeln, werden sie das Zimmer nicht mehr als klein empfinden. Ähnlich läßt sich mit kleinen Bädern verfahren, wenn man darin eine ganze Wand verspiegelt. Laut Feng Shui dürfen im Eßzimmer und im Bad sogar zwei Spiegel gegenüber hängen. Die Wirkung ist phänomenal! Kleine Räume, die geschickt mit der Landschaft verbunden sind, wirken nicht klein. Planen Sie die Raumhöhe nicht zu niedrig (aber auch nicht zu hoch). Niedrige Decken verkleinern die Zimmer. Eine sichtbare Balkendecke wirkt höher. Bei der Raumhöhe müssen Sie außerdem die Höhe von Fenstern, Balkon- und Haustüren berücksichtigen. Haustüren mit Oberlicht können unter Umständen die Raumhöhe beeinflussen. Eine Raumhöhe von ca. 2,40–2,50 m ist ideal.

Auch offene Räume lassen das Haus größer erscheinen, als es ist. Dabei darf man nicht übertreiben, vor allem wenn das Dachgeschoß in die offene Raumplanung einbezogen wird. Bei geschickter Anordnung der Dachfenster kann man deren Licht als Oberlicht für Flure und Treppenhäuser nutzen. (Ordnen Sie die Dachfenster am besten so an, daß Sie jederzeit im Dachgeschoß Innenwände einziehen und neue belichtete Räume schaffen können.) Räume, die nach oben hin offen sind, lassen sich schwer beheizen. Die Wärme zieht nach oben. Wenn

Bei der Hausplanung muß der Mindestabstand des Hauses zum Nachbargrundstück berücksichtigt werden. In der Regel beträgt er drei Meter. Auch davon kann die Größe Ihres Hauses abhängen

die Treppenöffnung nicht groß ist und der Heizkörper nicht unmittelbar darunter, sondern in einer entfernten Ecke steht, ist das vertretbar. Der Flur muß nicht besonders groß sein, er kann durch geschickte visuelle Abtrennung in den Wohnraum übergehen und diesen vergrößern. Eine in den Wohnraum integrierte Treppe kann sehr reizvoll sein und den Aufwand für ein steriles Treppenhaus sparen. Offenes Wohnen kann auch durch Glaswände und Glastüren sowie durch Schiebe- und Falttüren, Spaliere, Fachwerkbalken und schöne Vorhänge (z.B. Perlenvorhänge) realisiert werden. Wie wär's zum Beispiel mit einer zweiflügeligen Sprossentür aus Glas, als Verbindung zwischen Eßzimmer und Küche, Wintergarten und Wohnzimmer oder zum Treppenhaus? Mit Hilfe von Einbauschränken läßt sich Raum sparen, indem Ecken und Nischen geschickt genutzt werden. Darin können der Schuhschrank, die Garderobe, Vorräte oder auch der Werkzeugkasten Platz finden. Nischen kann man deckenhoch ausnutzen, so daß viel Lagerraum entsteht. Dafür brauchen andere, vielleicht weniger schöne Schränke gar nicht erst aufgestellt werden. Vollgestellte Räume wirken eng und klein. Auch in Dachschrägen kann man einigen Krimskrams verschwinden lassen. Das Dach sollte eine Neigung von mindestens 36° haben. Denn Dachneigungen unter 36° eignen sich weniger zum Dachausbau. Wenn das Dach nicht allzu steil ist, können Sie die Dachräume – wie ein Zelt – nach oben hin offen lassen. Dadurch gewinnen Sie in einem kleinen Haus großzügige Dachräume. Ein Satteldach bietet optimale Platznutzung im Dach. (Ein Sparren- oder Kehlbalkendach bietet einen freien Dachraum ohne Stützbalken.) Durch große Fenster an der Giebelseite des Hauses können Sie die Dachräume wie ein ganz normales Zimmer ausleuchten und auch leicht einen Balkon anbauen. (Für Hobbykünstler ein tolles Atelier!) Ein Balkon erweitert den Raum nach draußen. Balkone dürfen aber nicht zu Abstellplätzen degradiert werden. Sie sollten zur Sonne hin orientiert und wenigstens genügend Platz für den Liegestuhl haben. Balkone am Einfamilienhaus mit Garten sind im gewissen Sinn Verschwendung. Doch oben kann man die Abendsonne länger genießen und hat meist einen schönen Ausblick. Der Balkon kann ein reizvolles Schmuckdetail am Haus sein. Eine Loggia läßt sich unter Umständen zum Wintergarten ausbauen. Auch große Dachfenster verleihen einem Raum viel Licht und erweitern den Blick nach draußen. Quadratische Raumformen wirken größer, sie lassen sich optimaler nutzen. Wie man die Zimmer durch Farbe und Gestaltung vergrößern kann, lesen Sie im Kapitel »Raumeindruck, Farbe und Gestaltung« nach.

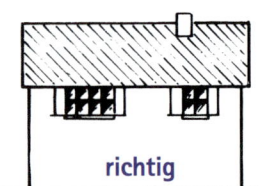

Dachausbau oder 2. Vollgeschoß?

Sinnvoll und preiswert planen!

Häuser ohne Dachüberstand sind wahrlich nicht schön! Planen Sie einen möglichst großen Dachüberstand für Ihr Holzhaus ein (Sonnenschutz, Regenschutz, Holzschutz, Windschutz). Wenn Sie die Haustüre an die wettergeschützte Ostseite des Hauses legen, können Sie sich eine zusätzliche Eingangsüberdachung sparen. Außerdem lassen sich dort viele Dinge regengeschützt abstellen. Ideal ist, wenn die Südfront des Hauses

ein wenig nach Osten gedreht ist. Überprüfen Sie die Sonneneinstrahlung und die Windverhältnisse auf Ihrem Grundstück zu unterschiedlichen Tages- und ggf. auch Jahreszeiten. Grundstücke mit Nordlage kann man besser nutzen, wenn das Haus möglichst weit von der Straße entfernt steht. Richten Sie die Wohnbereiche des Hauses und möglichst auch die Kinderzimmer nach Süden oder Westen aus. Je weiter sich der Baukörper von der Form eines Würfels entfernt, desto unwirtschaftlicher ist er. Ein flaches Haus erfordert eine große Bodenplatte und ein großes Dach, beides sehr kostenaufwendige Posten! Wenn Sie das Haus stattdessen etwas höher bauen, sparen Sie am Grundstück, an der Bodenplatte und am Dach. Die Außenwände sind relativ preiswert, auch bei der späteren Instandhaltung! Bei Hanglagen gilt zu klären, unter welchen Umständen ein Kellergeschoß als Vollgeschoß betrachtet wird. Das Bauamt kann darüber genau Auskunft geben.

Das »wachsende« Haus ist teuer und außerdem kommt man jahrelang nicht aus dem Baudreck heraus. Es ist besser, das gesamte Haus von Anfang an zu planen oder zwei Wohnungen einzuplanen. Eine Wohnung könnte erst später ausgebaut werden. Dann sind wenigstens schon die Außenanlagen in Ordnung. Um Bauschäden zu vermeiden, sollte man in der unbewohnten Wohnung einen Heizkörper installieren. Abstellräume sind billiger als eine Unterkellerung, sie können mit dem Hausanschlußraum und auch mit dem Hausarbeitsraum gekoppelt werden. Dort sind Waschmaschine und Trockner platzsparend zu einer Säule angeordnet. Für Fahrräder und Gartengeräte (auch Rasenmäher) braucht man zumindest ein Gartenhaus oder eine Garage. Denken Sie daran, daß Teile Ihres Aushubs für die Gartengestaltung, z.B. die Terrasse, verwendet werden können. Der Abtransport ist teuer. Im Übrigen kann die Hausplanung auch von steuerlichen Dingen abhängen. Die Mehrkosten für ein Zweifamilienhaus im Eigenbau liegen bei etwa 3000–6000 € (Schall- und Brandwand, Zwischenzähler, Heizungs- und Sanitärinstallationen in der zweiten

Unser Haus: Laienhafte Pläne (zur Überarbeitung für den Architekten)

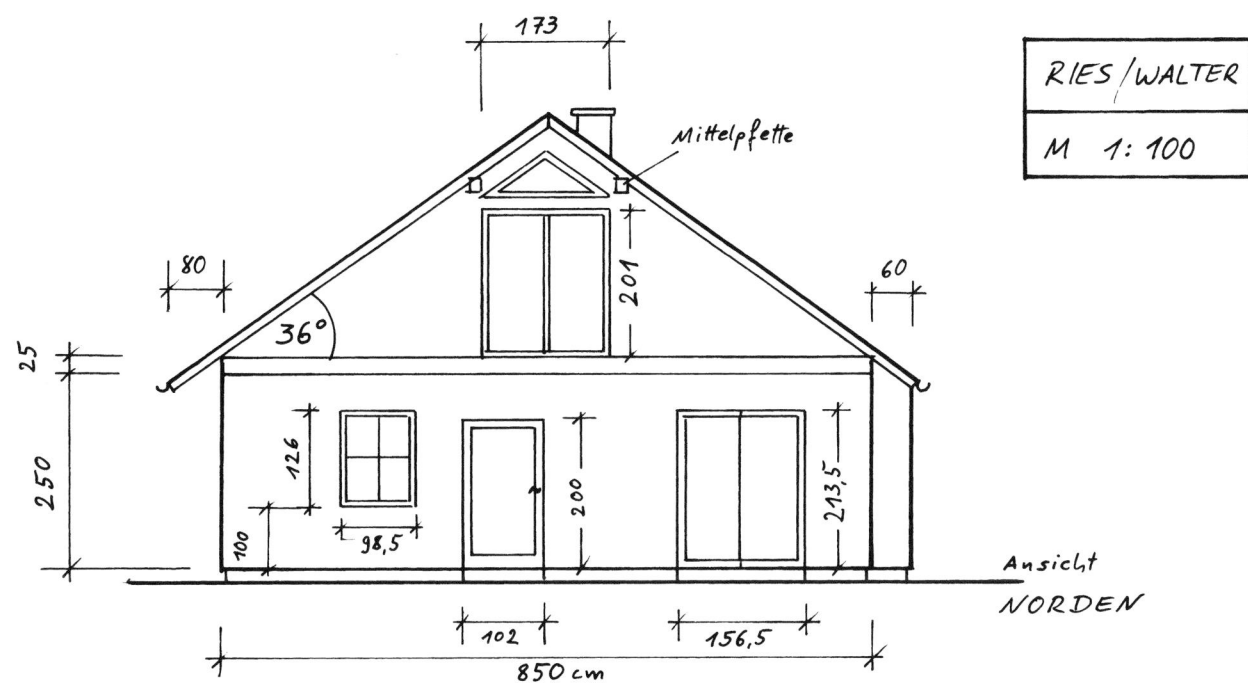

RIES / WALTER

M 1 : 100

Mittelpfette

173

80

60

25

250

201

36°

126

200

213,5

100

98,5

102

156,5

Ansicht
NORDEN

850 cm

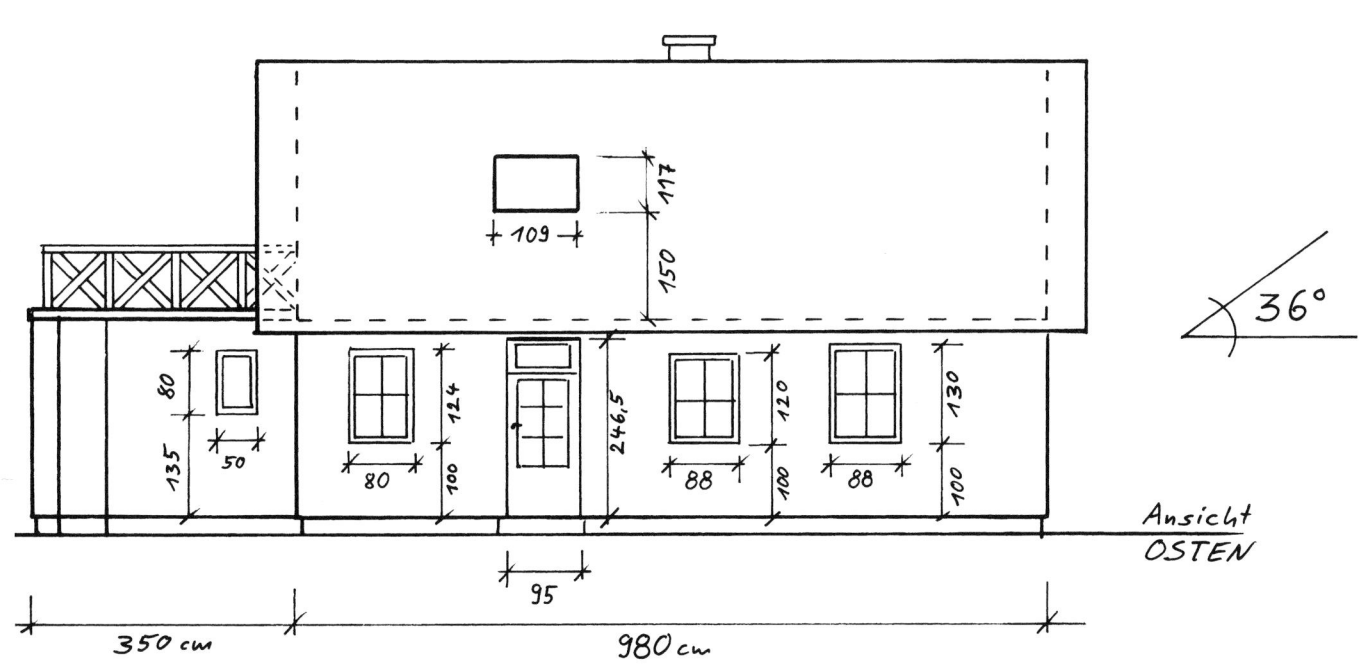

36°

117

109

150

80

135

50

124

100

246,5

95

120

100

130

100

88

88

80

Ansicht
OSTEN

350 cm

980 cm

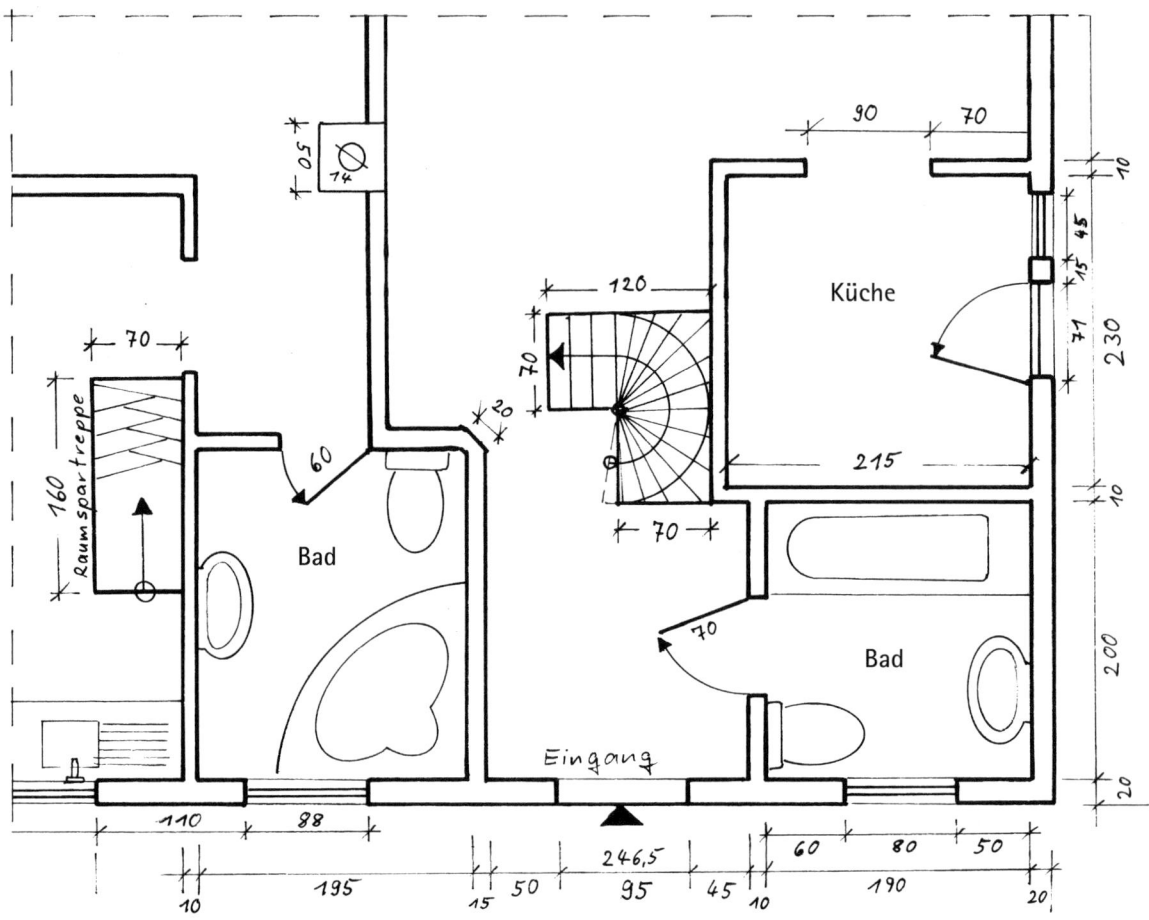

Grundriß zur
Überarbeitung für
den Architekten
(Ausschnitt)

Wohnung). Weiße Sanitärobjekte sind preiswerter und zeitlos. Sie lassen viele Gestaltungmöglichkeiten zu. Durch Fliesen kann das Bad farbenfroh gestaltet werden. (Tip: Der Seifennapf läßt sich als spezielle Wandfliese anbringen.) Auch die Öffnungsrichtung der Türen (nach innen oder außen) sowie der Türanschlag (rechts oder links) sind wichtig. Die Standardmaße der Tür sind im Kapitel »Innentüren« angegeben. Die Berücksichtigung von typisierten Maßen – auch bei Fenstern und Haustüren, Treppen, Einbauschranktüren, Bad- und Kücheneinrichtung – ist sehr zu empfehlen, da Standardgrößen im Baumarkt meistens viel preiswerter zu haben sind.

Zeitplanung und Organisation

Jeder Mensch hat einen anderen Arbeitsrhythmus und ein unterschiedliches Zeitlimit. Außerdem wird Ihnen ein detaillierter Zeitplan kaum nützen, weil unterschiedliche Werkstoffe und Bauweisen verschiedene Bauverfahren erfordern. Lesen Sie sich das Kapitel »Schritt für Schritt« bitte aufmerksam durch. Dann gewinnen Sie automatisch einen guten Überblick über den Bauablauf, und Sie können nach intensiver Beschäftigung mit Ihrem Bauvorhaben einen individuellen Zeitplan erstellen. Vom Grundstückskauf bis zum Baubeginn sind mit allen Vorüberlegungen und Planungen mindestens sechs Monate zu kalkulieren. Gebaut werden darf in der Regel erst dann, wenn die Erschließung des Grundstückes gesichert ist.

Deshalb sollte beim Bauamt über den Termin der Erschließung mit Versorgungsleitungen, Kanal und Straße Rücksprache gehalten werden.

Die ideale Bauzeit ist vom Frühjahr bis Herbst. Reichen Sie den Antrag auf Baugenehmigung rechtzeitig ein. Die Bearbeitung kann insgesamt bis zu drei Monaten in Anspruch nehmen. In unserem Falle hatte sie sechs Wochen gedauert. Der Trockenbau hat den Vorteil, nicht so sehr vom Wetter abhängig zu sein. Wichtig ist, daß die Bodenplatte in einer frostfreien Periode erstellt wird. Für die Erstellung des Ständerwerks eignet sich das Frühjahr. Dann können die wichtigsten Arbeiten in der warmen Jahreszeit erledigt werden. Im Unterschied zum Steinbau, steht beim Trocken- bzw. Holzbau der gesamte Baukörper ruck-zuck auf der Bodenplatte. Man wird also zunächst das Dach decken und die erste Außenhülle anbringen. Vor Regen ist man dann schon weitgehend geschützt. Als nächster Arbeitsschritt erfolgt das Verbrettern der Decke, so daß man auch im oberen Geschoß bequem laufen kann. Fenster und Außentüren können bald eingesetzt werden, da die Holzständer dazu bereits vorhanden sind. Mit der Fassadenverkleidung sollte man nicht zu lange warten, damit die Span- oder Holzfaserplatten darunter nicht lange dem Regen ausgesetzt sind. Vorübergehend darf man sich mit Folien behelfen (für gute Hinterlüftung sorgen!). Heizungs- und Sanitärrohre sowie die Stromleitungen können erst verlegt werden, wenn die dazu notwendigen Innenwände bzw. die Ständer der Wände stehen. Sie brauchen also nicht gleich alle Innenwände fertigzustellen. An die Abwasserentsorgung konnte unser Haus zweieinhalb Monate nach der Erstellung des Ständerwerks angeschlossen werden; Wasser hatten wir nach vier Monaten im Haus, die Stromabnahme erfolgte zwei Monate später. Für den Innenausbau des Hauses sollte ein Selbstbauer mindestens ein ganzes Jahr einplanen. Die Innenwände können Sie erst dann endgültig verschließen und verkleiden, wenn alle Leitungen verlegt und die Sanitärinstallationen eingebaut sind. Planen

Sie auf jeden Fall Toleranzzeiten ein. Verzögerungen können durch Wetter, Krankheit, berufliche oder private Verpflichtungen verursacht werden.

Zum Zeitpunkt der Montage der Waschbecken sollten schon die Fliesen dahinter an der Wand sein. Wenn Sie den Kaminofen bestellen, dann sollte bei der Anlieferung der Sockel für den Ofen betoniert und möglichst - wenigstens unter dem Ofen – gefliest sein. Einen schweren Ofen können Sie kaum allein verrücken. Dann müssen Sie wieder auf Hilfe warten usw. Der Estrich kann erst verlegt werden, wenn alle Leitungen im Boden liegen. Die Stromleitungen müssen ordentlich (mit Klemmen) befestigt sein. Ein Selbstbauer muß nicht nur bauen, sondern auch denken können. Bei der Baukoordinierung und Organisation können Frauen ihren Männern viel Arbeit abnehmen! In ihrem eigenen Interesse sollten die Frauen stets ein wachsames Auge am Bau haben.

KÜCHENPLANUNG

Der Seitenabstand vom Fenster bis zur Ecke sollte mindestens 40 cm betragen. Sonst haben die Oberschränke nicht genügend Platz

57

Das Geburtshaus des Botanikers Carl von Linnè in Süd–schweden. Die malerischen, alten Torfgrasdächer sind heute wieder sehr beliebt. Sie sind biologisch aktiv und kosten keinen Cent Ober–flächenwasser. Schön ist auch der rustikale Naturzaun aus Baumästen, der auf dem Lande in Schweden weit verbreitet ist

ÖKOTIPPS

Bei den nachfolgend beschriebenen Möglichkeiten stehen die Fragen von Kosten und Arbeitsaufwand beim Selbstbau im Mittelpunkt. Ökologisch orientierte Baufrauen/herren werden sich noch weitergehende Ökotipps bzw. Informationen wünschen. Dazu wird auf die Literaturnachweise am Schluss des Buches verwiesen. Zum Beispiel kann man mit Sonnenkollektoren auf dem Dach ein »Sonnenbad« in der Badewanne nehmen, durch eine Wärmerückgewinnungsanlage rund um die Uhr für frische Luft im Haus sorgen oder mittels Erdwärmepumpen gespeicherte Sonnenenergie dem Grundwasser zum Heizen entziehen! Und wer eine Brauch- oder Regenwassernutzungsanlage in sein Haus einbaut, dem bringt Regen wahrlich Segen!

Die neue Baukultur fordert neben den im Kapitel »Philosophie des Bauens und des Wohnens« (Seite 20) bereits erwähnten Voraussetzungen ein natürliches Wohnklima. Dazu gehört die Verringerung der Umweltbelastung durch Lärm, Schadstoffe und Strahlungseinflüsse. Außerdem gewinnen Dinge wie die kleinklimatische Lage, die Vermeidung einer Übertechnisierung im Haushalt, die passive Energienutzung, optische Einflüsse und die Erhaltung handwerklich-traditioneller Baukunst immer mehr an Bedeutung. Neben den natürlichen Baustoffen

**ES GRÜNT
SO GRÜN, WENN ...**

gehören zu einem Biohaus auch Dinge, in denen sich die Liebe zur Natur, der Drang zum Grünen, widerspiegelt. Mit Holz oder Schilfmatten verkleidete Wände, Decken und Dachschrägen erzeugen im Haus den visuellen Eindruck von Freiraum und Natur. Eine Innenwand, an der das Holz des Fachwerks sichtbar belassen wurde, erinnert an ein urtümliches Dorf. Bei einem Holzständerhaus sollte die Fassade aus Holz bestehen. Eine Rauhspund-Verbretterung an der Wetterseite ist (neben großen Dachüberständen, überstehenden Geschossen und umlaufenden Balkonen) ohnehin eine sinnvolle Schutzmaßnahme. Ein fachgerechter Anstrich auf Naturbasis kann farbenfrohe Akzente setzen, die an Blumen erinnern. Fassadenbegrünungen mit Selbstklimmern wie Efeu und Wein eignen sich nicht für Holzfassaden. Sie bilden in den Ritzen Wurzeln und beschädigen mit der Zeit die Fassade. Aber man kann verschiedene Arten von Kletterpflanzen an einem vorgesetzten Rankgitter blühen und duften lassen. Für bedrohte Vögel können Nistkästen aufgehängt werden. Zwischen Blumen und Gemüsegärten plätschert vielleicht ein Bächlein, im Teich quaken die Frösche, die Gehwege sind mit Kies und Natursteinpflaster belegt.

Auch ein Reetdach vermittelt den visuellen Eindruck von Urtümlichkeit und Natur. Allerdings sind Reetdächer sehr teuer und im Gegensatz zum Gründach biologisch nicht aktiv. Sie dämmen aber hervorragend

SONNEN-EINSTRAHLUNG IN ABHÄNGIGKEIT VON JAHRESZEIT UND BELAUBUNG

① Sonneneinstrahlung im Winter
② Sonneneinstrahlung im Sommer
③ Sonnenhöhe am 21. Dezember 15°
④ Sonnenhöhe am 21. Juni 62°

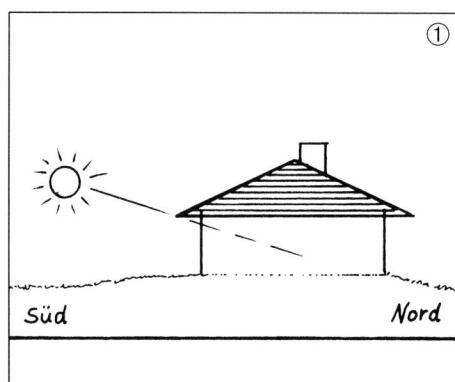

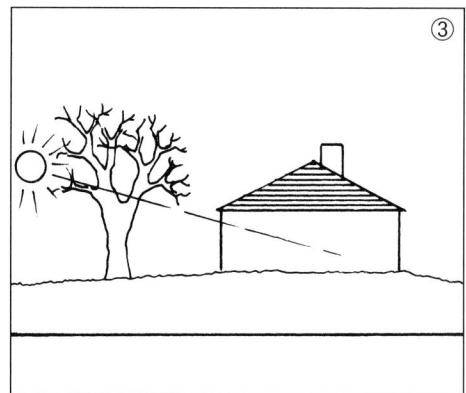

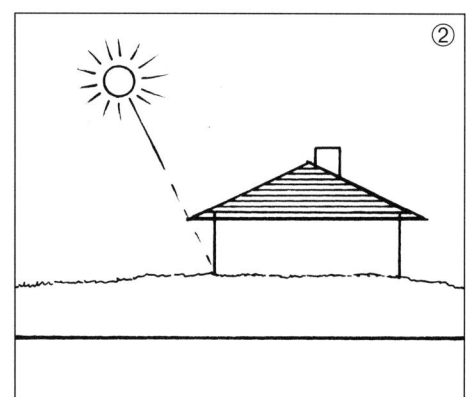

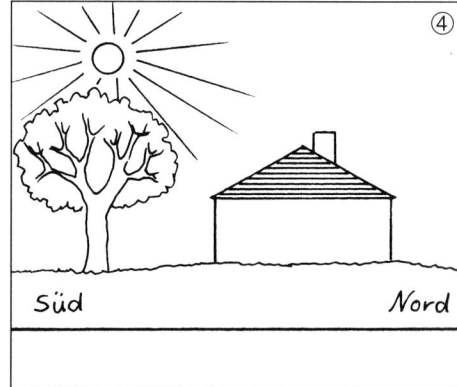

STROH- UND REETROHRDACH

① Wetterseite
② Wurzelende
③ Bindedraht 1,5 mm
④ ~ 60°
⑤ Firstreiter
⑥ Sticken (Holzspieße)
⑦ gestampfte Quecke, Heidekraut oder Seegras
⑧ Stroh/Reet ca. 70 kg/m³

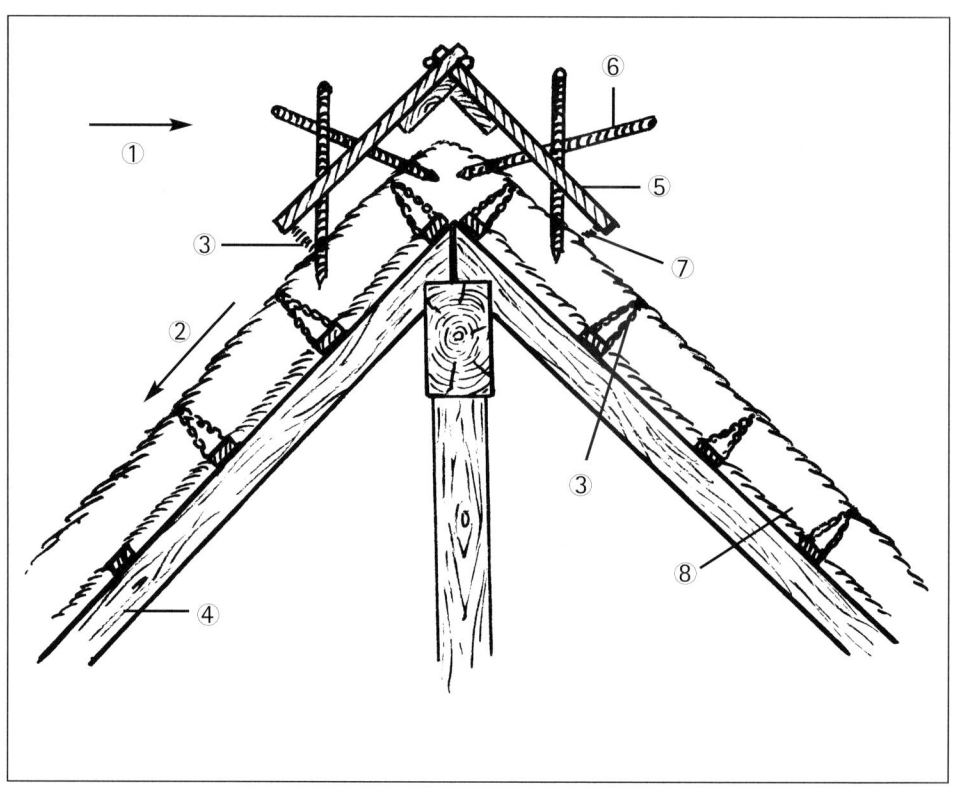

Auch ein Stroh- oder ein Gründach vermitteln einen naturnahen Eindruck. Dacheindeckungen aus Stroh, Reet oder auch aus Holz sind nicht so brandsicher und von geringerer Lebensdauer als Gründächer. Reetdächer dämmen besonders gut. Sie sind aber relativ teuer und – im Gegensatz zur »Wiese auf dem Dach« – biologisch nicht produktiv. Aber vielleicht kann man wenigstens dem Gartenhaus oder -pavillon, einem (Tor-)Eingang oder der Garage eine Reet- bzw. Strohmütze aufsetzen. Je stärker die Neigung solcher liebenswürdigen, alten Dächer ist, desto länger ist deren Lebensdauer. Dabei ist die Lebensdauer der Nord- und Ostseite reichlich doppelt so hoch! Die Feuersicherheit der Strohdächer erreicht man durch eine (Druck-)Tränkung mit Wasserglas und Kalkmilch (1:4) oder Natriumazetat. Reetrohrdächer können auch mit Lehmschlempe vergütet werden. Das natürliche Prinzip der Überschuppung wird auch bei den Holzschindeldächern genutzt. Vergleichbar ist dies auch mit selbstwachsenden Pflanzenfassaden (zum Beispiel Efeu), an denen sich die Blätter als lebende Schindeln überlappen. Auch Tierpelze und Gefieder haben eine schindelähnliche Wirkung. Bei einem steilen Dach reicht es aus, wenn mindestens die halbe Schindelfläche von den umliegenden Schindeln überdeckt wird. Bei einer 40 cm langen Schindel liegen maximal 18,5 cm frei, und bei einer 60 cm langen Schindel maximal 25 cm. Bei weniger steilen Dächern sollte die Bedeckung größer sein. Dreifachdeckung ist am besten, benötigt aber auch viel mehr Schindeln. Wenn man Holzschindeln auf einem isolierten Dach anbringt, sollte man zwischen den Dachbrettern einen Abstand von 5 cm lassen, damit die Luft unter den Schindeln besser zirkulieren kann; andernfalls werfen sich die Schindeln und faulen schneller als sonst. Holzschindeln halten 50 bis 150 Jahre. Unter Holzschindeln darf keine Teerpappe (vgl. Bitumenschindel) angebracht werden, weil diese die Feuchtigkeit einschließt und Fäulnis verursacht. Holz muß atmen. Weißzederholz-Schindeln werden silbergrau wie die ersten Cape-Cod-Häuser in den USA

Horizontal-System

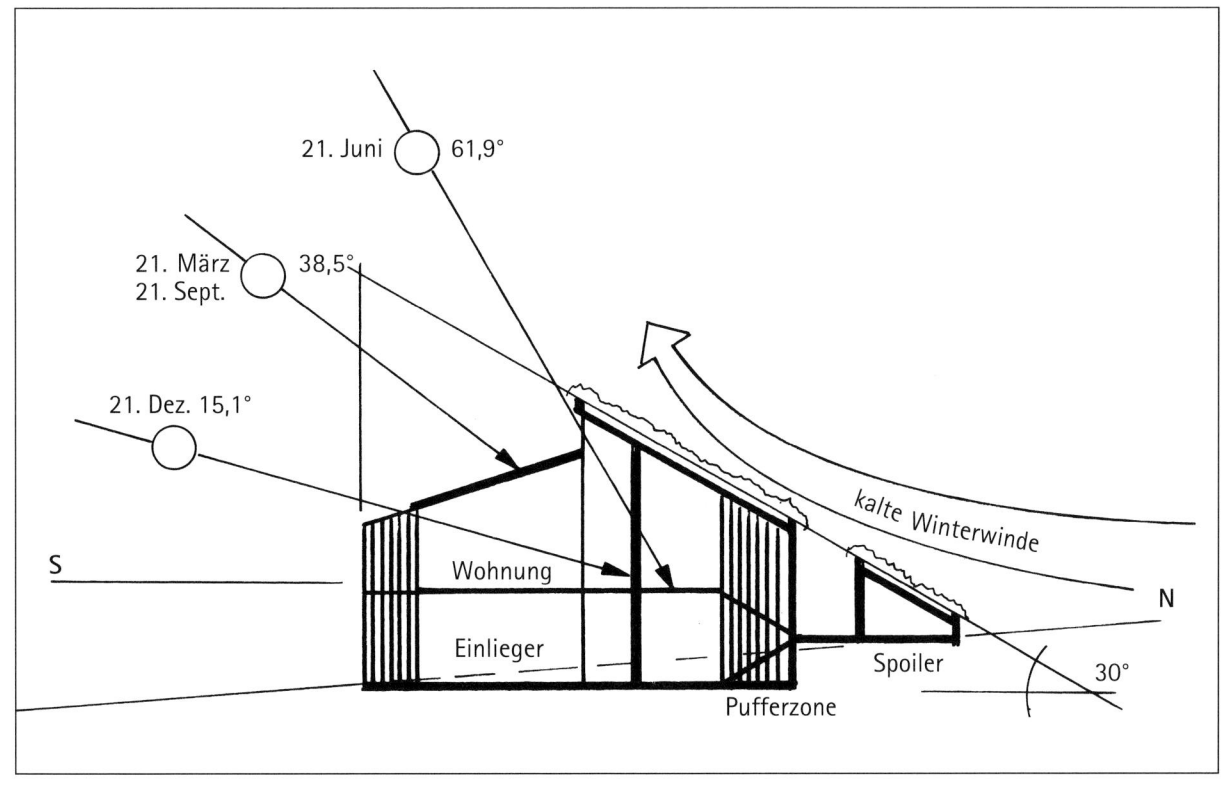

61

zeigen. Ein Gründach eignet sich besonders gut für die Garage. Aber grundsätzlich lassen sich alle abgedichteten Dachkonstruktionen begrünen, am einfachsten und am sichersten Flach-, Sattel- und Pultdächer (Mindestgefälle 2%). Im Frühjahr kann man sich an einem herrlichen Blütenteppich erfreuen. In den nordeuropäischen Ländern gehört diese Art der Dachkonstruktion zur traditionellen Bauweise. Grasdächer tragen zum Klimaaustausch bei, ein großes Grasdach dient als biologischer Filter und schluckt im heißen Sommer den Staub. Es entsteht ein wertvolles Biotop, in dem sogar geringe Wassermengen gespeichert werden. Überschüssiges Wasser wird über eine Drainage abgeführt, so daß die Regenwassernutzung auch bei begrünten Dächern möglich ist. Durch das Erdsubstrat kann das Gründach als Grobfilter für das Regenwasser dienen. Schon das Grün auf der Dachfläche einer Garage setzt soviel CO_2 um wie ein ausgewachsener Laubbaum. Eine 1,4 qm große, begrünte Dachfläche erzeugt die Menge Sauerstoff, die ein Mensch im Jahr benötigt. Grasdächer, Wildkrautdächer und alpine Polsterpflanzendächer arbeiten schadstofffrei als Biowärmepumpen. Aufgrund ihrer guten Dämmeigenschaften helfen sie biologisch bei der Beheizung des Hauses. Außerdem begünstigt die Abwärme des Hauses den Pflanzenwuchs auf dem Dach. Wenn ein Dach mit Pflanzen bewachsen wird, sollte die Neigung unter 15 Grad bleiben, um die Erosion zu mindern. Dies bewirkt gleichzeitig, daß der Schnee als zusätzliche Isolierung gut liegen bleibt, ohne daß Dachlawinen zu befürchten sind. Eine Dachbegrünung setzt eine statische Berechnung voraus, wobei das wassergesättigte, belaubte Gründach zugrunde liegen muß. Das Gründach besteht in der Regel aus den folgenden Schichten: Wurzelschutzschicht, Drainschicht, Filterschicht, Substratschicht, Pflanzebene. Da eine einwandfreie Abdichtung die wesentliche Voraussetzung für Begrünungsmaßnahmen auf dem Dach ist, sollte einschlägige Literatur und der Fachmann hinzugezogen werden.

Baustoffe – giftige und natürliche

Zu den typischen Hauskrankheiten zählen: Schlaflosigkeit, Müdigkeit, Unwohlsein, Konzentrationsmangel, Herzschmerzen, Kreislaufstörungen, Kopfschmerzen, Migräne, Nervosität, Depression, Rheuma, Gicht, Hautausschlag, Allergie, Krebs ... Sie werden nicht selten durch Schadstoffe verursacht, die in den Baustoffen unserer Wohnung vorhanden sind. Formaldehyd finden wir auch im natürlichen Holz und sogar im Menschen, aber nur in ganz geringer Dosierung. Holzbauplatten und -werkstoffe dürfen nur dann verarbeitet werden, wenn die durch den Holzwerkstoff verursachte Ausgleichskonzentration des Formalins in der Luft eines Prüfraums 0,05 ppm nicht überschreitet. Formaldehyd (Formalin) ist ein farbloses, stechend riechendes und gesundheitsschädigendes Gas, dessen Emission zu Allergien führen kann. Die für die Innenverkleidung im Haus eingesetzten Holzwerkstoffplatten sollten unbedingt formaldehydfrei verleimt sein. Auch Farben und Lacke können gesundheitsschädliche Substanzen enthalten. Aber grundsätzlich auf farbige Gestaltungen zu verzichten, wäre ein ebensolcher Kulturstreich wie der absolute Verzicht auf Fernsehen und Rundfunk, zumal Farbe auch als Holzschutz dient. Die meisten Holzhäuser in aller Welt sind farbig gestrichen. Leicht haftet dem farblos-dunklen und etwas eintönigem Patina-Dekor im Holzständerbau die Nachsage »Müsli-Haus« an. Im Zusammenspiel mit dem ungewohnten und klobigen Design der modernen Pultdach-Energiesparhäuser sicher keine unbegründete Kritik. Es empfiehlt sich, ausschließlich wasserlösliche Lacke und Naturfarben einzusetzen. Kaufen Sie handelsübliche Farben und Lacke nur, wenn alle Inhaltsstoffe auf der Dose aufgeführt sind. Gleiches gilt für Leime, Kleber, Imprägnier-, Desinfektions- und Pflegemittel, die zur toxikologischen Belastung im Haus beitragen können. Zu den Giften gehören auch Fungizide, die in Holzschutzmitteln verwendet werden, Styrol in

Isolierstoffen und Vinylchloride in PVC-Produkten. Auch Tapetenkleister enthalten schädliche Lösungsmittel. Neben dem Formalin zählen zu den bösartigsten Giftstoffen Asbest, Benzol und Dioxin. Holzdielen sollten gewachst oder biologisch gelaugt werden. Als Holzschutzmittel eignen sich Bienenwachs und Lärchenholzsalbe. Stützbalken können mit Borsalzen behandelt werden. Bodenbeläge sollten ohne Klebstoffe oder mit Klebeband verlegt werden. Auch Fernsehen und Radio erzeugen Streß durch Strom und Strahlung, übermäßig viele Elektroleitungen im Haus Elektrosmog, Funktelefone angeblich sogar Hirntumor. Chemieprodukte und technische Geräte sind immer Fremdkörper der Natur.

Die meisten ökologischen Baustoffe sind gar nicht neu, sondern haben eine lange Tradition. Allein mit Säge- und Hobelspänen als Reststoffe der Holzwirtschaft könnte der Bedarf an Wärmedämmstoffen mehrfach gedeckt werden. Sie werden sonst größtenteils mangels Verkaufsmöglichkeiten verbrannt und deponiert. Zusätzlich stehen uns Schafwolle, Baumwolle, Flachs, Hanf, Stroh, Rinde, Kork, Kokosfasern, Chinaschilf, Blähton und Perlite ausreichend zur Verfügung. Lesen Sie hierzu auch die Kapitel Dämmstoffe (Dach/Außenwand). Lehm und Stroh sind ungiftige Uraltbaustoffe, die als Gemisch im Biobau breite Anwendung finden. Leichtlehm ist wärmedämmend, wärmespeichernd und schalldämmend und bietet ein behagliches Raumklima mit hohen Oberflächentemperaturen (Heizkosteneinsparung!). Der hohe Strohanteil sorgt für Magerung und Stabilität. Die Mischung stimmt, wenn sich der Lehm zu einem Fladen von etwa 15 cm ausbreitet. Man sollte Stroh vom Vorjahr verwenden, das trocken gelagert wurde. Leichtlehm nimmt Feuchtigkeit leicht auf und gibt sie ebenso leicht wieder ab. Man kann die Zwischenräume in einem Holzskelett mit einer Mischung aus 20% Lehm und 80% Stroh füllen. Eine Schalung garantiert, daß beim Feststampfen des Mischmaterials Druck gemacht werden kann, damit jeder Winkel in der 30 cm starken Außenwand ausgefüllt wird. Eine Lehm-

wand benötigt vier Wochen zum Trocknen. Um Winddichtigkeit zu erreichen, wird die gesamte Holzkonstruktion noch einmal mit Lehm ummantelt. Innenwände bieten schon bei 15 cm eine ausreichende Wärmespeicherung und Schalldämmung. Auch Massivlehmsteine eignen sich für die Innenwände in einem Holzhaus, ebenso kann ein Lehmputz auf Rigipsplatten als wärmespeicherndes Material und rustikales Ambiente eingesetzt werden. Als Bau- und Dämmstoff von Mutter Natur dient zudem der Torfmull. Die Wärmestrahlungsfähigkeit des Torfes wird nicht nur bereits vielfach beim Grasdach genutzt, sie kommt auch in der Medizin zur Anwendung. Heiße Torfpackungen werden zur Heilung von Gelenkkrankheiten eingesetzt. Mit ihrer Holzfassade sehen Torfhäuser aus wie andere Einfamilienhäuser auch. Die Zwischenräume einer Fachwerkkonstruktion werden mit Torf gefüllt, der in handlichen Kissen aus Glasfasergewebe (Brandschutz!) verpackt ist. Bei 15 cm Isolierung ergibt sich ein k-Wert von 0,28. Die Schalldämmung ist gut, sie liegt bei 45 dB(A). Torf ist chemisch sauer, deshalb antibakteriell und verrottungssicher. Zudem ist er geruchsneutral, feuchtigkeitsregulierend und atmungsaktiv wie Lehm.

Wohnen mit der Sonne

Schon im 5. Jahrhundert v. Chr. entwarf der altgriechische Mathematiker Sokrates ein »Solarhaus«. Und bereits die Steinzeitmenschen auf Malta richteten ihre Tempel – als Zeichen ihrer Sehnsucht nach Fruchtbarkeit und Natur – nach Sonne und Mond aus.

Die Energiequelle Sonne wird in ihrer Umweltfreundlichkeit von keiner anderen Energieart übertroffen. Wem die Installation einer Solartherme (oder sogar Photovoltaikanlage) zu teuer ist, der kann die Sonnenwärme schon mit Hilfe einfacher Baumaßnahmen nutzen. Wer Wert auf Idylle und seelisches Wohlbefinden legt, wird hier und da Kompromisse - zum Beispiel zwischen der Hausform und der Sonnenenergienutzung -

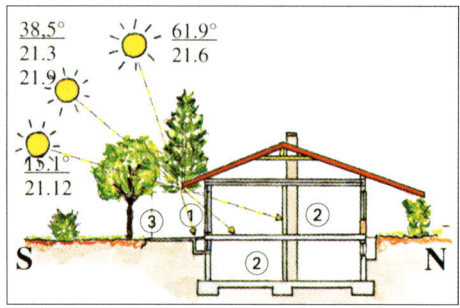

So läßt sich durch Ausrichtung der Fenster nach Süden Sonnenenergie nutzen. Die Gradzahlen der Sonnenstände und die Daten sind jeweils bezeichnet. ① Große Fenster, ② massive, speicherfähige Wände speichern die Wärme, ③ Laubbäume schützen im Sommer vor Hitze und direkter Solarstrahlung; im Winter lassen die Äste Sonnenstrahlung durch.

anstreben. Das ist durchaus möglich. Zumal wir uns in Deutschland nun mal damit abfinden müssen, daß man den »Platz an der Sonne« nicht erzwingen kann. Bereits bei versetzter Anordnung der Häuser und zurückgenommener Lage können auch die Gebäude auf der Nordseite der Straße die Wintersonne nutzen. Garagen und andere Anbauten wird man beim klimagerechten Bauen auf der Westseite als hervorragenden Windschutz finden.

Eine Grundvoraussetzung für die bauliche Nutzung der Sonnenenergie ist, den Gebäudeaufbau dem Lauf der Sonne anzupassen. Die Wohnräume liegen an einer möglichst breiten Südfront mit möglichst großen Wärmeschutzfenstern. Einen sommerlichen Hitzeschutz erhält man durch überkragende Dächer, Kletterpflanzen und Markisen. Die Kletterpflanzen dürfen nicht immergrün sein, weil sie dann im Winter keine Sonnenwärme durchlassen. Korridor, Abstellkammer und Badezimmer an der Nordfassade haben hingegen kleine Fenster, sie wirken wie eine Isolierschicht für die anderen Räume. Auch das Kleinklima spielt eine Rolle: Standort, Lage, Höhe. In Gebieten mit häufigem Morgennebel ist eine leichte Westorientierung oder mit auffälliger Nachmittagsbewölkung eine Ostorientierung vorteilhaft. Achten Sie

darauf, daß an der Südfassade nicht gerade ein anderes Gebäude, Hecken, Zäune oder Nadelbäume Schatten werfen. Bei viel Schnee kann die Sonne hohe Reflexionswerte erzielen. Dämmstoffe können keine Wärme speichern, sie behindern sogar die Wärmespeicherung. Deshalb sollte man gerade im Holzhaus, das kaum wärmespeicherfähige Wände besitzt, Massivbaumaßnahmen treffen, die ein Speichervolumen schaffen. Durch die Wärmespeicherung werden Temperaturschwankungen in den Räumen gedämpft und verzögert. Wärmespeichernde Baustoffe sind zum Beispiel Lehm, Gips, Ziegel, Kalksandstein, Beton. Terrakottafliesen speichern Wärme und geben sie nur langsam wieder ab. Erwärmter Lehm strahlt eine geradezu wonnige Wärme aus. Die Südfenster sollten so ausgerichtet sein, daß das tiefstehende Sonnenlicht im Winter weit in die Räume eindringen und große speicherfähige Flächen bestrahlen kann. Faustregel: Die Fensterfläche sollte ein Viertel der zugeordneten Speicherfläche nicht überschreiten. Hohe Fensterstürze und Brüstungen und breite Fensterbänke behindern die Einstrahlung. Auch die Geschoßdecken sollten mit schweren und massiven Baustoffen gebaut werden. Auf sichtbare Holzbalken kann man eine Lehmschüttung aufbringen (guter Schallschutz). Weil Wärme nach oben zieht, findet sie in der Decke Speichervolumen. Durch die unter dem Estrich verlegte Trittschalldämmung wird die Speichermasse der schweren Decke allerdings thermisch entkoppelt. Fußwarme Beläge wie Teppiche oder Parkettböden behindern die Wärmespeicherung nachhaltig. In Bücherregalen hingegen ist nicht nur Wissen, sondern auch Wärme gespeichert. Anders die großflächigen Einrichtungsgegenstände: Sie behindern die Wärmeaufnahme der Wand oder des Bodens. Auch durch ein Kastenfenster (Fensterkollektor), wie man es heute noch an den alten Bauernhäusern findet, kann Wärme erzeugt werden. Durch geschicktes Öffnen oder Schließen kleiner Fensterflügel strömt die im Kastenfenster aufgewärmte Luft in die Stube.

Dämmen ohne Dämmstoff

Wenn man Energie sparen will, dann muß man sich nicht nur darüber Gedanken machen, wie sie in das Haus hineingelangt, sondern auch wie sie nicht so einfach wieder verlorengeht. Wer Katzen im Haus hat, braucht sich um die Lüftung nicht zu sorgen, denn Katzen haben ja bekanntlicherweise gern offene Türen, für den Fall, sie entscheiden sich doch anders. Ein Niedrigenergiehaus ist ein Gebäude, das möglichst wenig Energie verbraucht und zugleich die kostenlosen Energien nutzt. Der Bauherr sollte prüfen, in welcher Relation die Finanzierungskosten (Zins, Tilgung) zu der gesparten Energie stehen. Auch menschliche Arbeit ist Energie – sie gehört zur sog. »grauen Energie«. Von einer Familie mit mehreren Kindern kann man ein nur begrenztes Maß an Idealismus erwarten. Eine gute Dämmung, die nicht allzu teuer sein muß, kann bereits viel Energie sparen. Dafür kann man zum Beispiel auf teure Rolladenkästen – die Schwachstellen in jeder Wärmedämmbilanz sind – verzichten. Statt dessen kommen Außenjalousien und die klimagerechte Benutzung wärmeisolierender Fensterläden zum Einsatz.

Der Standard eines Niedrigenergiehauses ist nirgendwo verbindlich festgeschrieben. In Deutschland wird er mit einem Jahresheizwärmebedarf kleiner oder gleich 70 kWh pro qm Wohnfläche definiert. Es werden weniger als 7 l Heizöl pro qm im Jahr verbraucht. Niedrigenergiehäuser sind also relativ krisenfest. Dachgeschoßdecken, geneigte Dächer, Dachabseiten und Flachdächer sollten eine Dämmung besitzen, die 25 cm und mehr hochwertigem Dämmstoff entspricht und keine Spalten, Fugen und Löcher aufweisen. Durch Türritzen und undichte Fenster oder gar Kältebrücken in der Außenwand geht die meiste Wärme verloren. Außenwände sollten einen k-Wert von 0,25 aufweisen (Holzleichtbauwände mit mindestens 20 cm Dämmstärke). Mangelnde Isolierung gegen Feuchtigkeit ist in jedem Fall eine bauliche Todsünde. Durch eine feuchte Wand entweichen bis zu 70% mehr Wärme nach außen als durch eine trockene Wand. Um Feuchtigkeitsschäden zu vermeiden, sollten alle Räume Heizungseinrichtungen erhalten, damit sie im Winter ausreichend erwärmt werden.

An der Westseite (Wetterseite) kann man stärkere oder doppelschalige Wände vorsehen. Zudem muß auf eine kompakte Hausform geachtet werden. Vermeiden Sie Kältebrücken – wie zum Beispiel durchgehende Balkonplatten und auskragende Bauteile – sowie komplizierte Gebäudeformen mit An-, Auf-, und Vorbauten, es sei denn sie werden nicht beheizt. Das gilt vor allem für verglaste Anbauten. Je geringer die Außenfläche eines Gebäudes ist, desto weniger Energie geht verloren. Reihenhäuser und Doppelhäuser verlieren weniger Wärme als freistehende Häuser. Der größte Teil des Energieverlustes im Haus entsteht beim Heizen. Beim Heizungsbetrieb gehen 32% Energie verloren. Vor allem in Kellerräumen gibt es ohne Wärmedämmung hohe Energieverluste. Heizungsrohre sollten deshalb unbedingt gut (doppelt) isoliert werden. Die Dämmdicken sind in der Heizungsanlagenverordnung festgeschrieben. Ungeeignet sind Heizungen ohne raumweise thermostatische Regelung. Die Heizungsanlage soll außerdem über eine zentrale witterungsgeführte Regelung verfügen. Große Fensterflächen in Ost- oder Westlage führen in der Heizperiode zu Mehrverbrauch, im Sommer tragen sie stärker zum Erhitzen der Räume bei als Südfenster. Sie sollten daher immer einen der Einstrahlung anpaßbaren Sonnenschutz aufweisen. Je stärker ein Haus dem Wind ausgesetzt ist, desto größer sind seine Wärmeverluste. Nachbarhäuser, Mauern, Bäume und Buschwerk als Windschutz vermindern diese Energieverluste stark, wenn sie nicht zuviel Schatten werfen. Auch die Anordnung der Räume im Haus spielt eine Rolle: beheizte Räume möglichst nebeneinander anordnen. Durch zwei Stockwerke reichende Räume lassen die Wärme aus dem unteren Geschoß nach oben ziehen, sie sind also schwer beheizbar.

Die bezaubernde Sommerfrische Arild, im südlichen Teil der schwedischen Westküste gelegen, ist ein Genuß für Holzhausverehrer. An den schicken Holzhäusern in dem Ort erfreuen sich viele Spaziergänger. Mit ihrem abwechslungsreichen und heiteren Dekor wirken die Häuser sommerlich und beschwingt

SCHRITT FÜR SCHRITT – DER EIGENTLICHE HAUSBAU

Die Grobabsteckung markiert die »grobe« Lage und Abmessung des Hauses auf dem Grundstück, während bei der Feinabsteckung auf den Zentimeter genau eingemessen wird. Natürlich können Sie dazu einen Vermessungsingenieur beauftragen, aber es ist am Bau nichts leichter und kostensparender als diese Grobabsteckung. Wenn dem Haus nicht gerade ein ungewöhnlicher Grundriß zugrunde liegt, ist sie überhaupt kein Problem. Bei unserem Haus hat die Wohnveranda einen unregelmäßigen Grundriß, den wir so weit wie möglich selbst absteckten. Die Feinabmessung ergab dann die

GROB ABSTECKEN?

Das können Sie allein!

genaue Form. Empfehlenswert ist, bereits bei der Bauplanung eine grobe Absteckung Ihres Hauses vorzunehmen, um sich dessen Lage bildhaft vor Augen zu halten. Wer sein Haus selbst geplant und gezeichnet hat, braucht die Zeichnungen nur auf die Realität zu übertragen. Die grobe Absteckung des Hauses ist zu zweit in wenigen Stunden erledigt. Ein Fünf-Meter-Bandmaß haben Sie sicher zu Hause. Fragen Sie Ihren Architekten, ob er Ihnen zusätzlich ein längeres Bandmaß ausleihen kann. Sie benötigen es nur für ein Wochenende. Grundlage für die Einmessung des Hauses sind die amtliche Flurkarte und der Lageplan, aus dem die Abstände des Gebäudes von der Grund-

stücksgrenze ersichtlich sind. Im Maßstab von 1:500 sind darin alle Angaben über Straßen, Wege und Grundstücksgrenzen, Flucht- und Baulinien und die Bauwerksmaße vermerkt. Vor Beginn muß man sich vergewissern, daß die Grenzsteine vorhanden sind. Man nimmt die Grundstücksgrenze als Bezugslinie. Die erste Fundamentlinie wird von einer Seite her eingemessen. Durch das Austragen von rechten Winkeln werden die übrigen Fundamentlinien festlegt. Es genügt, wenn Sie an allen Hausecken eine Dachlatte in den Boden hauen. Überprüfen Sie dabei immer wieder die Mindestgrenzabstände und die diagonalen Abstände zwischen den Eckpunkten des Hauses. Es geht leichter, wenn Sie die Eckpflöcke mit Stricken verbinden, dann können Sie auch an den Fundamentlinien nachmessen, ob alles stimmt.

Ein Gebirge vor der Tür!

Aushub, Erdtransport

Wer große Lust zu langandauernder Schwerstarbeit hat, ist mit Spaten, Schaufel, Pickel und Schubkarre gut ausgerüstet. Die

Bis zur Fertigstellung des Hauses gibt es mehr als genug zu tun. Verlieren Sie nicht den Mut, denn es wartet auf Sie ein wunderschönes Holzschlößchen mit Garten. Es lohnt sich! Und außerdem können Sie als geübter »Do-it-your-selfer« später eventuelle Reparaturen im Haus meistens gleich selbst erledigen. Dabei sparen Sie viel Geld und Ärger

Wenn die Baugrube im Groben ausgebaggert ist, kann das Schnurgerüst erstellt werden. – Danach wird zu Ende gebaggert

Bandscheibe wird sich darüber allerdings gewiß nicht freuen. Man braucht mindestens 4 cm starke Bohlen, über die man die Schubkarre auf dem Erdhügel hinaufschiebt. Viele Bauherren sind »überrascht« über den riesigen Berg Erde, der das Baugrundstück nach dem Aushub verunstaltet. Man sollte sich die zu erwartenden Erdmassen realistisch vor Augen halten und überlegen, wo sie liegen sollen bzw. wozu man sie später verwenden könnte. Dabei auch gleich den Betonmischplatz vorsehen! Der Abtransport des Aushubs kostet ebenso viel wie das Baggern. Man bezahlt sowohl die Baggerstunde, als auch die Anzahl der zum Abtransport der Erde notwendigen LKW-Fahrten. Da kommen einige Hunderter zusammen. Schlau ist, wer genügend Aushub für Verfüllungsräume und zur Gestaltung des Grundstückes zurückläßt. Man muß den Erdberg nicht sofort beseitigen. Möglicherweise möchte jemand Ihren Aushub abholen – zum Beispiel zum Verfüllen einer Abwassergrube in Kanalisationsgebieten.

Kleinere Bäume und Sträucher im Bereich der Baugrube sollten vor Beginn der Arbeiten mit Wurzelballen ausgehoben und möglichst gleich dort eingepflanzt werden, wo sie für immer stehen sollen; mehrmaliges Versetzen innerhalb kurzer Zeit überleben die Pflanzen selten. Die Muttererde beim Baggern gleich getrennt lagern! Später bei der Gartengestaltung werden Sie sich darüber freuen, denn Schutt, Sand, Zement oder andere Stoffe können die Muttererde verun-

reinigen. Am besten mit Reisig oder mit Grassoden abdecken. Achten Sie darauf, daß beim Baggern ein Sicherheitsabstand zum Nachbargrundstück eingehalten wird. Am oberen Rand der Grube muß ein lastfreier Streifen von mindestens 60 cm eingeräumt werden. Sonst droht Abbruchgefahr. Die Baugrubensohle muß absolut waagerecht sein, sonst müssen Sie mit dem Pickel fleißig nacharbeiten! Mit einem 3–4 m langen und geraden Brett oder einer Alulatte sowie einer Wasserwaage wird geprüft, ob alles stimmt. Auch die erforderliche Böschungsneigung sollte man sorgfältig einhalten: bei nicht bindigem oder weichem, bindigen Boden 45 Grad, bei Lehmboden 60 Grad, bei felsigem Boden bis zu 80/90 Grad.

Feinabsteckung, aufgepaßt!

Überlassen Sie die Feinabsteckung lieber dem Vermessungsingenieur, denn es kann teuer werden, wenn der Baukörper von der in den Plänen vorgeschriebenen Lage abweicht. Bereits wenige Zentimeter können zum Verhängnis und mit hohen Geldbußen geahndet werden. Wenn die Grobabsteckung erfolgt ist, kann die Baugrube im Groben ausgebaggert werden. Vor dem endgültigen Aushub der Baugrube für Keller und Fundament muß das Schnurgerüst errichtet werden. Es markiert die präzise Lage und die genauere Abmessung des Hauses auf dem Grundstück. Das Schnurgerüst muß von der zuständigen Baubehörde abgenommen werden. Neben dem Lage- und Absteckungsplan ist der Fundamentplan die detaillierteste Planungs- und Ausführungszeichnung. Sie enthält nicht nur die Außenmaße des Fundaments, sondern auch die genauen Maße des umlaufenden Streifenfundaments (Breite und Tiefe) und die Dicke der Sohlplatte (Fundamentplatte) einschließlich kapillarbrechender Schicht. Nachdem alle Fundamentecken im Baugelände durch Pflöcke festgelegt und mit straff gezogenen Schnüren verbunden sind, müssen diese Punkte vor den Ausschachtungsarbeiten

Die Feinabsteckung muß ganz exakt erfolgen – und zwar vom Fachmann!

außerhalb des Fundaments gesichert werden. Ein Schnurgerüst besteht aus zwei, drei oder vier Schnurböcken (8 x 10 Kanthölzer), die im Abstand von 60 bis 100 cm von den Hauseckpunkten senkrecht in den Boden geschlagen werden. An die Schnurböcke werden waagerecht Schnurgerüstbretter in gleicher Höhe angebracht. Die Oberkante der Bretter gibt eine bestimmte Höhenmarkierung an. Daran werden die Fluchtschnüre der Fundamentaußenkanten befestigt. Als Höhenbezugspunkt nimmt man die Deckeloberkante eines nahegelegenen Straßensiels. Das Schnurgerüst muß so feststehen, daß es sich nicht gleich schief stellt, wenn man dagegen stößt. Die abgesteckten Hausecken werden mit Drähten auf das Schnurgerüst übertragen. Die Schnüre werden mit 60–80 mm langen Nägeln fixiert. An die Schnüre bzw. Drähte hängt der Betonbauer sein Lot und kann so die Bodenplatte plangenau aufmauern. Der Baggerunternehmer braucht für seine Arbeit in der Regel keine Ausführungspläne.

Die Bodenplatte muß stimmen!

Nicht selten bekommt man von Selbstbauern zu hören, daß es mit der Bodenplatte nicht geklappt hat. Wir möchten Sie deshalb in diesem Kapitel nicht dazu anregen, die Bodenplatte selbst zu bauen, sondern Ihnen lediglich eine Vorstellung über den Aufbau einer Bodenplatte vermitteln bzw. Sie mit den notwendigen Arbeiten an einer Bodenplatte vertraut machen. Die Bodenplatte ist die Grundfeste Ihres Hauses. Wenn sie nicht

Oben: Das Streifenfundament

Links: Schnurgerüst an einer Hausecke

69

In der Bodenplatte werden die Anschlußrohre verlegt. Laien seien gewarnt, die Bodenplatte ohne fachmännische Hilfe zu gießen. Lesen Sie ggf. über typische Bodenplattenmängel in weiterer Fachliteratur nach! Achten Sie darauf, daß ein Betonprüfzeugnis ausgestellt wird. Ein zu hoher Wasser-Zement-Wert bedeutet schlechte Betonqualität

gut ausgeführt wird, werden Sie viel Geld zusätzlich investieren müssen. Eine 75–85 qm große Bodenplatte kostet im Eigenbau 5000 bis 7000 €. Wenn Sie eine Firma mit diesem Gewerk beauftragen, müssen Sie reichlich das Doppelte dafür bezahlen. Eine dennoch lohnende Ausgabe! Falls Sie sich trotzdem zum »Alleingang« entscheiden, dann lassen Sie wenigstens das Ausrichten der Schalung nach Schnurgerüst und das Einlegen der von der Statik geforderten Bewehrungen von einem Fachmann erledigen oder sich von diesem eingehend beraten.

Bei einem kleinen Haus kann man u.U. auf die Streifenfundamente verzichten. Dafür muß die Bodenplatte dicker werden. Beton kann man dabei allerdings kaum sparen, aber eine Menge Arbeit. Eine Bodenplatte hat in der Regel den folgenden Aufbau: Schicht aus Schotter und Kies (diese kapillarbrechende Lage verhindert das Aufsteigen von Feuchtigkeit aus dem Erdreich), kräftige Kunststoffolie, Abschalungen, Stahlarmierung von Fundament und Bodenplatte. Wenn sich nach dem Aushub zeigt, daß an verschiedenen Stellen der Sohle erhöhte Bodenfeuchtigkeit zu beobachten ist, sollte unter der Bodenplatte eine 20 cm dicke Drainageschicht aus gewaschenem Kies eingebracht werden. Der angefüllte Kies muß noch in zwei, drei Arbeitsgängen verdichtet werden. Ein Rüttler kostet im Verleih rund

40 € pro Tag. Ob eine Ring- oder Flächendrainage notwendig ist, hängt vom Zustand der Bausohle ab. Die Ringdrainage wird in gewaschenen Kies eingebettet und zuletzt mit einem Filtervlies abgedeckt. Die Drainagen dürfen nirgends höher als die Fundamentsohle liegen.

Der Statiker gibt genau vor, wie die Stahlbewehrung aufgebaut sein muß. Die Stahlmatten dafür bestellt man beim Baustoffhändler zusammen mit den Abstandhaltern. Im Fundamentplan ist die Lage der Stahlmatten eingezeichnet. Die Anzahl der Stahlmatten und -stäbe kann man auszählen. Der Beton nimmt die Druckkräfte auf, und die Stahleinlagen überwiegend die Zug- und Scheranspannung. Die Betonmenge errechnet sich aus Länge mal Breite mal Höhe der Platte. Bei Streifenfundamenten geht man entsprechend vor. Die Betongüte steht in der Statik. Vergessen Sie nicht den Fundamenterder! Das ist ein geschlossener Ring aus Bandstahl, an dem später alle Metallbauteile des Hauses geerdet werden (zum Beispiel Zählerkasten, Wasserleitung, Badewanne). Erforderliche Menge des Flachstahls: einmal rund um das Gebäude plus 10 m für die Anschlußfahnen. Die Vorschriften für den Einbau eines Fundamenterders erfahren Sie bei Ihrem Strom-Versorgungsunternehmen. Sind die Hausecken vom Vermesser markiert, setzt man die Schalung. Wichtig ist, daß die

Schalung hält. Bevor die Fundamentsohle geschüttet wird, müssen folgende Arbeiten erledigt werden: Leerrohre für Elektro- und Telefonleitungen sowie Wasser- und Abwasserrohre bis oberhalb Fundamentsohle verlegen. Die Abwasserrohre ggf. mit Zulauf zum Kontrollschacht oder zur Klärgrube führen. Alle Ver- und Entsorgungsleitungen müssen zentimetergenau und (im Gefälle im Sandbett) nach Grundrißzeichnung oder dem Fundamentplan angeordnet werden. Die Gräben für die Abflußleitungen werden gleichzeitig mit den Fundamentgräben ausgehoben und die Rohrleitungen im Gefälle verlegt; die Leitungsquerschnitte richten sich nach der Zahl der Abwasserstellen. Beim zuständigen Tiefbauamt erfahren Sie, ob ein Kontrollschacht innerhalb oder außerhalb des Hauses angelegt werden muß, und ob Vorkehrungen gegen Rückstau getroffen werden müssen. Die Fundamentgräben werden meistens von Hand ausgehoben. Sie müssen frostfrei (80 cm) gegründet werden. Man kann die Bodenplatte zusätzlich mit Styrodur dämmen. Es dient als zusätzlicher Klimapuffer.

Dann wird betoniert. Den Fertigbeton rechtzeitig bestellen! Gegen Zuzahlung wird auch am Samstag Beton geliefert. Eine Betonpumpe lohnt sich unbedingt. Die Kosten sind vertretbar. Betonzusatzmittel sind immer zu empfehlen, ganz besonders bei stark drückendem Grundwasser. Sie dienen zur Herstellung von Sperrbeton, der wasserundurchlässig ist. Auch für das Ausgießen der Fundamente empfiehlt sich ein Pumpenwagen. Aus dem langen Schlauch der Pumpe wird der Lieferbeton mit Hochdruck herausgepumpt. Wenn die Höhe der Bodenplatte stimmt, wird der Fließbeton sofort mit einem Glätter abgezogen. Wichtig: Frischer Beton darf keinen Frost bekommen, sonst wird er später rissig! Deshalb nur betonieren, wenn keine Frostgefahr besteht. Wenn Sie bezüglich der Witterung unsicher sind, sollten Sie den frischen Beton mit Plastikfahnen abdecken. Den Beton langsam abbinden lassen; während des Abbindens feucht halten und vor der Sonne schützen. Der Beton muß gut erhärten, ehe das Ständerwerk aufge-

setzt werden kann. Je tiefer die Temperatur, desto länger muß man warten. Nach zwei bis drei Tagen ist der frische Beton in der Regel bereits so hart, daß man darauf laufen kann.

Bevor an den Außenseiten der Platte Kies aufgeschüttet wird, sollte die Bodenplatte mit einer Dichtungsschlämme abgedichtet werden. Dichtungsschlämme sind zementgebundene Beschichtungsmittel. Abdichtungsarbeiten im Freien dürfen nur bei Temperaturen über 4 Grad und bei trockenem Wetter ausgeführt werden.

Das Holzständerwerk wird gestellt
Wie im Mittelalter!

Beim Hausbau ist die Erstellung des Ständerwerks ein besonders schönes Erlebnis. Bei keinem anderem Gewerk kann man den Fortschritt am Bau stärker spüren. Wir hatten Angebote von etwa einem Dutzend Zimmereien und Holzbaufirmen eingeholt. Ihre Adressen entnahmen wir den Werbeseiten in Büchern und Zeitungen. Außerdem erhielten wir Tips von Freunden und Bekannten. Die Zimmerei, die dann unser Haus erstellte, hatten wir während einer Autofahrt entdeckt. Bei den Geprächen mit den Zimmerleuten gewannen wir sehr unterschiedliche Eindrücke von den Firmen und ihren Strukturen. Am meisten beeindruckten uns Zimmereien, in denen nur zwei bis drei Zimmerleute arbeiteten. Nicht nur, weil sie preislich oft günstiger waren als größere Firmen. Wir machten Bekanntschaft mit einem uralten Handwerk, das sich mit seinen traditionellen Weisheiten kaum verändert hat. Geradezu wundersam erschien uns ein hochgebauter und muskulöser Zimmermann, der sich mit uns an unserem Grundstück verabredete. Er hatte die Statur eines Siegfried aus der Nibelungensage. Während wir ihm die Pläne zeigten und unsere Vorstellungen von dem Haus erläuterten, war sein Blick ständig imaginär schräg nach oben gerichtet, als ob er das Haus gerade vor seinen Augen aufbauen würde. In 3–4 Wochen wollte er uns ein verzapftes Ständerwerk aus schweren Eichenbalken erstellen, ganz allein und ohne Kran. Obwohl wir keine Zweifel an seinen Fähigkeiten hegten, irritierte uns die »mittelalterliche« Art, wie er Verträge abschloß. Per Handschlag nannte er uns seinen Festpreis. Später verstanden wir, daß er es ernst gemeint hatte. Zwei Orte weiter hatte er ein solides Fachwerkhaus errichtet. Der Besitzer war begeistert von seiner Arbeit. Fragen Sie die Hausfirmen nach Referenzen, das kann Ihre Entscheidung für den richtigen Handwerker erleichtern!

Die Holzrahmenbauweise ist dem traditionellen Fachwerkbau entlehnt. Sie wurde mit holzsparenden Konstruktionen der nordamerikanischen Leichtbauweise (Timber-Frame-Construction) kombiniert. Bei der Veranda unseres Holzhauses haben wir uns diese Kombination zunutze gemacht. An einer Außenwand beließen wir das sichtbare Fachwerk, verputzten die Fachwerke weiß und bemalten die Balken in einem freundlichen Pazifikblau. Die übrigen Wände verkleideten wir mit Holzbrettern, die wir weiß strichen. Die Mischung aus zwei verschiedenen Bauweisen ergab ein besonderes Flair. Die Veranda ist das Schmuckstück unseres Hauses! Diese kreative Anregung erhielten wir von einer Architektin, die im gesamten Inneren ihres Holzhauses das Fachwerk sichtbar beließ. In den alten Fachwerkhäusern unserer Dörfer und Städte finden wir noch heute natürliche Balkenstrukturen. Die Zimmerleute im Mittelalter nutzten die Krümmungen des Holzes nicht nur für statische Zwecke. Sie stellten Symbole und Figuren im Fachwerk dar. In dem Weinort Leutesdorf bei Koblenz stehen am Rhein malerische noch einige alte Fachwerkhäuser, deren Runen die Zimmermänner selbst symbolisieren. Gleichzeitig wurde der Faserverlauf krummer Hölzer zur Erfüllung statischer Aufgaben genutzt. So machten sich die Handwerker die Eigenheiten des Holzes zunutze. Die Statik war im Mittelalter eher eine Sache von Augenmaß und Gefühl als von Mathematik und Physik. Die Zimmerleute legten die Konstruktionen einfach so an, daß

sie an Belastung mindestens das Doppelte von dem tragen konnten, was maximal zu erwarten war. Aufgrund von Erfahrungen wußte man, welche Lasten und Kräfte das Holz aushalten kann. Der Materialaufwand stand dabei allerdings in einem wenig guten Verhältnis. Ein Rahmenwerk wurde entweder von Hand oder mechanisch aufgerichtet. Die tragenden Holzbalken (Schwelle, Ständer, Rähm) waren derart gut verankert, daß weder Wind und Hochwasser die Konstruktionen ernsthaft gefährden konnten. Schon damals wurde auf einem fertiggemauerten Fundament aufgerichtet. Die Hölzer wurden numeriert und mit den nötigen Zapfen und Zapflöchern versehen, oder sie wurden passend zueinander »aufgekämmt«. Auf dem Bauplatz wurde das jeweilige Gebinde zunächst liegend zusammengefügt und erst dann mit Hilfe einer Seilwinde aufgerichtet. Auch Flaschenzüge und Scherbäume waren Werkzeuge, die zum Einsatz kamen. Das Aufrichten selbst benötigte je nach Größe des Hauses einige Tage, manchmal auch mehrere Wochen. Mitunter waren dabei über 200 Arbeitskräfte im Einsatz.

Kleine Balkenkunde

Man sollte aber nicht glauben, daß ein Laie ein gesamtes Hausrahmenwerk entwerfen kann, wenn er mal ein wenig über Stützweiten von Balken nachgedacht hat. Belastungen, die der Rahmen zum Boden weiterleitet und die die Balken aushalten müssen, ihr Spannungsverhalten und die physikalischen Gesetzmäßigkeiten, wie jede einzelne Verbindung diese Spannung überträgt, das haben Architekten und Bauingenieure gelernt. Wir möchten Ihnen hier ein paar nützliche Informationen über das Ständerwerk geben, die es Ihnen ermöglichen sollen, Ihr Haus optimal und kostengünstig zu planen bzw. Ihre Wünsche mit einem Architekten oder Zimmermann zu besprechen. Dabei wird Ihnen unsere kleine Balkenkunde nützlich sein:

Warum enthält das Wort Dachstuhl eigentlich einen »Stuhl«? Die ursprüngliche

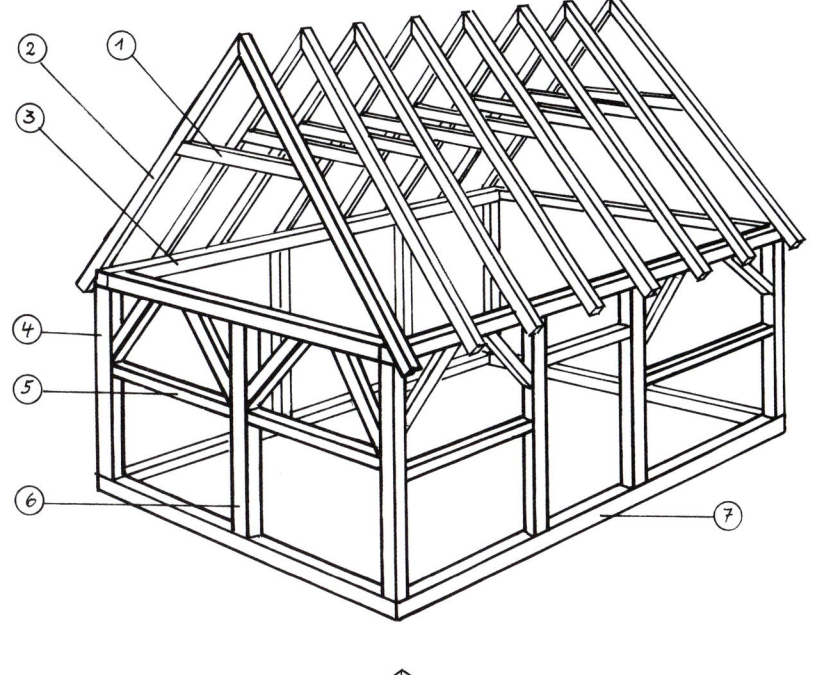

BALKENKUNDE FÜR DAS STÄNDERWERK

① Kehlbalken
② Sparren
③ Rähm
④ Pfosten
⑤ Riegel
⑥ Ständer
⑦ Schwelle

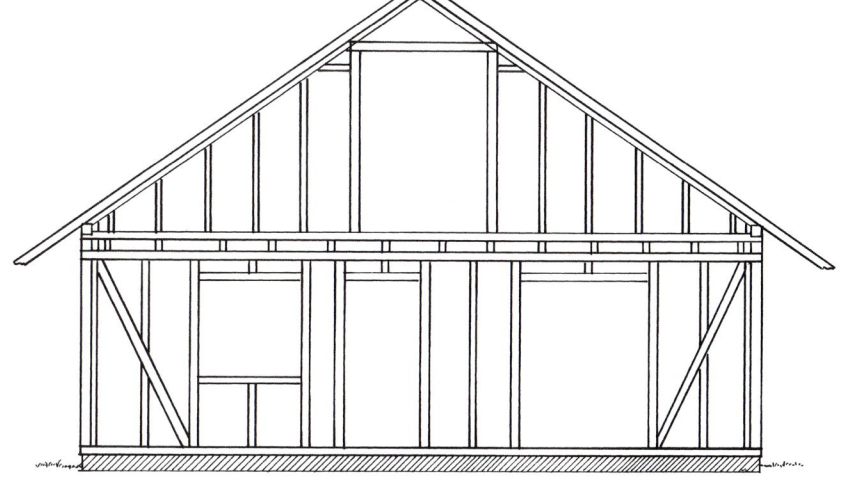

Hintere Giebel-
ansicht unseres
Hauses

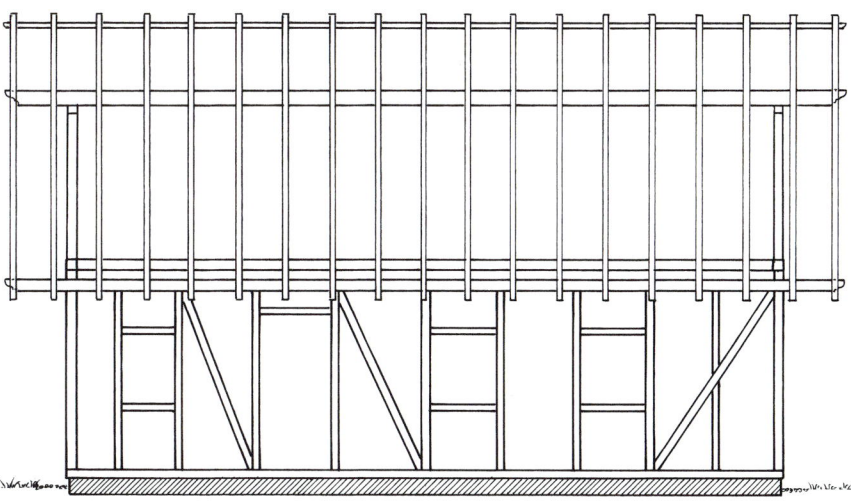

Seitenansicht
unseres Hauses
(ohne Anbau)

73

① Sparren
② Fußpfette
③ Mittelpfette
④ Firstpfette
⑤ Kehlbalken
⑥ Auflagerbalken
⑦ Deckenbalken
⑧ Aufschiebling
⑨ Windrispe
⑩ Firstbalken

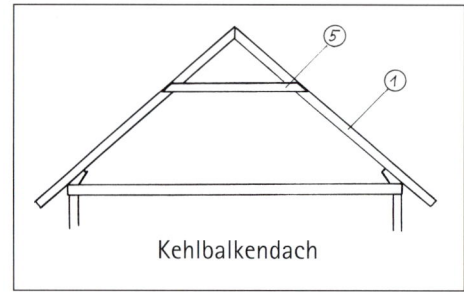

Kehlbalkendach

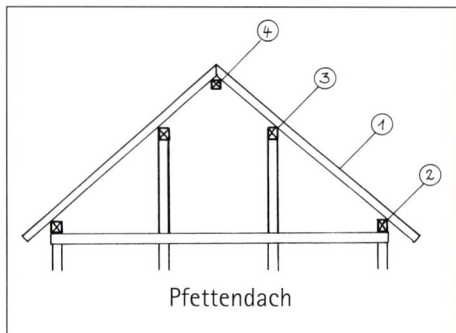

Pfettendach

Unten:
Wenn die Balken
der Witterung aus-
gesetzt sind, sollten
Leimbinder (Brett-
schichtholz) einge-
setzt werden

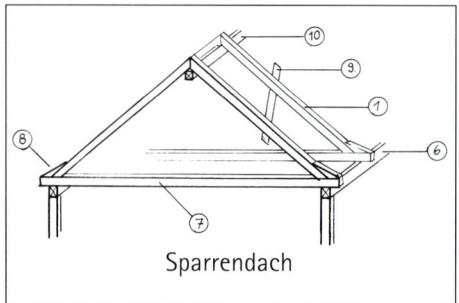

Sparrendach

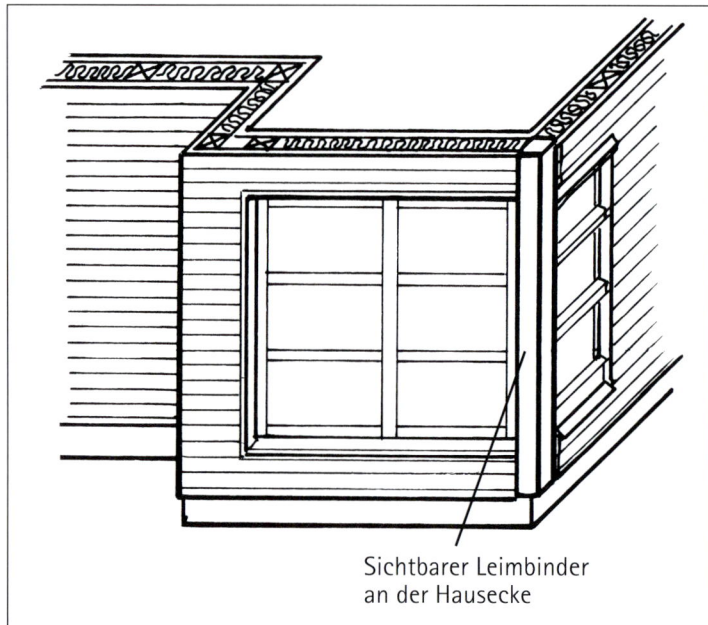

Sichtbarer Leimbinder
an der Hausecke

Konstruktion eines Dachstuhls bestand tatsächlich aus einem Stuhl (vgl. Zeichnung), nämlich aus einer unterstützenden Balkenkonstruktion, die den Dachbalken Halt und Sitz bietet. Darüber hinaus setzt sich ein Dachstuhl aus Sparren und Pfetten zusammen. Die großen, schrägen Sparrenbalken bilden die Form des Daches. Unter Pfetten versteht man die waagrechten bzw. querlaufenden Balken, die die Sparren halten.

Eine ganz typische Holzständerkonstruktion besteht aus waagerechten und senkrechten, manchmal auch schrägen Vollholzbalken in einer Stärke, die eine optimale Isolierung der Hohlräume erlaubt. Es sind dies die Ständer, die Schwelle und der Rähm. Die Ständer stehen auf den Schwellenbalken, die auf der Bodenplatte aufliegen. Sie dienen als Stützen für die Rähmbalken, die den oberen Rahmen des Ständerwerks bilden. Auf dem Rähmbalken liegt der Dachstuhl auf. Zur Verfestigung des Ständerwerks dienen Querbalken und verschiedene Rispenbänder. Diese können aus Metall, aber auch aus Holz sein. Schon in den frühmittelalterlichen Stabkirchen Norwegens kann man uralte Holzrispenbänder entdecken.

Stark wie ein Baum!

Die klassische Schnittholzverbindung der hochentwickelten Zimmermannskunst in Deutschland ist das Verzapfen. Schauen Sie sich einen Baum an, dessen Äste bis zu 9 m auskragen können. Die Äste sind derart mit dem Stamm verquickt, daß sie nicht nur ihrem Eigengewicht, sondern auch der großen Last von Blättern, Früchten und Schnee standhalten. Auch das Ständerwerk wird durch sein eigenes Gewicht und die Verkehrslast (Menschen, Möbel, Schnee) belastet. Möglicherweise hatte einst der Baustoff Holz selbst – nämlich der Baum – als Vorbild für die Ständerbauweise gedient. Ein gut ausgeklügeltes Rahmenwerk benötigt nicht einmal Dübel zur Stabilisierung. Zapfenloch und Zapfen sind zwei sich gegenseitig ergänzende Teile einer Verbindung. Eine Zapfenverbindung, mit der die Balken fixiert

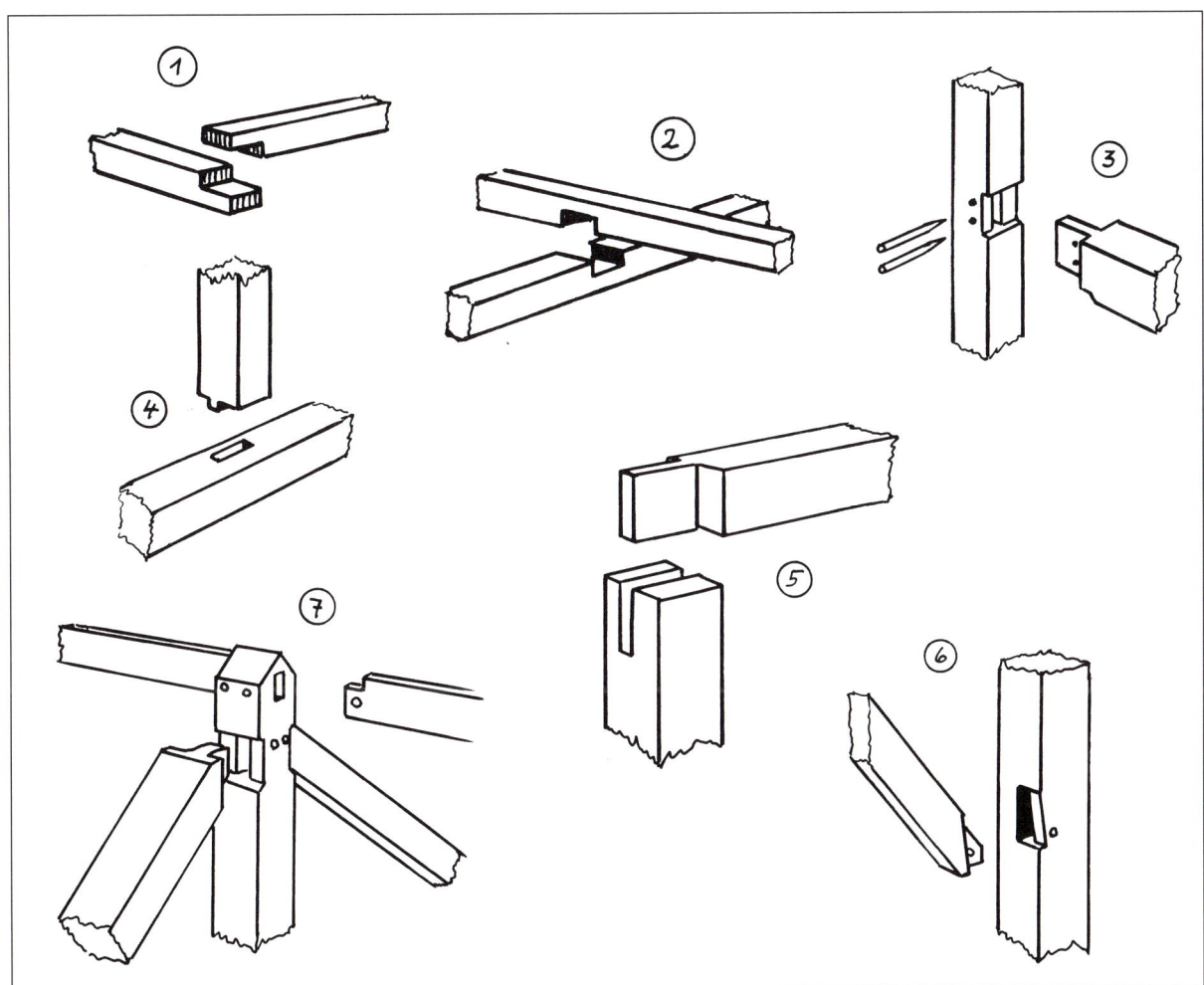

werden, kann nicht auseinandergleiten oder sich verziehen. Es gibt verschiedene Arten von Zapfenverbindungen, die je nach ihrer Funktion eingesetzt werden. Schwalbenschwanzverbindungen zum Beispiel oder lange und starke Zapfen besitzen eine hohe Zugkraft. Wenn am Fachwerkrahmen, egal ob er alt oder neu ist, Mängel auftreten, dann liegt es meist an den Verbindungen; ganz selten bricht ein Balken entzwei. Probleme bei den Verbindungen entstehen vor allem dann, wenn viele Konstruktionsteile am selben Punkt zusammengebracht werden, so daß der Balken an dieser Stelle zu dünn wird. Auf einen Balken wirkt die Druck-, Zug-, oder Biegespannung. Haben Sie sich schon einmal gefragt, warum eine (sichtbare) Holzbalkendecke aus schmalen und hohen und nicht aus eher breiten Bal-

ken besteht? Ein Balken vom Format 7,5 cm x 30 cm hochkant ist widerstandsfähiger als einer mit dem Format 15 cm x 15 cm, auch wenn beide gleich viel Holz haben. Der erstere hält tatsächlich die doppelte Biegespannung aus. Die Biegespannung ist eine Kombination der Druck- und Zugspannnung. Falls Sie eine sichtbare Balkendecke in Ihrem Haus wünschen, dann besprechen Sie das Aussehen und den Abstand der Balken mit Ihrem Zimmermann. Nicht nur in diesem Zusammenhang sollten Sie auch Fragen des Schallschutzes klären. Holz ist ein vortrefflicher Klangkörper. Ihre Balkendecke ist wie der Resonanzboden einer Violine. Besonders in Mehrfamilienhäusern sollten die Balken am Trennpunkt der Wohnungen unterbrochen werden (vgl. »Schallschutz«).

EINIGE ZAPFVERBINDUNGEN

① Einfaches Eckblatt
② Kreuzblatt
③ Zapfenverbindung
④ Stumpfe Zapfenverbindung
⑤ Scherzapfen
⑥ Zapfen mit Versatz am Kopfband
⑦ Extrem verzapfter Bereich im Dachstuhl

Ein ganzes Haus an einem Tag – und das mit der Baggerschaufel!

Nicht nur aus finanziellen Gründen entschieden wir uns für einen Zimmermann, der unser Haus nicht mit Zapfen, sondern mit Winkeln erbaute. Wir konnten dabei etwa 10 000 € sparen. Die Vor- und Nachteile der Winkelbauweise liegen auf der Hand. Winkel sind aus Metall, und Metall kann durchrosten. Aber nur, wenn es feucht wird! Ein Ständerwerk wird in der Regel aber nicht feucht. Ein Vorteil der Winkelbauweise sind die kurzen Montagezeiten vor Ort, weil die Hauswände werkseitig zusammengebaut und fertig auf die Baustelle gebracht werden können. Unser Zimmermann hatte den Plan für die Teile des Ständerwerks genialerweise – ohne großen Aufwand – auf riesige Kalenderpapierbögen mit Bleistift aufgezeichnet. Als es schließlich zur Sache ging, hatte er allerdings etwas Wichtiges vergessen. Er hatte den Kran nicht rechtzeitig bestellt. So konnte er die großen Ständerwände und Dachstuhlteile nicht fortbewegen. Da wir das Holz nicht lange im Regen stehenlassen wollten, kümmerten wir uns selbst um einen

Kran. So riefen wir unseren Baggerfahrer an. Einen Kran konnte er uns auf die Schnelle nicht beschaffen, aber er bot an, die Hausteile mit seiner Baggerschaufel zu heben. Am nächsten Tag brachte der Zimmermann fünf kräftige Burschen mit, die samt seiner und Kurts Hilfe die beiden großen Seitenteile unseres Hauses wankend durch den großen Vorgarten bis auf die Bodenplatte schleppten und dort mit Stützen befestigten. Wenig später erschien der Bagger und setzte die übrigen Teile (Frontteile und Dachstuhl) mit der Schaufel zusammen. Die restlichen Balken (Sparren und Pfetten) legten die Zimmerleute per Hand auf. Dabei turnten sie wie Akrobatikkünstler auf dem Ständerwerk herum und hämmerten bzw. schossen die Nägel in die Winkel und Balken

Winkel kontra Zapfen

Es waren dann auch die Winkel, die der Herr vom Bauamt bei seiner unangemeldeten und daher etwas unverhofften Rohbauabnahme »bemängelte«. Als Selbstbauer ist man äußerst kritischen Blicken ausgesetzt. Die Bauabnehmer wissen, daß man in der Regel möglichst preiswert baut. Preiswert heißt aber noch lange nicht »billig«. Dessen waren wir uns bewußt und konnten die abschließende Bemerkung unseres Bauabnehmers mit einem freundlichen Lächeln quittieren. Sie lautete: »Eine tolle Baustelle!«. Und so verschwand er. Was ist eigentlich so schlimm an den Winkeln? Nicht einmal aus historischer Sicht muß man sie ablehnen. In Nordamerika und Skandinavien baut man die Holzständerwerke schon seit Ewigkeiten mit Winkeln. Und dort sind die klimatischen Verhältnisse viel extremer als bei uns. Allerdings benutzt man zum Beispiel in Schweden zum Vernageln zugkräftigere Vierkantnägel anstelle unserer Rundnägel! Und wie bauen die deutschen Fertighausfirmen? Sogar die renommiertesten fertigen ihre Ständerwerke maschinell in der Werkhalle mit Winkeln vor. Dafür bezahlt man allerdings ein Vermögen! In der modernen

TYPISCHE METALL-VERBINDUNGEN (Winkel) für das Ständerwerk

① Winkelverbinder
② Lochplatte Flachverbinder
③ Balkenschuh

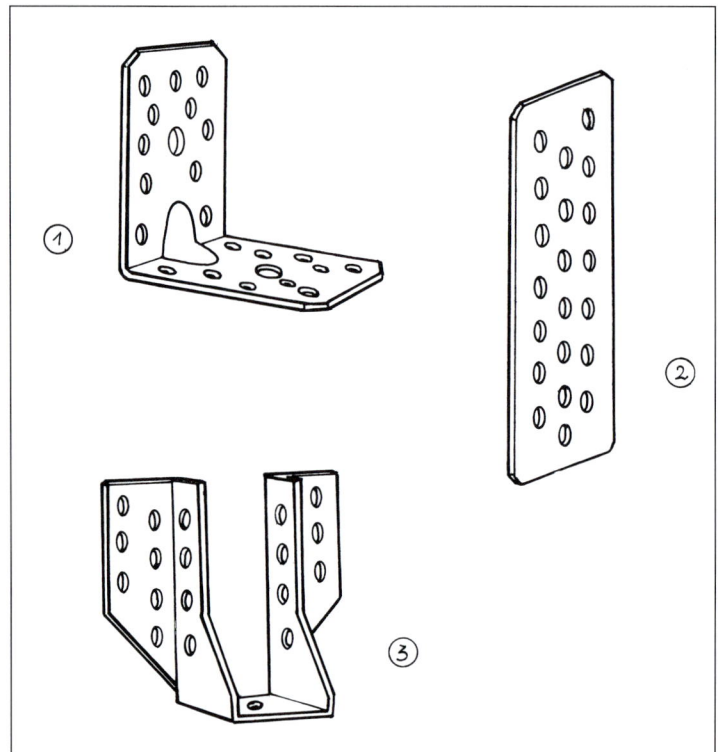

Rahmenbauweise verwendet man heute auch Nagelplatten, die große Spannweiten ermöglichen. Die vorgefertigten Nagelplattenelemente werden ebenso wie bei der Winkelbauweise aus dem Herstellerwerk auf die Baustelle geliefert, auf dem Boden vormontiert und mit dem Kran paßgenau auf der Unterkonstruktion plaziert. Winkel und Nagelplatten werden zum Schutz vor Korrosion aus feuerverzinktem Stahl oder für besondere Ansprüche aus nichtrostendem Stahl hergestellt.

Holz ist vergleichsweise leicht und elastisch, seine statischen Eigenschaften stehen denen von Stahlträgern kaum nach. Mit Holz kann man große Spannweiten überbrücken. Es erlaubt ein hohes Maß an Flexibilität bei der Gestaltung des Grundrisses. Die Holzrahmenbauweise wird heute durch Konstruktionselemente aus dem Holzskelettbau ergänzt. Dabei werden auch überwiegend schichtbrettverleimte und sehr tragfähige Balken eingesetzt. Moderne Skelettbauweisen benötigen beim Zusammenbau aus Einzelelementen durch Verleimung oder Verwendung von Spezialbeschlägen nur geringe Querschnitte. Die Balken können dünner als bei einem Vollholzständerwerk sein! Gering dimensioniertes Balkenwerk ist nicht nur leichter zu trocknen, zu schützen und zu transportieren. Der Balkenquerschnitt des Holzes kann optimiert werden, so daß eine dickere Isolierung in die Wand eingebracht werden kann. Durch geringeren Holzverbrauch kann man dann wiederum sparen, zumal sich Brettschichtholz auch aus minderwertigen Holzarten herstellen läßt, zum Beispiel aus Pappel oder Espe. Beim Abbinden ist darüber hinaus der Arbeitseinsatz geringer. Brettschichtholz ist auch dimensionsstabiler, da sich Spannungen ausgleichen können. Es zeigt keine Risse im Holz, und es wird sich nicht biegen oder drehen. Aber es wird dennoch relativ teuer. Die Häuser benötigen ebenso eine Aussteifung des Rahmenwerks durch den Wandaufbau. Die Verschalung gibt dem Ständerwerk die notwendige Steifheit. Außerdem werden diagonale Konstruktionsteile (Kopfbänder) verwendet, um der

Windlast Widerstand zu leisten. Das gut verstrebte Rahmenwerk ist die Idealform. Man kommt aber auch ohne Verstrebungen aus, wenn die äußere Verschalung der Konstruktion Stabilität verleiht. Deshalb sollte man bei der Verschalung nicht mit Nägeln sparen. Sie muß mit den Balken gut verbunden sein. Der Abstand der Ständer sollte nicht zu groß sein. In Wänden mit großen Fenstern sind die Verstrebungen ein Muß. Es genügt, gewöhnliches Vollholz für ein Ständerwerk einzusetzen, wenn die Ratschläge im Kapitel »Holz als Rohstoff« (Seite 13) beachtet werden. Außerdem ist es Geschmacksache! Sichtbare Balken aus dem modernen Brettschichtholz gefallen nicht jedem. Für einzelne, sichtbare Bauteile, die der Witterung stark ausgesetzt sind, sollte man aber in jedem Fall Brettschichtholz einsetzen.

Auf Holz gebaut?

Durch den unmittelbaren Kontakt mit dem Zimmermann konnten wir Qualität und Bauweise des Ständerwerks gut beeinflussen und genau darauf achten, daß alles stimmte. Kleine Zimmereien sind bemüht, Stolzes zu leisten. So legte unser Zimmermann auf die seitlichen Rähmbalken jeweils noch einen Balken drauf, damit das Dach etwas erhöht wurde und nicht direkt auf der unteren Etage aufliegt. Dafür verlangte er keinen Aufpreis. Eine nette Geste! Der »kleine Drempel« von reichlich 20 Zentimetern hat unser Haus optisch verschönert. Das etwas erhöhte Dach mit einer Neigung von nur 36 Grad war zudem nicht nur eine Erleichterung beim Dachausbau; man konnte in den verwinkelten Dachschrägen besser arbeiten. Die erhöhten Dachschrägen bieten genug Speicherraum, die Dachzimmer wirken großzügig und luftig. Den Kopf stoßen wir uns wirklich nur selten. Außerdem konnten wir mit dem Zimmermann die Maße unserer Fensteröffnungen genauestens abstimmen, denn die Fenster hatten wir bereits gekauft. Auf diese Weise ließen sie sich später paßgenau einbauen.

Eine größere Balkendicke des Ständerwerks hält nicht nur größere Lasten aus, sie bietet auch ein Optimum für die Isolierung. Man kann nur so dick isolieren, wie die Balken sind (wenn man auf eine Vorwand verzichtet). Und dadurch spart man später viele Heizkosten, zumal wir uns für eine hochwertige Isolierung mit dem Dämmwert 0,35 entschieden. Die Kosten dafür halten sich in Grenzen. Baufirmen verlangen für einen besseren k-Wert des Hauses leider oft einen nicht unerheblichen Aufpreis.

Die Balkendicke allein spricht jedoch noch lange nicht für die Qualität des Ständerwerks. Wenn kein Brettschichtholz, dann soll als tragendes Element Vollholz aus dem abgelagerten und trockenen Kern des Stammes verwendet werden. Es ist in der Regel Nadelholz aus heimischen Wäldern. Der Eigenbauer sollte nicht nur aufgrund des Gewichts (und auch des Preises) die Fichte oder Kiefer der Eiche bevorzugen. Die weichen Hölzer lassen sich zudem leichter bearbeiten. Alte Zimmermannsweisheiten besagen, daß das Holz dort wieder verbaut werden soll, wo es wächst. Da es unter den Witterungsbedingungen der jeweiligen Klimazone wächst, kann es jenen auch am besten standhalten. Diese bodenständige Philosophie des geschlossenen Organismus ist sicher Ansichtssache. In Skandinavien ist das Holz härter, weil es aufgrund des kalten Klimas langsamer wächst. Ein Zimmermann aus Tirol oder Bayern wird Sie möglichweise darauf hinweisen, daß dieses Holz beim Nageln eher reißt oder platzt, wogegen man in das weiche, südliche Holz leichter bohren kann. Eine Schwedenfirma wird auf ihr härteres, nordisches Holz schwören, weil es mehr Widerstand gegen Insektenbefall und Fäulnis besitzt. Aber auch in Deutschland wächst »Holz vom Feinsten«, nämlich in den Höhenlagen zwischen 600 und 1300 m.

Gut beraten ist in jedem Fall der Bauherr, der sich erkundigt, wann das Holz geschlagen wurde. Früher war es sogar Tradition, die Bäume nur zu einem bestimmten Zeitpunkt zu schlagen. Wenn die Rehböcke im Frühjahr ihre Geweihe an den Bäumen stoßen, läuft der Harz aus den Stämmen heraus, denn die Bäume stehen voll im Saft. Zwischen Anfang Dezember und Mitte/Ende Januar ruhen sie

aber. Dann kann man sie schneiden. Auch die Mondphasen sind ein wichtiges Kriterium für den Holzeinschlag. Um »ruhiges« Holz zu bekommen, soll bei abnehmendem Mond und den Tierkreiszeichen Steinbock, Stier und Jungfrau (Erdzeichen) geschlagen werden. Die Nähe zum Vollmond sollte gemieden werden. Der Mond darf nicht in einem Wasserzeichen stehen. Die Trockenheit des Holzes bietet den bestmöglichen Schutz vor Insektenbefall. Das Holz muß in einer Trockenkammer auf einen Trockengrad von 15–20% Holzfeuchte herabgetrocknet werden. Dieser Vorgang dauert 14 Tage und mehr. Das Holz ist dann in einem sehr stabilen Zustand. Man könnte es noch in 400 Jahren zum Bauen verwenden, wenn es trocken gelagert oder verbaut ist. Also keine Panik, falls es beim Aufrichten des Ständerwerks regnet. Die natürliche Feuchte, die dem Holz innewohnt, ist eine andere als die Feuchte, die durch Regen verursacht wird. Wenn man das Dach möglichst schnell deckt und die erste Außenummantelung anbringt, ist das feucht gewordene Holz nach kurzer Zeit wieder trocken. Ja, es trocknet nach, solange die Ständer noch frei liegen. Dann zeigt es keine Spur von Holzfeuchte, Pilz- oder Insektenbefall. Damit ist allerdings noch nicht gewährleistet, daß sich in dem Holz später keine Risse bilden. Wenn es zum falschen Zeitpunkt geschlagen wurde, können sich trotz mehrwöchiger Kammertrocknung Risse bilden. Bestellt man das Holz bei einer Firma, hat man im Grunde keine Kontrolle darüber; denn in der Regel hauen die Holzfäller die Bäume auch im Sommer, weil das Holz gebraucht wird. So kann ein schöner sichtbarer Balken in Ihrem Haus plötzlich einen riesigen Riß aufweisen, in dem sich Ungeziefer sammelt. Dem kann man vorbeugen, indem man das Holz selbst kauft und auf seinem Grundstück lagert. So wie die Töpfer früher ihren Ton lange lagerten, damit er sich optimal drehen ließ, soll man das Holz natürlich lagern; je länger desto besser (zwei bis drei Jahre). Wer will, kann sich sein Holz sogar beim Holzfäller aussuchen und dort oder im Sägewerk gegen Bezahlung lagern lassen. So könnte man später die Balken, die sich wirklich gedreht haben, aussortieren oder an einer unscheinbaren Ecke verarbeiten. Ob das rentabel ist, hängt sicher auch von dem Geldbeutel des Bauherren ab.

Wer sein Holz selbst fällen und lagern möchte, sollte sich von einem Fachmann beraten lassen. Es gibt verschiedene Theorien für den richtigen Zeitpunkt des Fällens und des Schälens der Baumstämme. Die einen behaupten, man soll die Stämme gleich nach dem Fällen schälen, weil sich das nasse Holz am leichtesten pellt, und Käferbefall weitgehend ausgeschlossen wird (der Käfer fliegt meist ab April). Andere meinen, daß unmittelbar vor Baubeginn geschält werden soll, weil zu lange gelagerte und geschälte Bäume Risse bekommen. In jedem Fall sollte man nur große Bäume mit gesunden Ästen und einem Durchmesser von 15 bis 20 cm fällen. Gerade, astlose Stämme sind die besten. Sie sind im Inneren nicht verfault. Dazu legt man sich auf den Boden und guckt an dem Baum empor, um zu sehen, ob er gerade ist. Beim Fällen ist außerordentlich wichtig, daß der Baum auch tatsächlich fällt und nicht etwa in den Kronen der Nachbarbäume hängenbleibt.

Fragen, die Sie dem Zimmermann stellen sollten:

- Holzart und Herkunft des Holzes? Handelt es sich um schwammgesichertes Winterholz?
- Länge der Ablagerungszeit?
- Schnitt- und Güteklasse des Holzes?
- Holzschutzimprägnierung? Prüfzeichen?
- Wie stark ist das Konstruktionsholz der Ständer?
- An welchen Stellen wird Brettschichtholz eingesetzt?
- Wie stark sind die Dachsparren? Dicke Isolierung im Dach schützt im Sommer vor Hitze und im Winter vor Kälte!
- Abstand der Balken? Durch ein wirtschaftliches und montagefreundliches Raster können die Bauplatten und Isoliermaterialien schneller montiert werden.
- Größe der Fensteröffnungen genau angeben!

- Sturzhöhe der Haus- und Terrassentüren mit der Höhe des Fußbodens abstimmen; Sitz der Dachfenster?
- Größe der Treppenlöcher?
- Auswechslung für Kamin und Dachfenster?
- Wie gestalten sich die tragenden Innenwände oder Brandschutzwände?
- Anzahl und Lage der Dachpfetten (Gestaltung der Giebelseite in Abhängigkeit von evtl. Giebelfenstern oder -türen)
- Dachneigung und Drempel? Ein Balken als Drempel macht viel aus!
- Dachüberstände?
- Ist der Kran im Preis enthalten?

Nicht nur aus optischen Gründen sollten Sie für einen schönen Dachüberstand an Ihrem Haus plädieren! Die Dachüberstände bieten auch einen guten Schutz vor Regen. Lassen Sie die Dachüberstände von Ihrem Zimmermann am besten gleich dreiseitig hobeln und fasen. Auch die Sparren- und Pfettenköpfe sollten Sie sich hobeln und verzieren lassen. Letzteres verleiht Ihrem Haus ein schmuckes Erscheinungsbild. Das Anbringen der Traufschalung an den Dachüberständen und der Ortschalung auf die Sparren sowie die Untersichtschalung an der Sparrenunterseite sollten Sie gleich mitbestellen, da diese Arbeiten am Rande des Daches für Sie als Selbstbauer nicht ungefährlich sind. Achten Sie darauf, daß an der Unterseite der Schwellbalken (also dort, wo die Wand auf der Fundamentplatte oder auf der Decke des darunterliegenden Geschosses aufliegt) eine zusätzliche Feuchtigkeitssperre angebracht wird. Ein Bitumenstreifen schützt auch gegen aufsteigende Feuchtigkeit. Zudem kann ein Dämmstreifen in Form eines Mineralwollstreifens ausgelegt werden, der den Zwischenraum zwischen dem Sockel und Schwellbalken winddicht abschließt. Prüfen Sie nach der Erstellung des Ständerwerks, ob alle notwendigen Balken und Bauteile montiert wurden. Fehlende Balken sollten Sie sofort reklamieren.

Das Ständerwerk in Eigenregie erstellt

Dadurch können Sie sehr viel Geld sparen! Bei einem verzapften Ständerwerk für ein kleines Einfamilienhaus um die 15000 €. Wer sich zum Eigenbau des Ständerwerks Mut machen will, der kann ganz klein anfangen. Der Campingfreund macht im Grunde die ersten Erfahrungen beim Aufbau seines Zeltes. Die beste Übung erhält man durch den Bau eines Gartenhauses oder einer Garage aus Holz. Man kann sie dann als Baubude nutzen. Als wir unser Gartenhaus erbauten, hatten wir bereits den Vertrag mit der Zimmerei abgeschlossen. Wir waren nahe daran, ihn wieder zu lösen ..., denn das war doch gar nicht so schwer! Für den Bau des 2,5 x 3 m großen Gartenhauses benötigten wir zwei Tage. Wir möchten Ihnen den Baubericht einer Familie, die ihr Holzständerwerk selbst erstellte, nicht vorenthalten:

Der Wunsch nach einem Eigenheim war auch bei unseren Freunden sehr groß. Doch wie ihn verwirklichen? Schnell stellte sich heraus, daß Eigenleistungen bei der herkömmlichen Bauweise aus Stein gering ausfallen würden. So suchten sie nach Alternativen. Das ökologische Bauen sowie der Wunsch, ein preiswertes Eigenheim zu errichten, das nicht an jeder Ecke steht, spielten dabei eine wichtige Rolle. Also erschwinglich, einfach in der Erstellung, originell und schön! Eben anders! Nach vielen Vergleichen entschied sich die Familie für die verzapfte Holzständerbauweise. Das Grundstück, auf dem das Haus entstehen sollte, ließ nur eine Doppelhaushälfte zu. Das Bauamt stimmte dieser Bauweise nur unter der Voraussetzung zu, daß die Trennwand (Schall- und Brandschutzwand) der beiden Häuser aus Stein erbaut wird. Es ist aber auch möglich eine Wohnungstrennwand in Ständerbauweise zu errichten, so wie es in unserem Zweifamlienhaus geschehen ist. Dies ist erheblich preiswerter. Unsere Freunde entschieden sich bei der Holzauswahl für Kreuzholz. Der Vorteil gegenüber Bauholz besteht darin, das aus einem Stamm das Herz herausgetrennt wird, wobei vier Balken ohne Herz entstehen. Beim Vollholz wird ein Balken aus einem Stamm gesägt. Zwar können die Stämme dann dünner sein, doch ein Verdrehen und Reißen ist beim Trocknen des Holzes stark vorprogrammiert. Dies läßt sich beim Kreuzholz allerdings auch nicht vollkommen ausschließen. Für die Balken der Außenwände wurde eine Imprägnierung gewählt. Innen wurden die sichtbaren Balken gehobelt und später mit Bienenwachs behandelt. Das Holz bestellten die Häuslebauer im Bayerischen Wald, weil es dort am preiswertesten war. Dies galt sowohl für den Festmeter als auch für den Transport. Die Lieferung erfolgte frei Haus. Nachdem der Architekt alle Zeichnungen in ordentliche architektonische Pläne umgewandelt hatte, vergaben sie einzelne Arbeiten an Firmen. Eine Zimmerei in der Eifel erhielt den Auftrag, die Holzmenge nach Angaben des Architekten und Statikers zu errechnen und dann beim Sägewerk in Bayern zu bestellen. Dies brauchte natürlich Zeit. Die Zimmerei war in der Lage, ein Computerabbund an dem Holz durchzuführen: Die Rohbalken werden in eine Maschine eingeführt und in einem Arbeitsgang bearbeitet. Am Ende verlassen die Balken das Band fertig verzapft und abgelängt. Die Balken werden mit einer Nummer versehen, so daß sie anhand einer mitgelieferten Zeichnung in der richtigen Reihenfolge aufgestellt werden können. Vor allem deshalb hatte sich die Familie für ein verzapftes Ständerwerk entschieden. Nach sechs Wochen wurde das Holz geliefert. Um einen reibungslosen Bauablauf zu gewährleisten, mußten die Balken der Reihe nach sortiert werden. Keine einfache Sache bei soviel Holz! Das Ständerwerk bauten die fleißigen Eigenbauer in einem Zeitraum von drei Wochen per Hand auf. Zuweilen waren sechs Leute am Werk. Die fünf tragenden Senkrechtbalken, an denen sozusagen das ganze Haus »hängt«, stellten sie wie einen Maibaum auf, ganz einfach mit einem Seil. Es handelt sich um Leimbinder mit einer Dicke von 20 cm x 20 cm und einer Höhe von 7,71 m. Die Grundfläche des

1 △   2 ▽   4 △   5 ▽

3

6

1 Doppelhauswand aus Stein mit Treppenhaus
2 Aufrichten der senkrechten, tragenden Leimbinder
3 Das Haus hängt an fünf Leimbindern
4 Kleine Wände kann man zu zweit errichten!
5 Für den obersten Balken wurde ein Kran eingesetzt
6 Fertiges Ständerwerk für 250 qm Wohnfläche

Hauses beträgt 8 x 13 m. Es hat eine Gesamthöhe von 10,75 m (Erd-, Ober- und Dachgeschoß) sowie zwei Erker und zwei Dachgauben und eine Dachneigung von 45 Grad (Wohnfläche: 250 qm). Man kann also auch ein größeres Ständerwerk in Eigenleistung errichten.

Das Dach muß dicht sein!

Nachdem der Dachstuhl errichtet wurde, kann die Baufamilie ihr Richtfest feiern. Der Zimmermann trägt seinen Richtspruch vor. Das Dach gehört im Eigenbau zu jenen Gewerken, die es sich lohnt, an Handwerker zu vergeben. Nicht nur, weil man auf diese Weise schnell ein Dach über den Kopf hat und das Holz vor Regen schützt. Es ist von größter Wichtigkeit, daß das Dach auch wirklich dicht ist! Problemzonen sind Dachaufbauten und komplizierte Dachdurchbrüche. Sie sollten für Laien ein Tabu sein! Und nicht selten führen Dachabstürze zu schweren Verletzungen oder gar Tod. Ohne Gerüst soll man nicht auf das Dach steigen. Außerdem soll man sich anschnallen oder Fangnetze spannen.

Welches Dach, und worauf soll man achten?

Firstausrichtung, Form, Farbe und Material der Dacheindeckung können von den Behörden vorgegeben sein. Außerdem spielen der Kostenfaktor eine Rolle und auch die Frage, ob ein Dach ausgebaut werden soll. Durch den Dachausbau erfährt das Haus eine wesentliche Wertsteigerung. Das Dachgeschoß ist der kostengünstigste Wohnraum. Die Gretchenfrage beim Dachbau ist die Dachform. Ein voll ausgebautes Steildach erfordert dieselben Kosten wie ein volles Geschoß samt unausgebautem Dach. Wählt man eine geringe Dachneigung (20°), hat man nicht nur gespart, sondern auch eine einwandfreie Abschirmung des obersten Geschosses gegen Kälte und Wärme geschaffen. Außerdem hat man damit einen idealen Wäschetrocknungs- und Speicherraum. Man hat dann allerdings ein zweistöckiges Haus, das man nicht überall bauen darf. Das könnte gerade beim Holzhaus hinsichtlich der Bauabstände problematisch sein. Außerdem ist die zweigeschossige Haushöhe nicht jedermanns Sache. Das Haus wirkt recht klobig, weniger idyllisch und wirft viel Schatten in den Garten. Die alternative (aber nicht preiswertere) Lösung

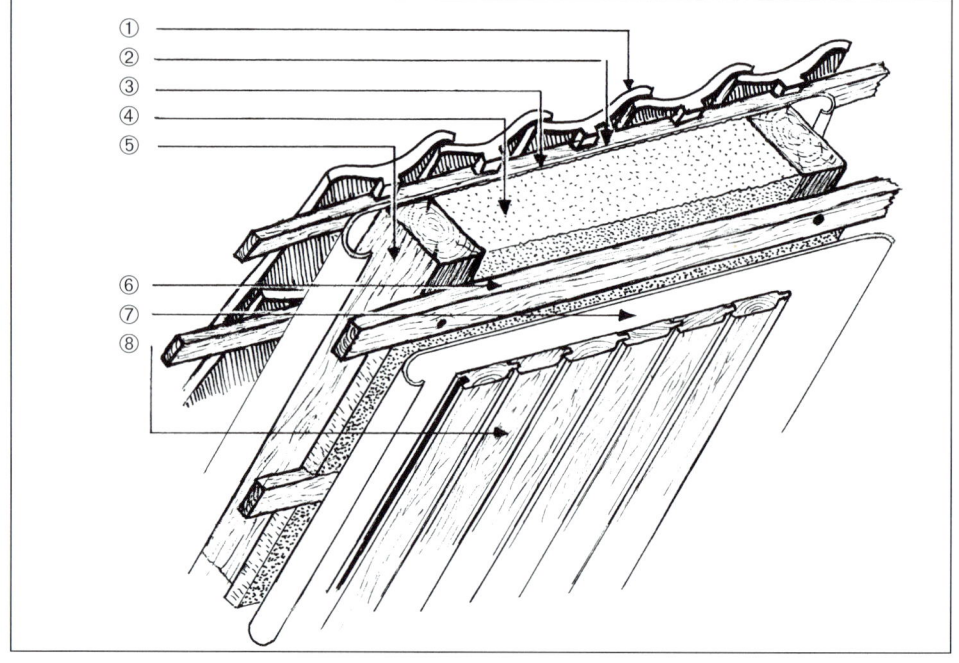

VOLLGEDÄMMTES, NICHTBELÜFTETES STEILDACH

① Dachziegel
② Dachlatte
③ Unterspannbahn
④ Dämmschicht
⑤ Sparren
⑥ Konterlattung
⑦ Dampfbremse
⑧ Profilholz

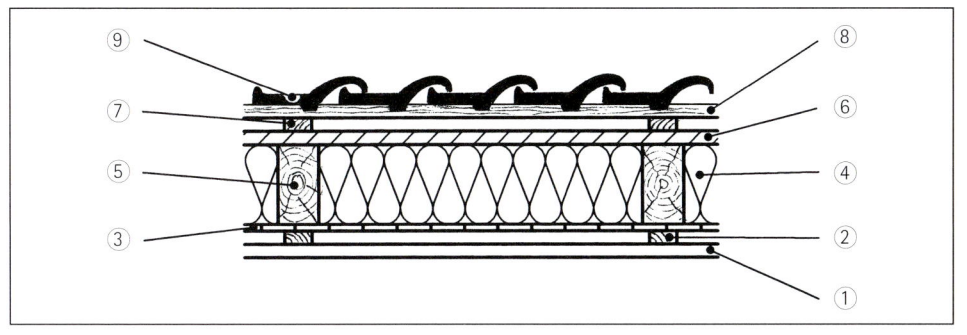

DACHDÄMMUNG zwischen den Sparren

① Innenverkleidung (Gipsbauplatten
  oder Profilholz)
② Dachlatte
③ Dampfbremsplatte
④ iso floc – Wärmedämmung eingeblasen

⑤ Sparren
⑥ Bitumen-Holzfaserplatte
⑦ Konterlatte / Lüftungsebene
⑧ Dachlatte
⑨ Dachziegel

BEGEHBARES FLACHDACH mit Dämmung

① Bitumen-Schweißbahn, PYE-PV 200
② (250) S 5, Schiefer beschichtet
  Bitumen-Schweißbahn, G 200 S 4
③ + ④ Dachpappe (bituminiert)
⑤ Bretterverschalung
⑥ Kantholz 8 x 10 cm
⑦ Gefällehölzer (oder Unterlegklötzchen)
⑧ Deckenbalken
⑨ Dämmstoff
⑩ Dampfbremse

⑪ Bituminierte Weichfaserplatte
⑫ beliebige Deckenverkleidung
  (z.B. Schilfrohrmatten)
⑬ Ständer
⑭ Bituminierte Weichfaserplatte
⑮ Konterlattung (Lüftungsebene)
⑯ Außenverschalung
⑰ Abdeckblech (Aluminium)
⑱ Kantholz
⑲ PU-Keil 10 x 10 cm

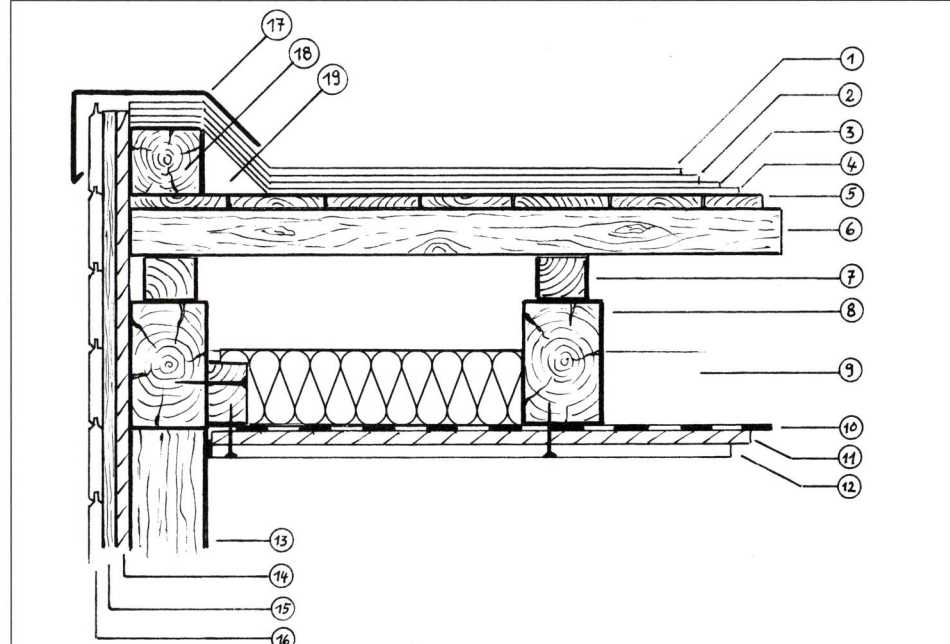

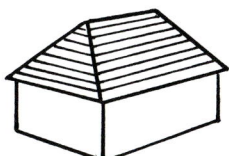
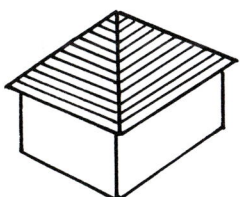

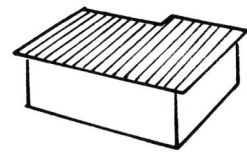

DACHFORMEN

Von oben:
Satteldach
Walmdach
Zeltdach
Pultdach
Flachdach

83

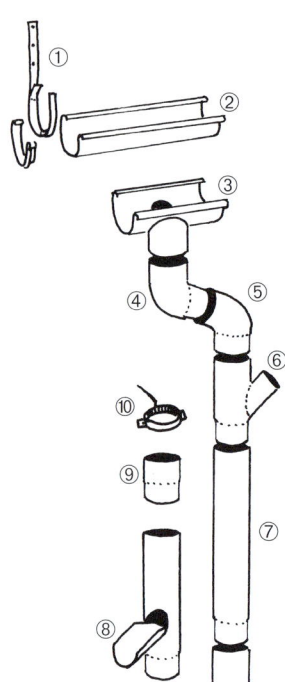

DACHRINNENSYSTEM

① Rinnenhalter
② Dachrinne
③ Rinnenabgang
④ Fallrohrbogen
⑤ Fallrohrbogen
⑥ Fallrohrab-
   zweigung 45°
⑦ Fallrohr
⑧ Regenauffang-
   klappe
⑨ Fallrohrmuffe
⑩ Rohrschelle

wäre ein Haus mit Drempel, Satteldach und eingezogenem Boden. Die nutzbare Dachgeschoßfläche steht in enger Beziehung zur Steilheit des Daches. Wenn man ein Dachgeschoß ausbauen will, dann sollte der Neigungswinkel mindestens 33 Grad betragen, ideal sind 38 Grad. Mit einem Winkelmesser können Sie das Dach aufzeichnen und sich eine Vorstellung von Größe und Höhe des Dachraums verschaffen. Er sollte nicht zu niedrig, aber auch nicht allzu hoch sein. Die Wärme zieht nach oben. Wählen Sie am besten eine harmonische Höhe, so daß die Dachräume homogen und nicht zu steil wirken. Die Dachschrägen bieten als Abstellkammern viel Platz oder lassen sich für den Einbau von (Akten-)Schränken nutzen. Wer besonders viel Raum haben und zugleich Kosten sparen will, wird sich für ein Satteldach (oder Pultdach) entscheiden. Vor allem die Giebelseiten beim Satteldach bieten eine optimale Nutzung für Fenster, Verglasungen und Balkontüren (wesentlich preiswerter und arbeitssparender als Dachgauben!), während beim Walmdach die Belichtung ausschließlich über Dachfenster (oder Gauben) erfolgt. Ein Walmdach ist in Konstruktion und Unterhalt erheblich teurer (25%).

Ein Sattel-Sparrendach wiederum ist preiswerter als ein Sattel-Kehlbalkendach. Satteldächer sind unseren klimatischen Verhältnissen im allgemeinen gut angepaßt, sie haben eine schöne Form und eignen sich auch bestens zur Anbringung von Sonnenkollektoren. Der Ausbau bereitet die wenigsten Schwierigkeiten. Außer der Giebelfront und den Dachgauben gibt es noch andere Möglichkeiten, um Licht ins Dachgeschoß zu bringen: Glasziegel, liegende Dachfenster, Lichtschächte und Lichtkuppeln. Vergessen Sie nicht, daß der Schornsteinfeger einen Zugang auf das Dach haben muß. Bei einem kleinen Haus kann dies auch von außen durch eine Schornsteinfegerleiter ermöglicht werden. Beraten Sie Ihre Vorschläge mit dem zuständigen Schornsteinfeger, der sein Einverständnis dazu geben muß. Denken Sie ggf. an die Leiterhaken und ein Standbrett.

Erst die Dachrinne!

Die Vorbereitungen zum Anschlagen der Dachrinne werden noch vor der Dacheindeckung getroffen. Die Rinneisen werden auf die Sparren genagelt. Die Rinne sollte einen Mindestabstand von 3 cm zum Haus halten. Dieser Abstand wird später vom Traufblech überbrückt. Dachrinnen brauchen aber genügend Gefälle. Die Außenkante der Dachrinne sollte etwa 15 mm tiefer liegen

DACHENTWÄSSERUNG

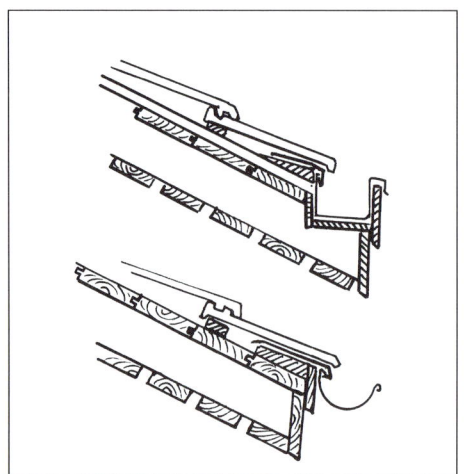

Oben: Rinne verdeckt
Unten: Rinne sichtbar

Die Dachrinne wird an den Rinneisen befestigt

als die Innenkante. So wird gewährleistet, daß bei einer Verstopfung der Rinne das abfließende Wasser nicht an die Hauswand kommt. Ein wichtiges Zubehörteil für Dachrinnen sind die Laubsiebe über den Fallrohren. Im Selbstbau werden für Dachrinnen und Regenrohre oft Hart-PVC-Teile benutzt. Kupferblech ist ein sehr wertvolles Material für die Dachrinne, man verwendet aber auch Zink und verzinkte bzw. verkupferte Bleche. Die Größe der Dachrinne ist abhängig von Dachfläche, Dachneigung, Gefälle, Anzahl und Lage der Ablaufpunkte. Für kleinere Dachflächen (Garagen, Balkone, Gartenhäuser) ist auch die Kastendachrinne geeignet. Dacheindeckungen mit Stroh oder Reet brauchen keine Dachrinne.

Harte Dacheindeckungen

Für Häuser mit Hartdächern sind die Beiträge der Gebäudeversicherung niedriger als für Häuser mit einer Weicheindeckung. Zu den Harteindeckungen zählen Ziegel, Schiefer und Bitumenschindeln. Weichdächer bestehen zum Beispiel aus Stroh, Reet oder Holzschindeln. Die klassische Dacheindeckung in Deutschland sind Ziegel. Sie sind in allen möglichen Farben und Formen erhältlich: rot, lachsrot, rustikal, granit, kupferfarben, blau, grau, grün, schieferfarben, rot-schwarz marmoriert. Die Form der Ziegel (Biber-Ziegel, Tessiner-Pfanne, Altdeutsche Pfanne, Taunus-Pfanne, Frankfurter Pfanne) kann Bedeutung für die Standsicherheit auf dem Dach haben. Manche Ziegelformen eignen sich besonders gut zur Begehbarkeit des Daches. Außerdem gibt es glasierte und unglasierte Ziegel. Das alles ist natürlich auch eine Frage des Preises! Der preisgünstigere Betonziegel weist eine noch größere Farbenvielfalt als der gebrannte Tonziegel auf, da die Farbe aufgespritzt und nicht eingebrannt wird. Wenn sie nach vielen Jahren verblaßt, kann das Dach einfach neu gespritzt werden. Für Betonziegel gewähren die Hersteller in der Regel eine Garantie von 30 Jahren, während bei Tonziegeln nur 20 Jahre üblich sind. Porosierte Ziegel schützen besser gegen sommerliche Hitze als Vollziegel. Als Unterlage und Halt für die Ziegel dienen Dachlatten, die über einer Folie auf die Dachsparren genagelt werden. Die Unterspannbahnen werden über das Traufbrett bis in die Dachrinne hineingezogen. Es muß äußerst präzise gearbeitet werden. Unkorrektheiten führen leicht zu Undichtigkeiten am Dach. Die Ziegeleindeckung eines Daches sollte man deshalb lieber dem Fachmann überlassen, zumal die Ziegel recht schwer sind. Besonders die Formziegel (für Ortgang oder First zum Beispiel) gehen bei einem Ziegeldach ins Geld.

Die deutsche Mentalität will Stein auf dem Dach, deshalb findet man bei uns bisher nur selten das aus Amerika stammende Bitumenschindeldach. Ebenso wie Ziegel werden sie in verschiedenen Farben und Formen angeboten. Das Bitumenschindeldach eignet sich aufgrund seiner Konstruktion für Selbstbauer besser als ein Ziegeldach. Die Schindeln sind nicht schwer. Ein Lastenaufzug kann entfallen. Bei einer allzu steilen und großen Dachfläche ist aber auch die Verlegung von Schindeln mühsam und gefährlich. Dann sollte man sich gut überlegen, ob man zumindest die Schindelarbeiten nicht doch lieber einem Dachdecker überträgt. Auf die Dachsparren wird zunächst eine Holzschalung von mindestens 22 mm Dicke genagelt. Darauf wird eine Bitumenglasvliesbahn V 13 (Dachpappe) mit mindestens 10 cm Überlappung waagerecht aufgebracht. Der Nagelabstand beträgt 10 cm. Verlegen Sie die Schindeldeckung erst, wenn die Dachpappendeckung absolut regendicht ist. Undichtigkeiten können mit spezieller Abdichtmasse ausgebessert werden. Zur Prüfung sollte man einen kräftigen Regenguß über das Haus ergehen lassen! Eine Schindel wird mit vier Breitkopfnägeln von 25 mm Länge verlegt. Im Firstbereich werden 35 mm lange Nägel verwendet. (Die genaue Anleitung für die Verlegung ist bei der Lieferung der Schindeln enthalten.) Für die Verlegung an Anschlüssen (Schornstein, Dachentlüfter, Dachfenster) ist unbedingt ein Fachmann zu Rate zu ziehen. Wenn das Bitumenschindeldach nicht wirklich regendicht ist, muß man viel Geld für Reparaturen bezahlen. Das Auswechseln einzelner Schindeln ist sehr schwer, da das Verlegungssystem die Schindeln ineinander verquickt und verklebt. Die Selbstklebung der einzelnen Gebinde untereinander erfolgt mit zeitlicher Verzögerung durch Eigengewicht und Erwärmung der Selbstklebestreifen. Sobald die Sonne ihre heißen Strahlen auf das Dach wirft, wird es bei guter Verlegung absolut dicht. Bei kühler Witterung sind angewärmte Teilstücke zu verwenden, um damit Bildung von Deckschichtrissen zu vermeiden. An einem qualitativ hochwertigen Bitumendach werden so gut wie keine Reparaturen notwendig. Ein Kostenfaktor, der sich auch im Nachhinein bemerkbar macht. Nicht ohne Grund wird diese Dachdeckung in Amerika bevorzugt. Solche Dächer sind sehr homogen, widerstandsfähig gegen Unwetter und trotzdem schön. Bitumenschindeln bieten ein vortreffliches Ambiente für ein Holzhaus. Für ein Schindeldach gibt es im Fachhandel spezielle Zubehörteile. Man kann also nicht dieselben Dachentlüfter wie beim Ziegeldach verwenden. Das gilt auch für den Einbau von Dachfenstern, für den es entsprechende Eindeckrahmen gibt.

Die wertvollste, aber auch teuerste Art der Hartdacheindeckung ist Schiefer. Ein Schieferdach bewahrt Form und Farbe über Jahrhunderte hinweg. Kleinere Schäden lassen sich meist mühelos reparieren. Allerdings ist nicht in allen Regionen ein Schieferdach erlaubt. Im Grunde handelt es sich um Schieferschindeln, weshalb ein Schieferdach ähnlich wie ein Schindeldach mit einer vollflächigen Holzverschalung gekoppelt ist. Kunstschiefer liegt etwas günstiger im Preis als Naturschiefer und ist fast genauso haltbar.

Eine preiswerte Alternative für harte Dacheindeckungen sind die leichten Faserzementplatten, die auf einer Lattung oder Schalung verlegt werden und heute keine Asbestanteile mehr enthalten.

Dachisolierungen

Warm- und Kaltdach im Sommer und im Winter

Um sich für den geeigneten Dachaufbau zu entscheiden, muß man den Unterschied zwischen einem Warm- und einem Kaltdach kennen. Bisher war das Kaltdach, also die hinterlüftete Wärmedämmung, die Regel. Die Hinterlüftung wird durch Dachlüfter und durch den Luftraum zwischen der Isolierung und der Dachdeckung bewirkt. Dort weht sozusagen »der Wind« hindurch. Dies ist möglich, wenn die Isolierung die Sparren nicht voll ausfüllt. Beispiel: Wenn die Sparren 16 cm dick sind, dann darf der Dämmstoff maximal 14 cm dick sein. Nach aktuellem Stand der Technik ist das vollgedämmte, nicht belüftete Steildach (Warmdach) die bessere Lösung, weil bis zu 40% mehr Dämmstoff nur geringe Mehrkosten bedeuten. Dafür hat man wesentlich mehr Behaglichkeit, größere Energieeinsparung, höheren Schallschutz und auch einen besseren Schutz vor sommerlicher Wärme. Optimal eignen sich atmungsaktive Dämmstoffe. Dazu zählen vor allem biologische Baustoffe wie Perlite, Zellulose und Holzfaserplatten. Unter Umständen kann man dann sogar auf die Dampfbremse verzichten bzw. eine atmungsaktive Pappenfolie anbringen. (Es werden auch atmungsaktive Mikrofaser-Dampfsperren angeboten, bei denen kein Zelteffekt auftritt. Die Folien sind leichter als Papier und sehr stabil.) Die Hinterlüftung der Unterspannbahn entfällt zugunsten maximaler Dämmung. Bei den nicht-diffusionsoffenen Unterspannbahnen hingegen ist eine Hinterlüftung ganz zwingend notwendig. Dann müssen die Sparren mit chemischen Holzschutzmitteln behandelt werden, um nicht zum Nährboden für Holzschädlinge zu werden.

Ein wesentlicher Faktor beim Dachausbau ist die Eignung der Dämmstoffe für den Schutz vor sommerlicher Hitze. Wenn ein gebräuchlicher Dämmstoff im Winter gut gegen Kälte isoliert, heißt das noch lange nicht, daß er im Sommer auch gut vor Hitze abschirmt! Nicht so bei Zellulose-Dämmstoffen, die beides bieten und zudem sehr atmungsaktiv sind. Hier kommt zum Beispiel Zellulose zum Einsatz, die sich für ein Warmdach und auch für ein Bitumenschindeldach (wenn es eingeblasen wird) besonders gut eignet. So ersparen Sie sich nicht nur schlaflose Nächte im Sommer, man kann die Räume auch an heißen Tagen besser nutzen! Entscheidend ist, daß ein Baustoff die Mittagshitze der Dachoberfläche dämpft, speichert und verzögert nach innen weiterleitet. Die Phasenverzögerung einer Dachkonstruktion sollte mindestens 8–10 Stunden betragen. Falls in den Abendstunden die Raumtemperatur gestiegen ist, kann durch die Fenster die kühle Nachtluft hereingelassen werden. (Auch der Werkstoff Holz

1 △

1 Bitumenschindeldach mit Schornsteinfegerleiter
2 Bei einem begehbaren Flachdach muß die Balkontür so hoch angebracht sein, daß im Winter das Tauwasser nicht durch die Türritzen laufen kann
3 Aufdachdämmung
4 Dachbleche als Abschluß für die Giebelseite am Bitumendach
5 Offenes Satteldach mit 36° Neigung Holzschalung für die Eindeckung mit Bitumenschindeln (Rohbau)

2 △

4 ▽   3 △

5 ▽

87

schützt bestens vor sommerlicher Hitze! Die Innenverkleidung aus Holzpaneelen ist deshalb ideal und schön. Zellulose wird durch einen Schlauch in das abgeschlossene Sparrenfeld geblasen. Der Hohlraum wird fugenfrei verfüllt; jede Durchführung und jeder Anschluß wird dicht abgeklebt. Man kann auch eine Schüttung in die Sparrenfelder einbringen. Das federleichte Perlite zum Beispiel eignet sich nicht nur als Fußbodenisolierung, sondern auch als Dach- und Wanddämmstoff. Es wird von der Kehlbalkenlage aus trocken eingeschüttet. Auch Holzfaserplatten eignen sich als zusätzlicher Dämmstoff hervorragend zum sommerlichen Hitzeschutz. Sie sind ein sehr leichter und angenehmer Werkstoff, der insbesondere bei Aufsparrendämmsystemen eingesetzt wird. Holzfaserplatten sind dampfdurchlässig und feuchtigkeitsausgleichend.

Die kostenaufwendigere und qualitativ hochwertige Aufsparrendämmung bietet die Möglichkeit, die Dachsparren im Dachgeschoß sichtbar zu belassen, wodurch die Dachräume sehr rustikal und höher wirken. Bei diesem Dämmsystem müssen die auftretenden Schubkräfte aus Dämmschicht, Dacheindeckung (und Schnee) sicher und fachgerecht in die Sparren abgeleitet werden.

Preiswerte Alternativen zu den genannten biologischen Dachisolierungen sind Stein- und Glaswolle, die zwar eine bessere Dämmwirkung gegen Kälte als Zellulose aufweisen, die aber beim sommerlichen Hitzeschutz schlechter abschneiden. Sie sind in den Wärmeleitfähigkeitsgruppen 035 und 040 erhältlich. Die Gruppe 035 hat einen besseren Dämmwert (ca. 20%). Diese Werkstoffe werden quasi von Hand zwischen die Sparren »gestopft«. Bei der Verarbeitung beider Stoffe sollte man eine Staubmaske tragen. Es sollte schnellstens ein Verrieselungsschutz angebracht werden. Steinwolle ist nicht nur aufgrund ihrer Formstabilität hochwertiger als Glaswolle. Sie verliert weniger Staub und läßt sich einfacher verarbeiten. Für Selbstbauer ist sie ideal. Beide Werkstoffe haben den Vorteil, daß man sieht, wo Undichtigkeiten bzw. Kältebrücken in der Isolierung bestehen. Einem Absacken

des Werkstoffes kann man durch sorgfältiges Ausstopfen von Fugen und Löchern schon beim Einbau begegnen. Steinwolle wird in der Regel in formstabilen Dämmkeilen geliefert, die zwischen die Sparren geklemmt werden. Der Klemmfilz der Glaswolle, kann in gewünschter Breite zugeschnitten werden – am leichtesten mit einem fest aufgelegten Holzbrett. Durch Verwendung von innenseitig mit Aluminium kaschierten Dämmatten hat man auch gleich die erforderliche Dampfbremse. Die Bahnen sollten etwa 3–5 cm breiter als der Sparrenabstand sein, damit sie nicht herunterfallen. Beide Dämmstoffe können für Kalt- und Warmdächer eingesetzt werden. Das nichtbelüftete Dach benötigt eine raumseitige Dampfbremse mit Sd-Wert von mindestens 100 m, das belüftete Dach eine Dampfbremse mit einem Sd-Wert zwischen 2 und 10 m und festgelegten Be- und Entlüftungsöffnungen. Auch hier müssen die Anschlüsse an den angrenzenden Bauteilen dauerhaft und luftundurchlässig abgedichtet werden. Beim Befestigen der Dampfbremsfolie sollen die Abstände der Tackerstellen 10 cm betragen. Die Folie kann mit einer T-förmigen Abstützung an Sparren und Gebälk ausgerichtet werden. An Anschlüssen sowie an First und Fußpfette ist ein Folienbedarf von 10 cm zu berücksichtigen. Am Kaminwechsel wird die Folie mit einer Anpreßlatte angeschraubt, wobei der Sicherheitsabstand zum Kamin beachtet werden muß. Die Folienstöße müssen sich immer überlappen und mit einem Spezialklebeband abgeklebt werden. Zum besseren Schallschutz im Dach kann der Innenraum mit einer Lage Gipskartonplatten beplankt werden.

Schornstein (Kamin) und Ofen

Auf einen Holzbrennofen sollten Sie keinesfalls verzichten, denn die wonnige Wärme und Gemütlichkeit eines Ofens kann keine Heizung ersetzen. Es gibt ein- und zweizügige Kamine. Wenn Sie mit Strom heizen, dann genügt ein einzügiger Kamin. Eine

Kaminofen mit –
imitierter Natur-
steinwand auf
Gipsplatte.
Das Fliesenmosaik
hat nichts gekostet,
weil zerbrochene
Abfallfliesen verar-
beitet wurden

Gas- oder Ölheizung erfordert einen eigenen Kaminzug. Also brauchen Sie in diesem Fall einen zweizügigen Kamin. Es ist kein Problem, den Schornstein selbst hochzuziehen. Er ist wirklich nicht teuer, und ein preiswerter skandinavischer Bollerofen wird Ihnen viel Freude bereiten. Kamin und Ofen müssen nicht viel kosten: ab ca. 1000 €. Die Bauweise von Kamin, Ofen und Heizung müssen unbedingt aufeinander abgestimmt

werden. Der Raum, in dem der Ofen steht, muß eine bestimmte Größe haben. Der Verlag dieses Buches verweist hierzu auf das bei ihm erschienene "Buch der Kamine und Kachelöfen" (siehe Seite 152).

Ein Grundofen hält
den ganzen Tag die
Wärme im Raum

Wie baut man einen Kamin?

Nur ein richtig berechneter Schornsteinquerschnitt kann den Rauchabzug gewährleisten, ohne der Heizquelle zuviel Wärme zu entziehen. Außerdem muß der Schornstein eine bestimmte Höhe haben, damit er zieht! Er sollte (nicht nur deshalb!) möglichst in Firstnähe aus dem Dach treten. Schornsteine an der Außenwand sind weniger effektiv, weil sie zuviel Wärme abgeben. Informieren Sie sich unbedingt bei Ihrem zuständigen Schornsteinfeger über die örtlichen Baubestimmungen. Bevor mit dem Aufbau des Schornsteins begonnen wird, müssen unter anderem folgende grundsätzliche Fragen mit dem zuständigen Bezirksschornsteinfegermeister (und Heizungsbauer) abgeklärt sein: Heizraumbe- und -entlüftung, evtl. Heizkesselfundament, Reinigungs- und Revisionsöffnungen, Dachaustritt des Kaminkopfes, Höhe über First (Standsicherheit), und Anordnung der oberen Revisions- und Reinigungsöffnungen. Holzkonstruktionen müssen 5 cm Abstand zu den Außenflächen des Schornsteins haben. Der Abstand kann 2 cm betragen, wenn der Zwischenraum dauernd gut belüftet ist. Der Zimmermann muß die erforderliche Balkenauswechslung in der Decke und im Dachstuhl genau anpassen. Dachlatten dürfen streifenförmig unmittelbar am Schornstein anliegen. Fußbodenbeläge und Sockelleisten müssen mindestens 1 cm von der Schornsteinaußenfläche entfernt sein (ohne Berücksichtigung der Putzfläche). Der Schornsteinfeger schreibt den Durchmesser für den Heizungs- und den Ofenzug vor. Bei der ersten Inbetriebnahme sind die Anheizvorschriften nach DIN 285 unbedingt zu beachten! Niemals eine neue Schornsteinanlage sofort nach der Fertigstellung mit der vollen Temperatur bzw. Kesselleistung belasten. Herrscht gerade atmosphärischer Tiefdruck oder regnet es, dann ist der Zug schlechter als bei gutem Wetter oder im kalten Winter. Ein kalter oder feuchter Schornstein zieht schlecht oder überhaupt nicht. Der Zug eines Schornsteins kann dadurch geprüft werden, daß man an die Luftzufuhröffnung ein brennendes Streichholz oder Feuerzeug hält. Wird die Flamme in Richtung Luftzufuhröffnung gezogen, hat der Schornstein vermutlich ausreichend Zug. Die Montage des Bausatzschornsteines beginnt mit dem Setzen und Ausrichten der Sockelplatte. Der erste Mantelstein kann als Sockel dienen, er wird mit ca. 25 cm Stampfbeton ausgefüllt. Der nächste Mantelstein erhält für jeden Zug einen Lüftungsausschnitt, um die Zugluftgitter einbauen zu können. Ist der Mantelstein im Mörtelbett ausgerichtet, wird die erste Dämmatte gebogen und eingelegt. Das erste Schamottrohr ist mit einer Reinigungsöffnung versehen. Vor dem Auf-

SCHEMATISCHER AUFBAU EINES KAMINS

1. Fundament
2. Stampfbetonverfüllung
3. Kondensatauffangschale
4. Kamintür zur Reinigung
5. Innenputz
6. Kaminmantelstein
7. Mineralfaserdämmung
8. Schamotterohr
9. Abstand zwischen Schornstein und Deckenbalken mindestens 5 cm
10. Schornstein Kopfverkleidung
11. Rauchrohranschluß
12. Kamintür
13. Dehnungsschlitz über Türanschluß ca. 4 cm
14. Außenputz mit wetterfester Farbe gestrichen
15. Deckenbalken
16. Beton (eisenarmiert), kein Kontakt zum Mantelstein
17. Dehnungsfuge mit Mineralfaser

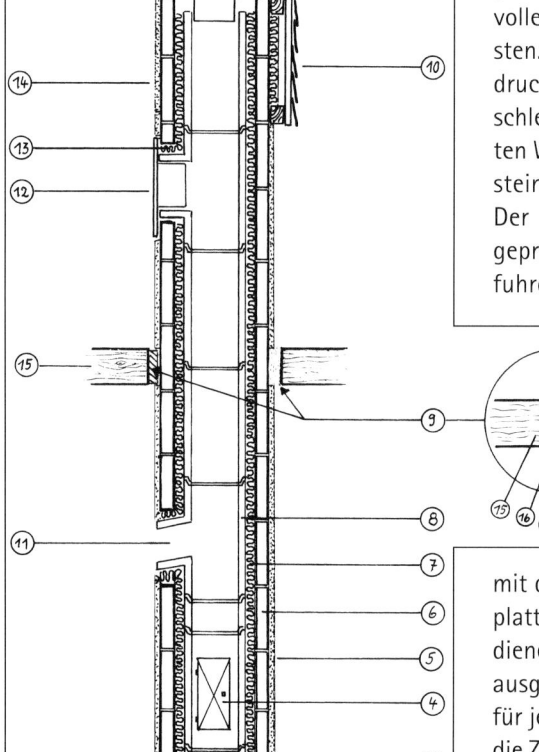

setzen Fugenkitt angeben. Das Schamottrohr wird vorsichtig durch die Isolierung ge-
schoben. Zur Aufnahme der Reinigungstüren
wird der folgende Mantelstein an seiner Vor-
derseite mit der Flex (Steinscheibe) aufge-
trennt. Der weitere Fortgang erfolgt in der
Regel in den Schritten Mantelsteine – Dämmung – Schamottrohr. Die Schornsteinhöhe
über Dach richtet sich nach Dachform und
Dachneigung. Außerdem spielt der Abstand
zum Nachbarhaus eine Rolle. Beim Aufmauern des Schornsteins dürfen nur Zement-
mörtel oder Kalkzementmörtel (über dem
Dach frostbeständige Baustoffe) verwendet
werden.

Ofenarten

Bleibt die Frage, welchen Ofen Sie an Ihren
Schornstein (Kamin) anschließen. Sie sollten
ihn in Abstimmung mit dem Heizungssystem
auswählen. Ein Holzhaus unterliegt anderen
Wärmeverhältnissen als ein Steinhaus. Lesen
Sie dazu bitte das Kapitel »Die Heizung
und das Holzhaus«. Auch bei den Öfen
unterscheidet man zwischen schnellen und
langsamen Heizsystemen. Öfen, die sich
schnell aufheizen, kühlen ebenso schnell
auch wieder ab! Öfen, die sich langsam aufheizen, halten über einige Stunden hinweg
die Strahlungswärme im Raum.

Der ideale Ofen zum schnellen Aufheizen
eines Holzhauses ist der preiswerte Kaminofen, für Selbstbauer auch insofern optimal,
da er sich einfach installieren läßt. Außerdem kann man das Feuer im Ofen, das eine
heimelige Atmosphäre im Haus verbreitet,
stets sehen. Kaminöfen der Bauart 2 können
wahlweise mit offenem bzw. geschlossenem
Feuerraum betrieben werden. Sie sind
grundsätzlich an einem eigenen Schornstein
anzuschließen. Bei Kaminöfen der Bauart
1 ist nur geschlossener Betrieb möglich, sie
können auch an einen mehrfachbelegten
Schornstein angeschlossen werden. Lesen
Sie sich vor dem Kauf des Ofens die Aufstell-
anleitung durch und besprechen Sie sie mit
dem Schornsteinfeger. Es ist zum Beispiel
wichtig zu wissen, wie weit der Ofen von der
Wand entfernt stehen darf. Manche Öfen

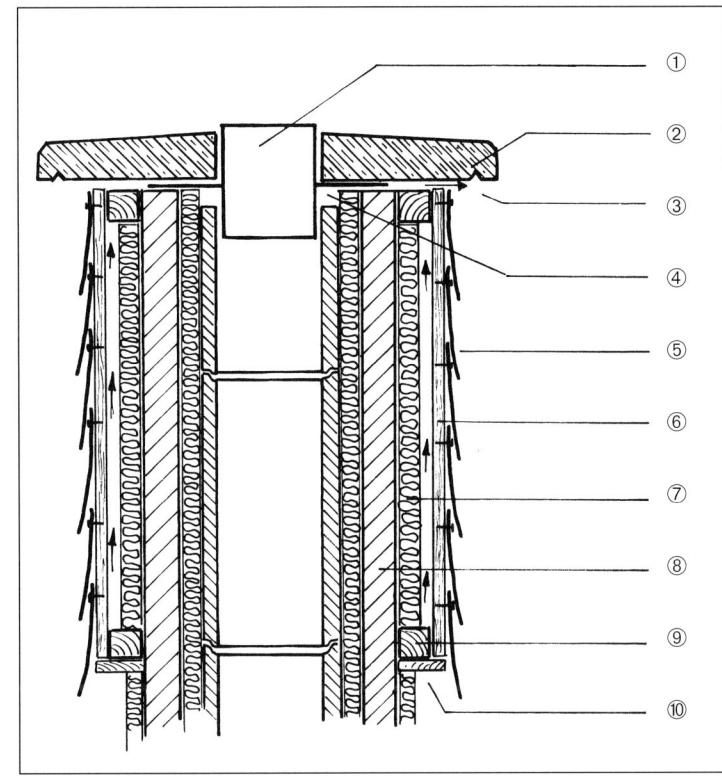

müssen 40 cm statt 20 cm entfernt stehen.
Das hängt von der Bauklasse ab. In modernen Wohnungen kann aufgrund zu dichter
Fenster und Türen die für einen störungs-
freien Betrieb des Kaminofens notwendige
Verbrennungsluftzufuhr in Frage gestellt
sein. Auch eine Dunstabzugshaube darf sich
nicht in dem Kaminraum befinden. Die
»schönen Schwarzen« aus Stahl aus dem
kühlen Norden erfreuen sich großer Beliebt-
heit, sie gelten als gemütliche Energiesparer.
Einige sind sogar mit Backfach und Grillrost
ausgestattet. Außerdem bekommt man sie
mit schöner Kachelummantelung und Verzierungen zu kaufen. Wer nicht viel Geld
ausgeben will, kann ihn selber (zum Beispiel
mit Messing- und Kupfergeschirr) zieren. Die
Anschlußhöhe des Ofens sollte 1 m ab Oberkante nicht überschreiten. Der Ofen muß auf
einer feuerfesten Unterlage (Fliesen, Glas-
oder Metallplatte) stehen, die ihn nach vorn
um 50 cm und seitlich um 20–30 cm über-
ragt. In einem Umkreis von 80 cm ab
Sichtfenster dürfen keine brennbaren
Gegenstände aufgestellt werden. In der
Wand hinter dem Kaminofen und an der

① Dehnungsfugen-
  blech
② Abdeckplatte
③ Belüftungsaustritt
④ Dehnungsfuge
  mindestens 5 cm
⑤ Schieferbeschlag
  oder Bitumen-
  schindeln auf
  Dachpappe
⑥ Bretterver-
  schalung
⑦ ca. 3 cm Außen-
  dämmung mit
  Mineralfaser
⑧ Mantelstein aus
  Leichtbeton
⑨ Unterkonstruk-
  tion
⑩ Belüftungsein-
  trittsöffnung

Decke über der Kaminöffnung dürfen keine elektrischen Leitungen verlaufen. Der Boden unter dem Kaminofen muß eine mindestens 6 cm dicke Betondecke sowie eine 10 cm dicke Dämmschicht haben. Ein Ofen mit oberem Rauchrohranschluß zieht immer besser und hat einen höheren Wirkungsgrad. Das Rohr auf dem Ofen wirkt wie ein zusätzlicher kleiner Ofen! Die Wärmespeicherung des Ofens wird optimiert, je größer die Masse und das Gewicht des Ofens sind. Es ist deshalb besser, 1 kW Nennwärmeleistung für ca. 5 qm als für die üblichen 8–10 qm Wohnfläche bei normaler Raumhöhe und guter Bauisolierung anzusetzen. Sanfte Strahlungswärme von einem möglichst großen Ofenkörper ist die gesündeste. Durch einen verstellbaren Rüttelrost kann der Kaminofen sowohl mit Braunkohlebriketts als auch mit Holz befeuert werden. Beim allerersten Brennvorgang tritt zunächst ein Geruch auf, der dann durch das Verdampfen der Schutzlackierung verschwindet. Die moderne Bauweise der sog. »intelligenten Öfen« hat seinen Preis. Durch die Tertiärautomatik wird zusätzliche Tertiärluft dann in den Feuerraum geführt, wenn das Feuer sich voll entwickelt hat und somit mehr Verbrennungsluft zur gründlichen Verbrennung der Feuergase benötigt wird. Dadurch wird ein hoher Wirkungsgrad erzielt. Kaminöfen erreichen einen Wirkungsgrad von 70–80%. Der Kaminofenbenutzer muß sich nicht um die Regulierung der Verbrennungsluft bemühen. Ein Feuerraum mit abgeschrägten Ecken bietet eine bessere Wärmereflexion. Die Holzscheitmaße sollten möglichst auf die Feuerraumgröße abgestimmt werden, um eine gute Wärmerückstrahlung von der inneren Feuerraumwandung auf das Brenngut zu erzielen. Glastüren, die nur eine obenliegende Luftspülung haben, verschmutzen schneller, als wenn diese von unten und oben erfolgt. Die Fenster können mit Stahlwolle von Ruß gesäubert werden. Die Stahlstärke für den Innenofen sollte mindestens 4 mm betragen. Die Schamottsteine im Feuerraum sollten mindestens 3 cm stark sein; Ofentüren 5 mm stark.

Das Pendant zum Kaminofen im Bereich des langsamen Anheizens und der langen Wärmespeicherung ist der Specksteinofen. Er ist also nicht als schnelle Zusatzheizung für eisige Kälteeinbrüche im Winter oder kalte Tage in den Übergangszeiten geeignet. Er läßt sich ebenso leicht installieren wie ein Kaminofen, ist allerdings erheblich teurer. Ideal ist er, wenn man ein Holzhaus vorrangig mit dem Holzofen beheizen will. Der in Finnland und Virginia abgebaute Speckstein ist der geborene Ofenstein. Seine Wärmeleitfähigkeit ist um das 8- bis 10fache besser als die von Ofenschamotte; seine Wärmespeicherfähigkeit um etwa 2,5mal höher. Specksteinöfen müssen nur wenige Stunden befeuert werden, um danach über lange Zeit hinweg (1 bis 2 Tage) gesunde Strahlungswärme abzugeben. Mit Specksteinöfen läßt sich auch hervorragend backen. Pizzas, Brote, Aufläufe und Backwaren werden wunderbar knusprig.

Weitaus aufwendiger in Kosten und Installation sind Kachelöfen. Hier unterscheidet man zwischen einem Warmluftkachelofen (schnelles Aufheizen) und einem Grundkachelofen, der in der Wärmeübertragung träge ist, die Wärme jedoch lange speichert. Der Brennstoff wird ein- oder zweimal täglich aufgegeben und verbrennt in verhältnismäßig kurzer Zeit. Anhand der Wandstärke unterscheidet man schwere, mittelschwere und leichte Kachelgrundöfen. Der Grundofen ohne Kacheln besitzt im wesentlichen die gleiche Charakteristik wie der Kachelgrundofen. Er ist traditionell im deutschen und im slawischen Osten heimisch. Aus besonders dickem Mauerwerk hergestellt, besitzt er u.a. die hohe Speicherfähigkeit und die dadurch bewirkte lang anhaltende milde Strahlung. Nicht nur Katzen benutzen ihn als Schlafplatz! Auch die sehr schmucken Cronspisen-Kachelöfen aus Schweden sind Speicherstrahlungsöfen. In ihrer runden Version zieren sie oft die Raumecken in den schwedischen Häusern. Das Schnell-Heiz-Pendant zum Grundofen ist der Warmluftkachelofen. Aber auch er kühlt – ebenso wie der Kaminofen – schnell wieder ab. Solche Öfen können über Warmluftleitungen für die Beheizung mehrerer Räume genutzt werden. Der Kombiofen ist eine Mischung aus Grund- und Warmluftofen mit schnell aufheizendem Heizeinsatz und wärmespeichernden schamottierten Nachheizzügen. Eine der schönsten und behaglichsten Möglichkeiten (und leider auch eine der teuersten), mehrere Räume mit einem Kachelofen zu heizen, ist die Hypokaustenheizung. Dabei werden mit dem Warmwasser oder der erwärmten Luft des Kachelofens die Fußböden, Decken und Raumwände eines Hauses aufgeheizt. Eine äußerst angenehme Flächenstrahlung, bei der man mit einer geringeren Raumlufttemperatur als üblich auskommt (»hypo« = unter; »kaustik« = Wärme). Nach diesem Prinzip wärmten schon die alten Römer ihre Wohnhäuser und Bäder. In den Kaiserthermen von Trier und auch in anderen Römermuseen sind solche Hypokausten noch heute zu besichtigen. Baubiologen behaupten, solche Strahlungswärme sei besonders gesund.

Die schönste Lagerfeuerromantik im Haus verbreitet ein offener Kamin. Er hat allerdings einen großen Nachteil. Im Grunde ist er nur ein schönes Spielzeug. 90% der Wärme pustet er durch den Schornstein! Der Einbau einer Heizkassette mit einer hitzebeständigen Keramikglasscheibe erhöht die Heizleistung eines Kamins wesentlich. Auf diese Weise wird der offene Kamin zum Heizkamin (Kachelkamin). Im Vergleich mit den o. g. Öfen, bei denen man zum Teil ebenfalls die knisternden Flammen durch ein Sichtfenster sehen kann, hat der schöne Kachelkamin jedoch leider eine nur geringe Heizleistung.

Die Fassade

Am besten gleich verschalen

Wenn der Volksmund von Holzhäusern spricht, dann meint er meistens solche, die eine Fassade aus Holz besitzen. Holzständerhäuser können in Anlehnung an den herkömmlichen Fertighausbau in Deutsch-

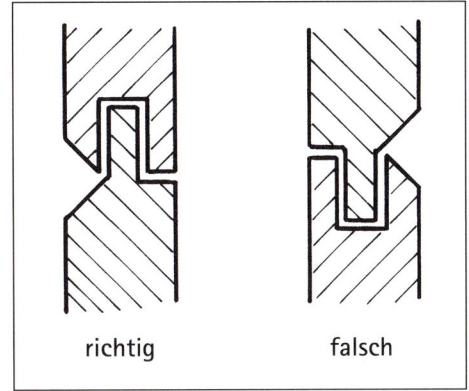

richtig   falsch

NUT-UND FEDER-VERSCHALUNG MIT PROFILHOLZ

Immer Nut nach unten bei waagerechter Verschalung

land auch mit Putz oder Klinker verkleidet werden. Diese Entscheidung muß man rechtzeitig treffen, denn davon hängt nicht unwesentlich der gesamte Wandaufbau ab. Hier soll nur die Holzfassade berücksichtigt werden, denn unserer Meinung nach sollte

HINTERLÜFTETE AUSSENWAND

① Weichfaserplatte (bituminiert)

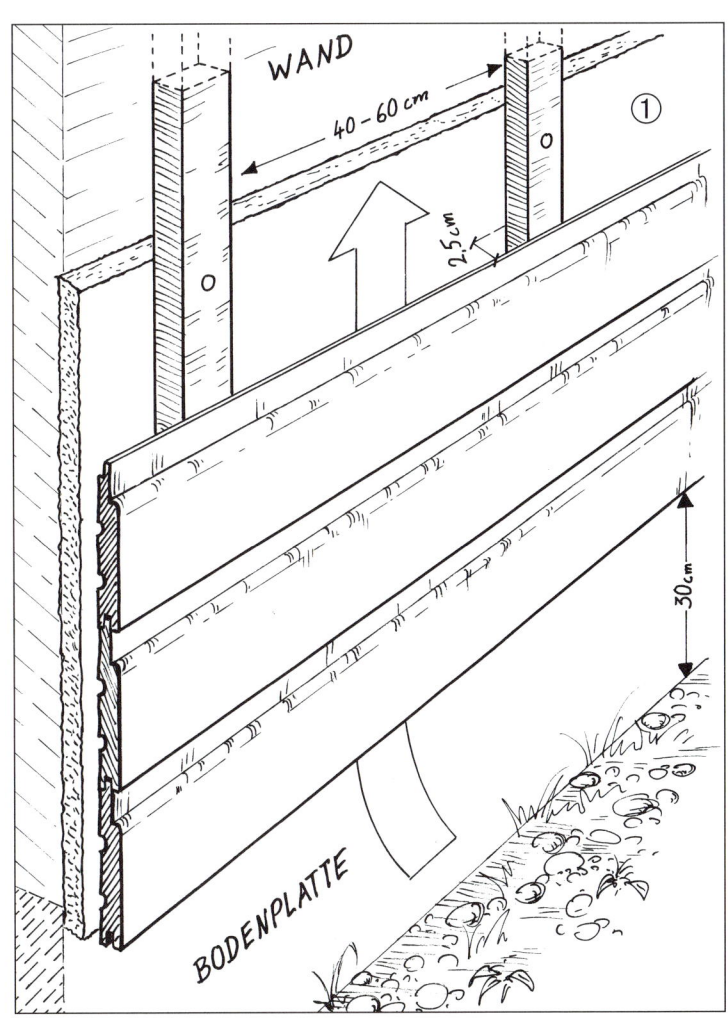

WAND

40 – 60 cm

2,5 cm

30 cm

①

BODENPLATTE

93

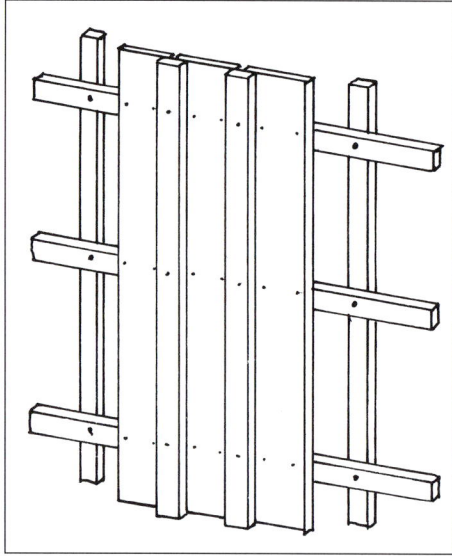

ein Holzhaus auch wie ein Haus aus Holz aussehen. Die Kosten für eine Holzfassade sind nicht hoch. Bevorzugte Hölzer sind Fichte, Kiefer, Lärche, Douglasie oder Red Cedar. Über die einzelnen Holzarten informieren die Kapitel »Der Rohstoff Holz« (Seite 13) und »Holzschutz« (Seite 100). Der Einsatz von Hölzern mit besserer natürlicher Resistenz gegen Pilzbefall erhöht die Standdauer der Holzbekleidung auch ohne vorbeugenden chemischen Holzschutz. Bei minderwertigem Holz ist ein dispersionsof-

fener Farbanstrich mit Grundierung als Holzschutz ratsam. Die Holzfassade kann beim Ständerwerk nicht nur als Gestaltungselement, sondern auch als die »Außenhaut« des Hauses mit konstruktiver Bedeutung (Aussteifung) dienen. Es werden meist gehobelte oder sägerauhe Bretter, seltener Holzschindeln, eingesetzt. Charakteristisch ist neben der natürlichen Struktur und Maserung das reliefartige Dekor. Die Bretter können ganz nach Geschmack horizontal oder auch vertikal angebracht werden, als Stülpschalung oder als Deckelschalung. Dekorativ sind auch Nut- und Federbretter oder profilierte Bretter. Selbstverständlich lassen sich verschiedene Gestaltungsweisen miteinander kombinieren. Blockbohlen verleihen dem Haus das Outfit eines Blockhauses. Schauen Sie sich einfach mal im Baumarkt um. Die kreative Gestaltung der Fassade in Form und Farbe ist eine der schönsten Arbeiten am Haus, zumal es sich um eine weniger anstrengende Tätigkeit handelt. Die Anordnung und die farbliche Gestaltung der Schalungsbretter trägt entscheidend zum Baustil des Hauses bei. Die Boden-Deckel-Schalung ist in Skandinavien weit verbreitet. Wenn Sie den Flair des amerikanischen Kolonialstils bevorzugen, dann werden Sie wohl die Stülpschalung einsetzen. Und wer dem urtümlichen Mausgrau eines Holzhauses in der Finnmark oder einer Saltbox-Bauernkate auf der Insel Nantucket an der Atlantik-Küste der USA verfallen ist, läßt Farbtopf und Pinsel einfach weg. Im Zusammenspiel mit weißen (farbigen) Giebel-, Tür- und Fensterverzierungen und einer verwunschenen Gartengestaltung können auch solche Häuser äußerst anheimelnd wirken. Auch die Hausecken werden im Holzbau gern farbig abgesetzt.

Um dem Holzschutz gerecht zu werden, sollten Sie mit der Fassadenbekleidung nicht lange warten. Die Bretter für die Außenbekleidung sollten – u.a. aus Gründen des Brandschutzes – mindestens 20 mm dick sein. Wichtig ist, daß die Holzverkleidung hinterlüftet ist und der Regen ablaufen kann. Der aus dem Gebäude diffundierende Wasserdampf und die im Neubau mögli-

94

cherweise noch vorhandene Baufeuchte muß abgeführt werden können, ohne daß es zu Tauwasserbildung kommt. Deshalb ist ein durchgehender Hohlraum von mindestens 20 mm Dicke zwischen Wand und Fassadenbekleidung zu lassen, der am unteren und oberen Rand offen ist. So kann die Luft hinter dem Holz zirkulieren (Hinterlüftung). Am Übergang zum Dach müssen spezielle Insektengitter angebracht werden. Sie schützen vor Kleintieren, die sich im Winter warme Schlupfwinkel suchen. Die Unterkonstruktion der Holzpaneelen besteht in der Regel aus Dachlatten (24 mm x 48 mm), die versetzt angeordnet werden. Der Abstand der Latten beträgt 40–60 cm. Die Latten der Unterkonstruktion können vorbeugend vor der Montage mit einem Holzschutzmittel gegen Pilze und Insekten behandelt werden. Bei der waagerechten Schalung sollten die Bretter abgefast sein, damit das Regenwasser besser ablaufen kann. Die horizontale Schalungsunterbrechung zwischen den Geschossen ist eine konstruktive Maßnahme zur Ausbildung von Stößen bzw. Tropfkanten im Sinne des baulichen Holzschutzes.

Eine einfache Form einer Holzverkleidung stellt die senkrechte Deckelschalung aus sägerauhen Brettern dar. Sägerauhe Bretter brauchen Sie nicht zu scheuen. Sie sind preiswerter und wirken mit einem Farbanstrich rustikal und sehr dekorativ. Gehobelte Bretter sehen vielleicht etwas nobler aus, aber das ist Geschmacksache. Die Überlappung bei Deckelschalungen (bzw. Stülpschalungen) soll 12% der Brettbreite, mindestens jedoch 10 mm betragen. Bei verdeckter Nagelung muß die Überdeckung ggf. größer sein. Bei Deckelschalungen aus nicht profilierten, parallel besäumten Brettern muß die Überdeckung mindestens 20 mm betragen. Die Nägel oder Schrauben sollen nicht durch beide Bretter gehen. Fugendeckleisten sind nur auf einem Brett oder in der Fuge zu befestigen. Die senkrechte Fassadenbekleidung läßt das Wasser prinzipiell gut ablaufen. Aber zwischen den Brettern sollen sich keine Ritzen befinden, durch die der Wind das Regenwasser drücken kann; andererseits sind breite Überlappungen zu vermeiden, da Kapillarkräfte hier unnötig viel Wasser in die Kontaktflächen ziehen würden. Als Fassadenschutz während der Montage dürfen keine dampfsperrenden Folien verwendet werden. Die Konterlattung bietet die Möglichkeit einer zusätzlichen Isolierung an der Außenwand.

Um Rostflecken zu vermeiden, verwendet man verzinkte Metallteile. Galvanisch verzinkte Nägel oder Schrauben aus Stahl bieten keinen dauerhaften Schutz, da die Zinkschicht bereits beim Eintreiben in das Holz beschädigt wird. Auch bei feuerverzinkten Nägeln ist die Verletzung der Zinkschicht nicht ganz auszuschließen. Bei deckenden Anstrichen oder dunklen Lasuranstrichen können galvanisch oder feuerverzinkte Nägel eingesetzt werden, weil die Korrosionsfahnen auf der Holzfassade von der Farbe überdeckt werden.

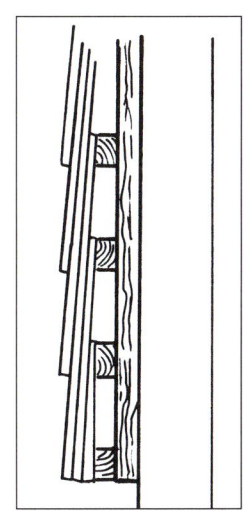

Ein Haus im Schafspelz

Konstruktion der Außenwand eines Holzständerhauses

Für einen optimalen Wandaufbau und behagliches Wohnen ist die Qualität und Leistungsfähigkeit der Werkstoffe sehr wichtig. In diesem Kapitel möchten wir beispielhaft unser eigenes Haus beschreiben. Den Wandaufbau hatten wir mit einer Holzbaufirma besprochen. Die Außenwand besteht (von außen nach innen) aus den folgenden Schichten: 20 mm Holzfassade, 24 mm Lattung, 18 mm bituminierte Holzfaserplatte, 14 cm dicke Vollholzständer (deren Zwischenräume der Ständer wurden mit 14 cm dicken Steinwollkeilen mit einem Dämmwert von 035 ausgefacht), Dampfdiffusionsbremse in Form einer Papierpappe, 15 mm OSB-Holzplatte (Oriented Strand Board = Platte mit richtungsorientierten Längsspänen), 24 mm Lattung, 10 mm Holzpaneele (in einem der Bäder eine doppelte Lage 12 mm Feuchtraum-Gipsplatten ohne Lattung). Auch die Lattung trägt zur Wärmedämmung der Außenwand bei. Das Beispiel der Thermosflasche zeigt, daß ruhende, trockene Luftschichten eine außerordentlich gute Wärmedämmung bieten. Der Wandaufbau unseres Hauses entspricht gewöhnlichen Fertighauswänden. Sie sollten aber unbedingt den Aufbau der Außenwände in Ihrem Holzhaus mit den aktuellen baulichen Anforderungen abgleichen! Dämmstoffe wie Glas- und Steinwolle werden in den Dämmwerten 035 oder 040 angeboten. Eine 14 cm dicke Dämmschicht mit dem 035er Dämmwert entspricht in etwa einer 16 cm dicken Dämmschicht mit dem 040er Dämmwert. So lassen sich etwa 2 cm Wanddicke sparen. Bei gleichem k-Wert haben Holzhäuser ohnehin dünnere Wände als Steinhäuser. Die so gewonnene Platzeinsparung gegenüber Häusern aus Stein ist mit der Größe eines kleinen Abstellraums vergleichbar. Eine sowohl dämmende als auch konstruktive Rolle in der Außenwand spielen die Innen- und Außenbeplankungen der Holzständer. Sie werden mit Nägeln oder Schrauben an den Ständern befestigt. Außer einer zusätzlichen Dämmung läßt sich dabei einiges für das »Muskelkleid« des Hauses tun. So sollte entweder die Außen- oder die Innenbeplankung zur Aussteifung der Außenwände genutzt werden. Dies kann natürlich nur mit einem möglichst festen Material erreicht werden. Bei unserem Haus dient dazu die OSB-Platte, die gut vernagelt ist und gleichzeitig einen Halt für Haken, Nägel und Dübel bietet. Die Außenseite der Ständer wurde mit einer atmungsaktiven Holzweichfaserplatte beplankt. Dadurch erhält die Außenwand nicht nur eine zusätzliche Aussteifung, sondern auch einen erhöhten Schutz gegen Kälte, Schall und sommerliche Wärme. Mit der leichten Holzfaserplatte konnten wir die Außenhaut des Hauses sehr schnell schließen und wettergeschützt weiterarbeiten. Holzfaserplatten sind so leicht, daß sie auch von Frauen verarbeitet werden können.

Reizthema Dämmung

Je besser und schneller ein Stoff Wärme an seine Umgebung weiterleitet, desto schlechter ist seine Dämmwirkung. Der k-Wert gibt an, wieviel Wärmeenergie (in Watt) ein Quadratmeter Außenwand in einer Stunde hindurchläßt. In der verschärften Wärmeschutzverordnung wird ein höherer k-Wert der Außenwand als 0,5 W/qmK vorgeschrieben. Die Baubehörde verlangt einen Wärmeschutznachweis vom Architekten. Problemfelder sind der Windschutz, Kältebrücken und Tauwasserausfall sowie der Schallschutz. Mangelnder Kälte- und Hitzeschutz mindert die Wohnqualität erheblich. Die Fugen und Zwischenräume lassen sich mit Bauschaum wirksam gegen Wärmeverluste schützen, oder man stopft filziges Material hinein.

Von der Wahl des Dämmstoffes hängt die genaue Konstruktion der Außenwand ab. Spätestens nach der Erstellung des Ständerwerkes muß man sich entscheiden, aus welchen Baustoffen die Außenwand im einzelnen bestehen soll. Zwei Dinge spielen dabei eine wichtige Rolle. Will man als Isolierung feste Filze bzw. Platten oder einen losen Dämmstoff einbringen? Außerdem ist bedeutsam, ob ein baubiologischer oder künstlicher Dämmstoff gewählt wird. Zu den losen Dämmstoffen zählen Korkschrot, Blähton, Zelluloseflocken und Perlite. Als Matten oder Filze werden Baumwolle, Kokosfaser, Schafwolle, Glas- und Steinwolle geliefert. Feste Dämmplatten sind: Zelluloseplatte, Holzfaserplatte, Holzwolle-Leichtbauplatte, Korkplatte, Polystyrol-Platte, Styropor. Grundsätzlich können alle Dämmstoffe auch zur Isolierung des Daches, der Decke und des Fußbodens verwendet werden. Die losen Dämmstoffe lassen sich wiederum in Flocken und Körner unterteilen. Die Zelluloseflocken werden – nachdem das Holzständerwerk von innen und von außen fest verkleidet ist – mit einem Schlauch in die Hohlräume zwischen den Ständern eingeblasen. Die körnigen Dämmstoffe finden vor allem als Decken- und Fußbodenisolierung Verwendung, können aber auch in das Dach und in die Wände eingeschüttet werden. Ein großer Vorteil von Filzen und Platten ist die visuelle Überprüfung, ob die Wände auch wirklich vollständig mit dem Dämmstoff gefüllt sind. Dabei lassen sich die Filze am einfachsten und formanpassend verarbeiten. Aber auch Filze können in der Wand mit der Zeit absacken, wenn sie nicht sorgfältig verarbeitet sind oder feucht werden. Überlegenswert wäre eine Kombination aus festen Dämmplatten und Filzen (z.B. Zelluloseplatten und Steinwolle).

Durch die Wärmedämmung soll vor allem im Winter das Abfließen von Wärme aus den geheizten Wohnräumen nach draußen verringert werden. Im Sommer soll umgekehrt nicht zuviel Außenwärme hereinkommen (vgl. Seiten 86 - 88). Die wärmedämmende Wirkung von Dämmstoffen beruht vor allem auf dem Umstand, daß sie den schlechten Wärmeleiter »ruhende Luft« enthalten. Luft ruht um so mehr, je kleiner die Hohlräume sind, in denen sie eingeschlossen wird. Je geringer die Wärmeleitfähigkeit (Wärmeleitzahl), desto höher die Wärmedämmung. Im Winter ist die niedrige Wärmeleitzahl eines

Dämmstoffes entscheidend. Für guten sommerlichen Dämmschutz sollte die sog. Temperaturleitzahl möglichst gering sein. Das bedeutet, daß ein Baustoff einen möglichst hohen Anteil der Wärme selbst aufnimmt und eine zeitlich verzögerte Abgabe der Wärme stattfindet. Unter Berücksichtigung der unterschiedlichen Eigenschaften der Dämmstoffe kann es sinnvoll sein, verschiedene Stoffe einzusetzen (Außenwand, Wintergarten, Flachdach, Dach, Decke, Fußboden). Eigenbauer können dabei sehr kreativ und flexibel tüfteln. Zellulosedämmstoffe (aus Zeitungspapier, Jute, Borsalzen); Perlite (aus vulkanischem Gestein und Kunstharzen) und Holzfaserplatten (aus einheimischen Weichhölzern und Naturharzen) besitzen eine gute Temperaturleitzahl. Sie eignen sich also auch gut zur Isolierung gegen sommerliche Hitze.

Eine sehr wirksame und billige Wärmedämmung bieten Styropor und Polystyrol. Sie sind aber zur Dämmung von Holzständerhäusern nicht geeignet! Nicht nur, weil es sich um künstliche Baustoffe handelt, die in ihrer Herstellung nicht umweltfreundlich sind. (Für die Herstellung von PUR (Polyurethan) werden FCKW als Blähmittel eingesetzt.) Der Dampfdiffusionswiderstand der künstlichen Baustoffe ist ziemlich hoch, sie sind also nicht sehr atmungsaktiv. (Auch der umweltfreundliche Baustoff Schaumglas ist praktisch diffusionsdicht.) Und außerdem schwindet Bauschaum, und Kunststoffe verspröden. Alternative und baubiologische Dämmstoffe hingegen können im hohen Umfang Feuchtigkeit aufnehmen und langsam wieder abgeben. (Ein sehr wichtiger Faktor im Leichtbau!) Damit entsprechen sie den Eigenschaften von Holz. Die Gefahr der Durchfeuchtung durch kondensierenden Wasserdampf ist gering, da er rasch nach außen diffundieren kann. Zu den Alternativen zählen auch Glas- und Steinwolle, die ebenfalls künstliche Dämmstoffe sind. Sie besitzen eine gute Atmungsaktivität und einen sehr guten Dämmwert gegen winterliche Kälte. Die Prozeßkette für ihre Herstellung ist relativ einfach aufgebaut und wenig mit der Erdölchemie vernetzt. Steinwolle besitz eine hohe Formbeständigkeit. Beide Dämmstoffe sollte man nur mit Handschuhen, Atemstaubmaske, Brille und geschützer Kleidung verarbeiten und sobald wie möglich beplanken. Auch beim Einblasen von Zellulose werden mikroskopisch kleine Fasern freigesetzt, die beim Einatmen in die Lunge gelangen können. Zellulose hat bei erhöhter Feuchtigkeit im Bauteil eine bessere Wärmedämmung aufzuweisen als Mineralwolle; und es hat eine bessere Ökobilanz (Produktion und Verarbeitung). Forschungen in der Bauindustrie weisen jedoch ein stärkeres Absacken des eingeblasenen Baustoffes in der Wand nach, was zu Kältebrücken führen kann.

Leider vertraut man heute modernen Baustoffen, die es häufig erst wenige Jahrzehnte gibt, immer noch mehr, als Naturbaustoffen, welche sich seit vielen Jahrtausenden bewährt haben. Dazu zählen Holzspäne, Holzwolleleichtbauplatten, Kork, Kokosfasererzeugnisse, Holzweichfaserplatten, Torfplatten, Blähton, Holzspäne, Rindenschrot, Preßstrohplatten, Riedrohr, Seegras, Zellulose, Wellpapier, Ziegelwände, Kalkputz. Biologische Dämmstoffe sind, obwohl sie in der Regel brandhemmend, insekten- und pilzresistent und mit Borsalz behandelt sind, umstritten. Mit wenigen Ausnahmen wie Zellulose, Schafwolle oder Kork dämmen die Alternativen zum Teil deutlich schlechter: zum Beispiel Blähton, Stroh und Holzwolle. Achten Sie beim Kauf auf das Ü-Zeichen auf dem Etikett. Dämmstoffe dürfen ohne diese amtliche Prüfbestätigung nicht eingebaut werden. Nicht alle sog. »Biobaustoffe« sind einwandfrei. Rein und fein sind in der Regel nur absolute Naturbaustoffe, die nicht industriell weiterverarbeitet wurden, wie z.B. Holz, Lehm, Kork, Stroh oder Flachs aus biologischem Anbau. Bei fertig konfektionierten Produkten müssen oft gewisse Abstriche gemacht werden. Manche Naturbaustoffe können sogar giftig sein. Holzstaub gilt als krebserregend, wenn er langfristig bei der Verarbeitung eingeatmet wird. Holzweichfaserplatten sind aus Faser- oder Abfallholz, Korkplatten aus der Rinde der Korkeiche hergestellt. Nur bei ständig kontrolliertem, rein

expandiertem Kork besteht die Gewähr, daß keine problematischen Bindemittel und Imprägnierungen verwendet werden, ebenso natürlich bei unbehandeltem Naturkorkschrot. Leider ist es noch Zukunftsmusik, daß die Landwirtschaft in zunehmenden Maße als Lieferant für Baustoffhersteller dient. Flachs besteht aus heimischem, nachwachsendem Rohstoff. Es weist einen überzeugenden Schallschutz auf. Das Interesse an ökologischen Baustoffen ist – obwohl sie teuer sind – groß. Schafwolle hat eine ähnliche Dämmwirkung (niedrige Wärmeleitfähigkeit) wie Glas- und Steinwolle (oder Polystyrol). Beim Brandschutzverhalten schneidet sie allerdings schlecht ab. Auch die Diffusionsfähigkeit liegt etwas unter der Mineralwolle. Im Naßbereich sollte sie nicht eingesetzt werden. Und es liegt nicht an baubiologischen Materialien, wenn Mäuse im Haus sind. Mäuse sind auch in künstlichen Dämmungen zu finden. Wichtig ist vor allem, daß die Tierchen gar nicht erst hineinkommen, also Kleintierschutzgitter fachgerecht angebracht sind, alle Details dicht und ein ausreichender Abstand zum Erdboden vorhanden ist.

Dampfbremse und Windsperre?

Die Dampfbremse darf nicht mit der Windsperre verwechselt werden. Die Windsperre - eine dünne, diffusionsoffene Kunststoff- oder Pappfolie - wirkt vor allem gegen Wind bzw. Zugerscheinungen, die eine Wärmeabfuhr zur Folge hätten. Sie wird an der äußeren Beplankung der Außenwand, d.h. hinter der Fassade (als Abstand von Fassadenbekleidung zur Windsperre mindestens 2 cm Hinterlüftung bzw. Lattung) angebracht. Sie ist ein zusätzlicher Schutz gegen Durchfeuchtung, indem sie das Eindringen von Regenwasser verhindert, ohne ein Ausströmen von Wasserdampf von innen zu unterbinden. Auf die Windsperre kann auch verzichtet werden, denn auch die Dampfdiffusionsbremse schützt vor Zugluft. (Sinnvoll ist sie auf der Wetterseite des Hauses.)

Die Dampfbremse liegt zwischen der inneren Beplankung und der Isolierung der Außenwand. Ein Luftaustausch wie beim menschlichen Atmen ist bei Wänden unerwünscht. Moderne Wandkonstruktionen müssen – das ist Vorschrift – luftdicht sein. Bei der Atmung der Wände ist die Feuchtigkeitsregulierung gemeint. Die Luft kann nur eine begrenzte Menge Wasserdampf aufnehmen. Der Wasserdampf im Haus entsteht u.a. durch Atmen, Kochen und Baden. Je wärmer die Luft ist, desto mehr Wasserdampf kann sie aufnehmen. Diese Feuchtigkeit aus dem Wohnraum soll nach außen abgegeben werden. Noch wichtiger ist, daß die in den Baustoffen gespeicherte Feuchtigkeit wieder an die Raumluft zurückgeführt wird. Das heißt, daß Baustoffe dispersionsoffen sein müssen. Für Diskussionsstoff sorgt immer wieder die Tauwasserbildung, obwohl diese weit weniger bedeutsam ist als Schlagregen, Bodenfeuchtigkeit und Feuchteadsorption während des Kochens. Wenn das Temperaturgefälle zwischen Innenraum und Außenluft sehr groß ist, dann entweicht der Wasserdampf in den kälteren Luftraum, das heißt er diffundiert. Im Winter dringt die warme Raumluft deshalb nach außen, wo sie mit der kalten Luft zusammenstößt. Am sog. Taupunkt bildet sich ein Niederschlag von Kondenswasser. Rein rechnerisch verbleibt im Bauteil Tauwasser, was eine langfristige, über Jahre sich aufschaukelnde Feuchteerhöhung zur Folge haben müßte. Forschungsergebnisse zeigen, daß ein Verzicht auf jegliche Dampfbremse bei diffusionsoffenenen Faserdämmstoffen nicht zur vielfach befürchteten »Tropfsteinhöhle« führt, wenn die gesamte Wand aus diffusionsfähigen Baumaterialien besteht. Ein richtiger Wandaufbau hat ein Diffusionsgefälle nach außen. Der Bauteilaufbau sollte so erfolgen, daß eine zunehmende Porosität von der warmen zur kalten Seite vorhanden ist. Damit wird erreicht, daß der Dampfstrom innen stärker als außen gebremst wird und somit eine Feuchtigkeitsabwanderung erfolgen kann. Sind die Verhältnisse nicht eindeutig, so wird man auf der warmen Seite der Dämmschicht eine Dampfsperre anbringen.

Außerdem sollte die Fassade hinterlüftet sein. Die Dampfbremse kann aus mit 10 cm Stoßüberdeckung angetackerten 0,2 mm Polyäthylenfolien hergestellt werden. Sie setzt die Dampfdiffusion von innen nach außen so weit herab, daß Feuchteschäden aus Wasserdampfkondensation nicht zu erwarten sind. Bedenken gegen solche Dampfsperren, wonach sie die Atmungsaktivität der Außenbauteile behindern, sind unangebracht. 95% Luft entweicht über die Lüftung der Räume. (Und winddicht bedeutet nicht vollkommen luftdicht. Ein gewisser Luftdurchgang ist erlaubt.) Die Abneigung, in einem mit Kunststoffolien abgedichteten Haus zu wohnen, das nicht »atmen« kann, ist unbegründet. Fest steht, daß hohe Luftdurchlässigkeit Bauschäden, Energieverluste und zudem mangelndes Wohlbefinden verursachen können. Es ist möglich, eine Luftdichtung (Dampfbremse) zu wählen, die keinen Kunststoff enthält (z.B. auf Bitumen- oder Paraffinbasis). Wichtig ist allein, daß die Anschlüsse luftdicht sind. Sie müssen aber nicht unbedingt extrem dampfdicht sein. Vor der Verwendung einer allzu durchlässigen (oder gar keiner) Dampfbremse ist aber zu warnen, da aus physikalischen Gründen im Winter ein starkes Dampfdruckgefälle von innen nach außen herrscht. Die entsprechende Feuchtigkeitsdiffusion kann zu Kondensbildung in der Wärmedämmschicht und einer Verschlechterung der Dämmwirkung führen. Daher ist auf jeden Fall zu prüfen, ob die Dampfbremse wirklich dampfdichter ist als alle weiter außen liegenden Ebenen des Wand- bzw. Dachaufbaus. Eine hohe Luftdichtigkeit der Bauhülle garantiert nicht nur weniger Energieverluste, sondern mindert auch das Risiko von Bauschäden. Bauschäden in Außenwänden sind oft auf Luftleckstellen zurückzuführen, auch wenn insbesondere Feuchteschäden fälschlicherweise allzu oft als Folge der Dampfdiffusion deklariert werden. In Wirklichkeit sind solche Feuchteschäden gerade beim Leichtbau (auch Dachwärmedämmung) häufig auf eine Luftströmung zwischen den Bauteilschichten zurückzuführen. Gefährdet sind dabei die nahe der Dämmung liegenden, kalten Hohlräume. In alten Holz-ständerbauten sind schlecht abgedichtete Außenwände oft nur dank der ebenfalls undichten Fenster und Türen tauwasserfrei. In Niedrigenergiehäusern, in denen diese beweglichen Bauteile dicht sind, ist die Luftsperre in der Außenwand deshalb von größter Bedeutung! Die Folien müssen aus-reichend überlappen und sind - auch an An-schlußstellen - konsequent mit Spezialklebe-bändern zu verkleben. Die fachlichen Mei-nungen zu dieser Problematik widersprechen sich. Man hat das Gefühl, daß die For-schungsergebnisse in punkto »luftdichtes Energiesparhaus« nicht ausgereift sind. Für uns ein Grund mehr, auf übermäßig ge-dämmte Wände zu verzichten und eher tra-ditionelle Erfahrungen im Holzständerbau aufzugreifen, auch unter wohnphilosophi-schen Aspekten.

Holzschutz und Anstrich

Baulicher Holzschutz

Trocknung ist der beste Holzschutz. Unter-halb von 18% Holzfeuchte ist ein Pilzbefall nicht möglich, unter 8–10% Feuchte ent-wickelt sich auch der Holzwurm und Haus-bock nicht mehr. Werden Pfähle und Latten nie richtig trocken, sind sie ein gefundenes Fressen für Holzschädlinge. Morsche Balken mit Fraßlöchern, aus denen das Holzmehl rieselt, gehören zu den Horrorvisionen eines jeden Eigenheimbesitzers. Holzwürmer legen ihre Eier in Risse und Spalten des Holzes. Aus dem Ei schlüpft die Larve, die der eigentliche Holzzerstörer ist, denn sie lebt im und vom Holz. Durch die sog. Fluglöcher verläßt das nach der Verpuppung der Larve neu entstandene Insekt das Holz. Holz-wurmbefall erkennt man an den kleinen »schrotschußartigen« Löchern. Ausgeworfe-nes Holzmehl ist ein Zeichen dafür, daß die Larven noch tätig sind. Schwer zu erkennen ist der Befall durch einen anderen Schädling: den Hausbock. Seine Larven fressen ihre Gänge bis dicht unter die Holzoberfläche

und lassen oft nur eine papierdünne Holz-schicht stehen. Was Sie von außen sehen, ist vermutlich nur ein Bruchteil des Schadens. Schalten Sie umgehend einen Fachmann für Schädlingsbekämpfung ein. Zu den wichtig-sten pflanzlichen Holzschädlingen gehören Schwämme, Pilze, Fäulnis und Bläue. Sie zerstören das Holz, indem sie die Zellulose (Braunfäule) und das Lignin (Weißfäule) abbauen. Ein Schutz gegen holzzerstöreri-sche Pilze ist erforderlich, wenn die Gefahr besteht, daß die durchschnittliche Holz-feuchte über einen längeren Zeitraum (meh-rere Wochen) 20% wesentlich überschreitet. Zeigen sich Spuren von Bläuepilzen oder gar Schadinsekten, so lassen sich frühzeitig Gegenmaßnahmen einleiten, zum Beispiel durch alternative Methoden (wie Abschlei-fen und Heißluftverfahren).

Der bauliche Holzschutz richtet sich vor allem gegen aufsteigende Feuchte, Regen-wasser und die bereits im Kapitel »Dampf-bremse?« behandelte Kondensation. Der aufsteigenden Feuchte kann man durch Drainagen sowie durch Lüftung und Isola-tion der Grundmauern und Decken (Teer-pappe, Bitumen, Folien) begegnen. Regen-wasser sollte immer gut abfließen können. Man schützt das Haus durch dessen rei-bungslose Abführung, einen breiten Dachü-berstand, Regenschienen, zurückgesetzte Fensterlaibungen, eine Sockelhöhe von möglichst 20 cm (bei Pflaster 30 cm), abge-deckte Fugen, verdecktes oder abgeschräg-tes Hirnholz, stumpfe Holzkanten. Tropfkan-ten und Vorsprünge über den Fenstern sind sinnvoll. Zur Vermeidung von Baufeuchte gehört auch die rasche Eindeckung des Hau-ses. Eine Kiesschicht rund um das Haus schützt vor Bodennässe. Außerdem kann man durch die Verwendung von besonders widerstandsfähigen Holzarten sowie von abgelagertem Kernholz viel für den Holz-schutz tun. Damit an Nägeln und Schrauben kein Wasser ins Holz dringt, sollte man diese möglichst von unten oder seitlich ins Holz treiben. Für tragende und unverkleidete Teile sollte man Brettschichtholz (Leimholz) ein-setzen, da es wesentlich fester und wider-standsfähiger als Vollholz ist. Die Wärme-

dämmung und die Anbringung von Dampfsperren sollte erst nach ausreichender Aus-
trocknung des Neubaus erfolgen. Lagern Sie
Holzbauteile niemals dicht an dicht, sondern
stets so, daß sie gerade und fest aufliegen,
aber die Luft zwischen den Teilen zirkulieren
kann. Außerdem sollen sie trocken – möglichst in derselben Umgebung, in der sie verbaut werden sollen – liegen oder abgedeckt

werden. Verbauen Sie altes Holz nur dann,
wenn Sie absolut sicher sind, daß es trocken
und nicht von Holzschädlingen befallen ist.
Auch vom Gartenmobiliar sollte das Regenwasser immer gut abfließen können. Den sichersten Schutz vor Erdfeuchtigkeit bieten
einbetonierte Metallfüße, die eine kleine
Luftschicht an der unteren Seite der Hölzer
ermöglichen – zum Beispiel bei der Pergola.

Ein Holzhaus kann
einen deckenden
(oben) oder lasie-
renden (unten)
Anstrich bekom-
men.
Auf jeden Fall sollte
es sich um eine
diffusionsoffene
Farbe handeln. Bei
einer farbigen
Dünnschichtlasie-
rung ist die Holz-
maserung nach wie
vor sichtbar. Lasuren
blättern nicht ab, sie
können jederzeit
(ohne vorherige
Behandlung) über-
strichen werden. Sie
sind außerdem ein
guter Holzschutz

101

① Mit Holzschutz gestrichene Fassade: Wasser perlt ab
② Unbehandeltes Holz: Wasser dringt ein

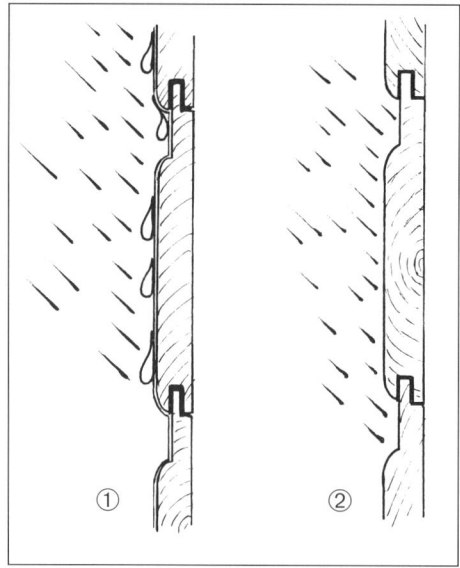
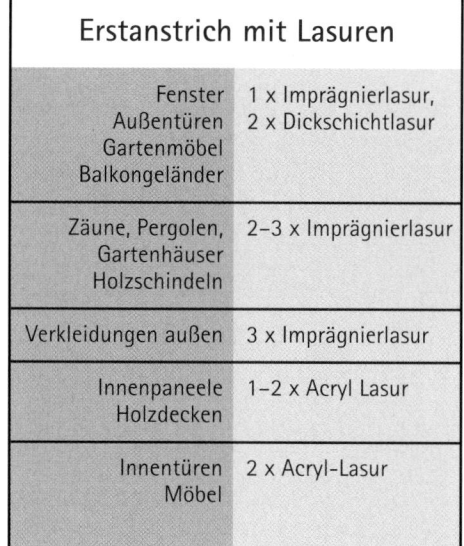

Erstanstrich mit Lasuren	
Fenster Außentüren Gartenmöbel Balkongeländer	1 x Imprägnierlasur, 2 x Dickschichtlasur
Zäune, Pergolen, Gartenhäuser Holzschindeln	2–3 x Imprägnierlasur
Verkleidungen außen	3 x Imprägnierlasur
Innenpaneele Holzdecken	1–2 x Acryl Lasur
Innentüren Möbel	2 x Acryl-Lasur

Chemischer Holzschutz

Imprägniermittel, Lasuren und Lacke mit giftigen Wirkstoffen lassen sich mit den Prinzipien des gesunden Wohnens nicht vereinbaren. Es ist widersinnig, den gesunden Baustoff Holz zu vergiften. Mittlerweile hat sich herumgesprochen, daß Giftstoffe gegen Pilze und Insekten auch für den Menschen alles andere als gesund sind. Der chemische Holzschutz mit öligen oder wasserlöslichen Holzschutzmitteln kann den baulichen Holzschutz nur unterstützen. Vorbeugende Holzschutzmaßnahmen mit chemischen Mitteln sind bei der heutigen Bauweise meist völlig überflüssig. Allein im Außenbereich sind der bauliche und der sog. chemische Holzschutz gleichermaßen wichtig. Im Inneren des Gebäudes kann, wenn die Voraussetzungen gegeben sind, auf jeden chemischen Holzschutz verzichtet werden. Bei tragenden Teilen im Außenbereich, die innenseitig verkleidet sind, ist der chemische Holzschutz allerdings ein Muß. Dazu zählen kesseldruckimprägnierte Pfähle. Das sind Hölzer, in die unter hohem Druck für Schädlinge giftige Metallsalze tief hineingepreßt worden sind. Die meisten der heute auf dem Markt angebotenen biologischen Holzschutzmittel verfügen nicht über eine ausreichende Wirkung. Wer dennoch die chemischen Lösungen meiden will, dem sei im Falle größerer Befallswahrscheinlichkeit ein zweimaliger Auftrag (Streichen, Sprühen oder Tauchen) mit acht- bis zehnprozentiger und möglichst heißer Boraxlösung empfohlen. Dabei sollten besonders Holzrisse nach abgeschlossener Trocknung sorgfältig imprägniert werden. Borax ist ein bekanntes Desinfektionsmittel, das für den Menschen relativ unschädlich ist. Unter den Angeboten natürlicher Erzeugnisse finden sich fertige Borax-Imprägnierungen, bei denen die Bindemittel auf Naturharzbasis für einen Schutz gegen Auslaugung des Salzes sorgen. Gleichzeitig schließen sie feine Risse, die der Eiablage holzschädlicher Insekten dienen können.

Konstruktiver Holzschutz durch ausreichenden Dachüberstand

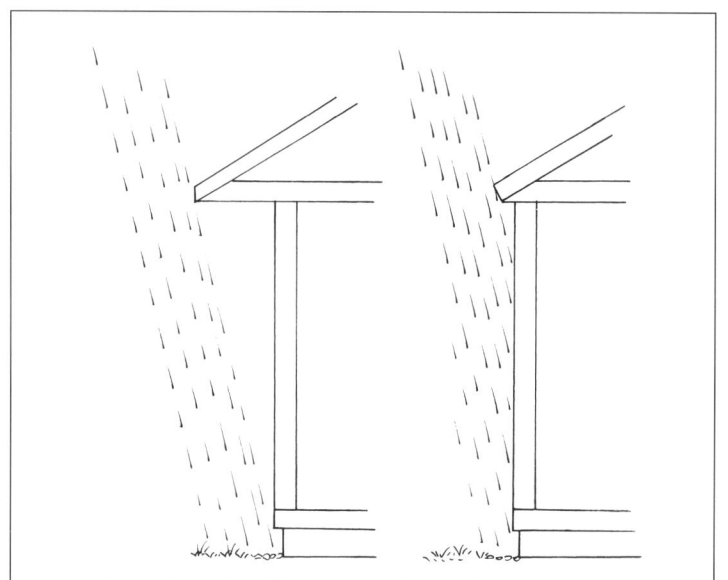

Das Borsalz darf allerdings nicht ins Grundwasser eindringen! Auch Sodalösung und Holzaschenlauge sind altbewährte Holzschutzmittel. Sie sind jedoch nicht so wirksam wie Borax. Wo Holzschutzmaßnahmen mit amtlich zugelassenen Mitteln behördlich vorgeschrieben sind, sollte man handelsübliche Borpräparate (B-Gruppe im Holzschutzmittel-Verzeichnis) verwenden. Diese Produkte sind jedoch nicht baubiologisch geprüft. Amtlich überprüfte Holzschutzmittel tragen das Gütezeichen RAL-Holzschutzmittel für Wirksamkeit gegen Holzschädlinge und gesundheitliche Unbedenklichkeit.

Farbig gestrichenes Holz mit sichtbarer Holzmaserung?

Eine immer beliebtere Methode der Holzoberflächenbehandlung ist das Auftragen von Holzlasuren, auch Wetterschutzlasuren genannt. Ungeschütztes Holz saugt das Wasser auf, während es von dem mit einer Lasur geschütztem Holz regelrecht abperlt. (Anstriche machen auch das Bootssperrholz außerordentlich dauerhaft.) Zugleich haben die Farben eine dekorative Funktion. Dazu möchte ich Ihnen eine kleine Geschichte erzählen: Während des Innenausbaus unseres Hauses erhielten wir eine Lieferung von Innenpaneelen. Die Holzfassade des Hauses war zu diesem Zeitpunkt bereits mit dem Gelbton »Mais« gestrichen. Kaum war der Lieferant aus seinem Auto gestiegen, stierte er immerzu auf das Haus und rief: »Mann, ist das ein schönes Haus!«, womit er vor allem dessen Farbe meinte. Er wiederholte seine Bewunderung noch öfter und lief schließlich um das Haus herum, um es von allen Seiten zu betrachten. Dabei strich er hier und da mit seiner Hand sanft über die Fassade und sah sich die Holzpaneelen ganz genau an. Er hatte nämlich entdeckt, daß die Holzmaserung trotz Farbe sichtbar ist. Dadurch hatte die Fassade einen raffinierten Gesamteindruck gewonnen. Maserung und Astlöcher schimmern wie ein leichtes Ziermuster durch die seidig glänzende und strahlende Farbe.

Durch die Pigmentierung erhält das Holz einen UV-Schutz. Allgemein werden ultra-violette Strahlen für das Nachdunkeln des Holzes verantwortlich gemacht. Hier wird das Lignin, ein charakteristischer Bestandteil verholzter, pflanzlicher Gewebe in einem photochemischen Prozeß umgewandelt, bis das Holz vergraut. An der Südseite angebrachte Bretter verändern ihre Farbe schneller und intensiver als die an der Nordseite. Es kann wirtschaftlicher sein, eine Fassade vergrauen bzw. verwittern zu lassen, als sie in regelmäßigen Abständen zu streichen. Aber die in der natürlichen Färbung des Holzes belassenen Häuser sind nicht jedermanns Sache. Eine von der Patina vergraute Fassade später farbig zu lasieren, ist nicht empfehlenswert. Viele Bauherren schrecken vor einem Farbanstrich ihres Holzhauses zurück, weil sie der Meinung sind, die Renovierungsarbeiten seien viel zu aufwendig und Farben enthielten Giftstoffe. Das liegt vor allem an der Unkenntnis der verschiedenen Farbstoffe. Wenn Sie nichts anderes zu tun brauchen, als alle drei Jahre die Fassade Ihres Hauses mit Farbe und Pinsel zu überstreichen, ohne die alte Farbe bearbeiten zu müssen, würden Sie es dann farbig gestalten? Dabei können Sie Farbspritzer ganz einfach mit einem nassen Lappen entfernen. Und sie haben eine phantastische Auswahl von Tönen und Nuancen. Auf Wunsch kann man sich nach eigenem Farbmuster ausgefallene Nuancen mischen lassen. Endlich Lust bekommen, zum Pinsel zu greifen? Umso mehr, wenn es für Sie als ungebrochenen Verehrer des antiken Flairs der belassenen Holzstruktur farbliche Alternativen gibt, die die Struktur und Maserung des Holzes – trotz Farbe – sichtbar belassen? Wenn Sie neugierig geworden sind, dann lesen Sie weiter!

Von Baubiologen empfohlen werden Mineralfarben, poröse Lasuren, Casein- und Silikatfarben, Holzanstriche auf Leinölbasis; von Baubiologen abgelehnt werden Dispersionen und andere harte Kunststoffanstriche. Beginnen wir mit den ganz »normalen« Baumarktfarben. Von den Baubiologen werden sie abgelehnt. Eine Alternative des Farbenangebots im Baumarkt bilden die wasserverdünnbaren lösemittelreduzierten

Acryllacke (Dispersionsfarben), die in den letzten Jahren vielfach die konventionellen lösemittelhaltigen Alkydharzlacke im Heimwerkerbereich verdrängt haben. Acryllacke und Alkydharzlacke dürfen nicht gemischt werden! Eine farblose Lasur hingegen kann mit Acrylseidenglanzlack abgetönt werden. Auch dann bleibt die Maserung des Holzes sichtbar. Acryllacke (seidenmatt oder glänzend) sind ansonsten deckende Dispersionsfarben. Sie enthalten nur geringe Mengen an organischen Lösemitteln und keine gesundheitsschädlichen Schwermetalle. Anstrichstoffe mit dem »Blauen Engel« haben nur wenig Lösemittel (10%) und keine Wirkstoffe gegen tierische und pflanzliche Holzschädlinge. Sie trocknen innerhalb von ein bis zwei Stunden und Spritzer lassen sich – wenn sie noch nicht trocken sind – mit einem nassen Lappen ganz leicht entfernen. Acrylfarben neigen aufgrund ihrer Elastizität auch bei Formänderungen des Holzes infolge von Quellen und Schwinden nicht zur Rißbildung. Sie können auch auf Holz aufgebracht werden, das vorher mit Lasurmitteln behandelt wurde. Anstriche mit Kunstharzfarben (Alkydharzlack) sind dagegen nicht atmungsfähig. Solche Lackierungen platzen oft ab, sie müssen sorgfältig abgeschliffen oder abgebeizt werden. Im Fall der Renovierung ein viel zu hoher Arbeitsaufwand! Dunkles oder dunkelgetöntes Holz heizt sich bei Sonnenlicht unter der Oberfläche bis zu 70 Grad auf. Inhaltsstoffe wie Wasser, Öle und Harze gehen dabei teilweise in den dampfförmigen Zustand über und suchen Platz für ihr dann größeres Volumen. Der unter dem meist plastischen Überzug sich entwickelnde Dampfdruck ruft Blasen hervor, die irgendwann reißen. Das Öl in der Alkydfarbe hat zehnmal größere Moleküle als das Leinöl und dringt deshalb gar nicht tief in das Holz ein. Noch viel größer sind die Moleküle der Latexfarbe, die dadurch trocknet, daß ihre Molekülkugeln zusammenkleben und sich wie eine Schicht auf den Untergrund legen. Die Farbe dringt überhaupt nicht in den Untergrund ein. Feuchtigkeit dringt in die Farbe ein und kann danach nicht verdunsten. Die Folge ist, daß das Holz verfault. Das hat verheerende Wirkung auf das Holz. Wie die Farbe trocknet, hat große Bedeutung für das Holz. Mit Kunstharzlack beschichtetes Holz wirkt zudem unnatürlich, so als wäre das Haus durch und durch aus Plastik.

Ganz anders bei einer lasierten Holzfassade! Fragen Sie in Fachhandelsgeschäften oder in Biobaumärkten nach speziellen Lasuren auf biologischer Leinölbasis. Lasuren wittern ab, ohne abzublättern. Sie bleichen nur etwas aus. Die Nachbehandlung ist deshalb spielend leicht und – ebenso wie bei Acrylfarben – ohne Entfernung des alten Anstrichs möglich. Tatsächlich kann bei der Verwendung von Dünnschichtlasuren der natürliche Holzcharakter weitgehend erhalten bleiben. Allerdings müssen die Fassadenbretter vor dem Anstrich unbedingt grundiert werden, sonst droht der Bläuepilz. Achten Sie darauf, daß auch die Grundierung keine Giftstoffe enthält. (Mit Lacklasuren kann man in einem Arbeitsgang beizen, grundieren und lackieren.) Lasuren haben einen niedrigen Wasserdiffusionswiderstand. Es besteht daher keine Gefahr der Feuchteansammlung im Holz unter dem Anstrichfilm. Farblose oder schwach pigmentierte Anstriche schützen nicht vor UV-Strahlung. Eine dunkle Pigmentierung führt widerum zu einer stärkeren Erwärmung bei Sonneneinstrahlung. Je heller, desto wetterempfindlicher ist die Lasur. Dann ist eine Grundierung noch wichtiger, insbesondere bei Nadelholz und an der Wetterseite des Hauses. Wasserverdünnbare Lasuren lassen sich ab ca. 10 Grad verarbeiten, möglichst aber nicht bei praller Sonne oder bei Regen. Das gilt auch für andere Farben. In der verschlossenen Dose lassen sich Lasuren kühl und frostfrei über Jahre hinweg lagern. Die Pinsel können, ebenso wie bei den Acrylfarben, mit Wasser und Seife ausgewaschen werden.

Kaufen Sie keine Farbdose ohne ausführliche Beschreibung des Inhalts. Wenn Sie eine Dickschichtlasur auf Leinölbasis kaufen, müssen Sie den Trockengehalt der Farbe beachten. Dieser zeigt, wieviel Lösungsmittel die Farbe enthält. Wählen Sie eine Farbe mit möglichst wenig Lösungsmitteln. Mit hohem

Trockengehalt ist die Farbe ergiebiger. Also nicht auf den Literpreis schauen. Leinölfarbe wird ebenso wie Leimfarbe, Kalktünche und Emulsionsfarbe aus Bestandteilen, die aus der Natur kommen, hergestellt: Roggen, Lein, Knochen, Holz, Kalk oder Eier. Die restlichen Rohstoffe gehen zurück in die Natur, ohne diese zu schädigen. Wer die Farbe selber mischen will, sollte sich sehr gut beraten lassen! Bei falscher Handhabung kann es nach kurzer Zeit zu Schäden an der Fassade kommen. Es macht Spaß, die eigene Farbe aus gekochtem, kaltgepreßtem Leinöl, Pigmenten und Zitrus- oder Balsamterpentin herzustellen. Man braucht nur eine gewöhnliche Küche. So kann man seinen speziellen Farbton finden. Je mehr Leinöl man zusetzt, um so glänzender wird die Farbe. Denken Sie daran, daß auch die umgebende Bebauung und die Natur die Farbenauswahl beeinflussen. Auch das Licht hat große Bedeutung dafür, wie die Farbe wirkt. Im allgemeinen gilt, daß eine Lasur für ungehobeltes Holz und Leinöl für das gehobelte Bauholz verwendet wird. Man kann aber durchaus auch umgekehrt verfahren. Auch die deckende Leinölfarbe altert, ohne abzublättern, wenn sie dünn aufgetragen wurde. Dann kann man mehrmals überstreichen, ohne die untere Schicht zu entfernen. Das Leinöl dringt in das Bauholz ein, die Farbe bleibt sehr lange schön. Sie wird kreidig, wenn sie altert. Dann weiß man, daß es Zeit ist, die Fassade aufzufrischen. Die Leinölfarben traten in Skandinavien im 19. Jahrhundert zusammen mit der Paneelenverkleidung der Fassaden auf. Man bevorzugte helle Farbtöne wie Gelb, Weiß, Grau und Rosa. In der Regel streicht man die Leinölfarbe dreimal, um ein gutes Ergebnis zu erzielen. Beachten Sie unbedingt, daß die Farbe sehr dünn gestrichen wird, sonst dauert der Trocknungsprozeß sehr lange, und es entsteht eine »runzelige« Farbenhaut. Kaufen Sie nur reine Leinölfarben!

Die rote Tünche aus Falun

Schwedens populärste Fassadenfarbe

Die Tünche, die in Schweden »Falu Rödfärg« genannt wird, ist eine dunkelrote Lasur, der man nur positive Eigenschaften zuschreibt! Sie ist umweltfreundlich, leicht instandzuhalten und nicht gesundheitsschädlich. Außerdem kann man sie ganz einfach selber herstellen. Früher hatte jeder »Rotfärber« in Skandinavien sein eigenes Rezept. Was die Farbe rot macht, sind die Eisenoxyde. Eisenoxyd ist ein Nebenprodukt aus den Bergwerken Faluns in Dalarna. Man ist der Ansicht, daß die Farbe eine konservierende Wirkung auf das Holz ausübt, weil sie Eisenvitriol enthält. Die Fabrikmarke des Pigments lautet: »Falu Rödfärg«. Viele Jahrhunderte waren die Holzhäuser in Schweden ungestrichen und bekamen ihre graue Farbe von Wind und Wetter. Im 17. Jahrhundert fing man langsam an, die Wohnhäuser in den Städten und später auf dem Land rot zu streichen. Die Tünche hält am besten auf Bauholz oder auf ungehobeltem Paneel. Man kann sie sowohl bei trockenem als auch bei feuchtem Wetter verstreichen, aber der Untergrund muß trocken sein. Bei hellem Sonnenlicht trocknet die Farbe zu schnell und ist nicht so dauerhaft. Eine bereits getünchte Fläche braucht man nur einmal zu streichen, eine ungestrichene zweimal. Warten Sie ein Jahr, ehe Sie das zweite Mal streichen; so hat die Farbe Zeit zu reifen. Am besten ist es, wenn die Bretter vor der Montage an der Fassade schon einmal gestrichen wurden. Der zweite Anstrich kann direkt an der Fassade erfolgen. Selbstzubereitete Farbe läßt sich etwa zwei Wochen lang lagern – kühl und frostfrei. In Schweden gibt es auch fertige Falunrot-Farben mit Zutaten von Alkyd oder Latex. Diese haben ganz andere Eigenschaften als die traditionelle Tünche. Eine Fassade, die mit Tünche gestrichen ist, hält 8-20 Jahre, abhängig vom Klima und von der Himmelsrichtung. Eine getünchte Fläche sollte immer wieder mit Tünche gestrichen werden.

105

Rezeptur: Für 40–50 Liter Falu Rotfarbe brauchen Sie 50 Liter Wasser, 2 Kilo Eisenvitriol, 2–2,5 Kilo feingemahlenes Roggenmehl (oder Weizenmehl), mindestens 8 Kilo Pigmente für die helle Falu Rotfarbe (Falu ljus). Kochen Sie 45 Liter Wasser in einem Kessel oder in einem kleinen Ölfaß. Das Gefäß sollte ungefähr 100 Liter fassen, weil die Farbe sonst leicht überkocht. Gießen Sie das Eisenvitriol in das siedende Wasser und rühren Sie um, damit es sich auflöst. Schlagen Sie 2 bis 2,5 Kilo Mehl in 5 Liter kaltes Wasser. Gießen Sie das angedickte Mehl in das siedende Wasser, lassen Sie es aufkochen und dann weitere 15 Minuten kochen. Geben Sie dann das Pigment hinzu, während Sie kräftig umrühren. Mit mehr Pigment wird die Farbe kräftiger. Lassen Sie die Farbe mindestens noch 30 Minuten kochen. Die Kochzeit beeinflußt die Konsistenz der Farbe. Suchen Sie eine Konsistenz, die ihnen gefällt. Stecken Sie ein kleines Hölzchen hinein, um zu kontrollieren, ob die Farbe am Holz haften bleibt. Wenn die Farbe fertig ist, können Sie mit dem Streichen beginnen. Warme Farbe dringt besser in den Untergrund ein, aber man kann auch mit kalter Farbe streichen.

Kein Problem!
Die Innenwände

Konstruktion und Ständer

Aus Gründen des Brandschutzes (Zweifamilienhaus) und der Wärmespeicherung lohnt es sich unter Umständen, in einem Holzhaus eine Steinwand einzuziehen (zum Beispiel aus Porenbetonsteinen (Ytong) oder Natursteinen bzw. Ziegel zur Verzierung hinter dem Ofen). Ansonsten gibt es dazu keinen Grund. Außerdem wird der Keller – auch im Holzbau - meistens aus Stein errichtet. Leichtbauwände sind ungefähr 30% billiger als gemauerte Zwischenwände. Sie sind bloß 10 cm dick, wodurch viel Platz gespart wird. Solche Wände dämmen den Schall ebensogut wie eine 24 cm dicke Steinwand. Unter dem Begriff »Innenwand« versteht man im Holzbau auch das Ständerwerk der Innenwände. Es kann auf Wunsch von der Zimmerei, die das Ständerwerk Ihres Hauses erstellt, gleich mit eingebaut werden. Wir raten jedoch davon ab, da Sie die endgültige Abmessung der Räume auf diese Weise noch beeinflussen können. In der

1

2 △

3 ▽

1 Die Innenwände
in einem Holz-
ständerhaus
können abwechs-
lungsreich
gestaltet werden
(oben Gipsplatte
für Schmuck-
tapete, unten
Holzpaneele
für passende
Farblasur)

2 Außenwand
mit Steinwolle
isoliert, blaue
Dampfbremse
(Pappe) und OSB-
Platte; Innen-
wandständer aus
Holz und Metall

Realität gestalten sich nämlich die Dinge
meistens etwas anders als auf dem Plan. Bei
der Erstellung der Innenwände werden die
Vorteile des Eigenbaus deutlich spürbar.
Man kann jetzt »korrigierend« in den Plan
eingreifen. Auf jeden Fall wird die Zimmerei
zumindest die tragenden Innenwände (Ständer) berücksichtigen. Es ist nicht schwer, die
Innenwände selbst zu erstellen. Zunächst
wird der genaue Wandverlauf anhand der
Grundrißzeichnung auf dem Boden mit
Schnurschlag oder Richtscheit und Kreide
aufgezeichnet und anschließend mit Lot und
Wasserwaage auf die Außenwand und die
Decke übertragen. Die Grundrißzeichnung
wird quasi realitätsgetreu vergrößert. Sie
können nun noch einmal überprüfen, ob
wirklich alles in Ihrem Sinne ist. Auch
Sanitäreinrichtungen, Herd, Kühlschrank
und Möbel können auf dem Fußboden markiert werden, so daß man eine klare Vorstellung von der Größe des Raumes gewinnt.
Natürlich muß dabei die Dicke der Wände
beachtet werden. Außerdem werden die Innentüren eingezeichnet. Berücksichtigen Sie
zudem unbedingt das Rohbaumaß der
Türen! Die Höhe bzw. der Aufbau des Fußbodens spielt eine wichtige Rolle.

3 Mit Zellulose
isolierte Innen-
wände. Die
Zellulose wird
vom Fachmann
eingeblasen

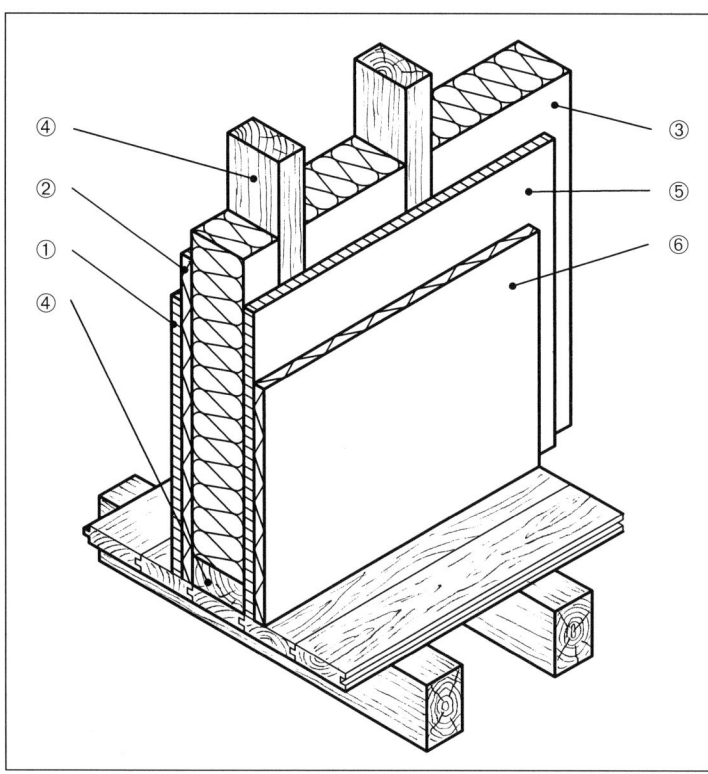

INNENWAND-
AUFBAU

① Gipsbauplatte,
  12,5 mm
② OSB-Spanplatte,
  15 mm
③ Dämmung
④ Ständerkon-
  struktion
⑤ alternativ zu ①:
  N–F Rauhspund-
  schalung
⑥ Gipsplatte

Für Holzständer werden Kanthölzer in der Stärke 6 x 8 cm eingesetzt, so daß eine bis zu 8 cm starke Wandisolierung eingebracht werden kann. Zunächst wird das Schwellholz zugeschnitten und mit Dübeln und Metallwinkeln in dem Fußboden verankert. Zum Schutz vor aufsteigender Feuchtigkeit sollte eine Lage Dachpappe darunter gelegt werden. Über und unter der Decke sind Dämmstreifen sinnvoll (Schallschutz). An den Kanthölzern, die auf diese Balken genagelt werden, bringt man einen Winkel oder eine L-förmige Metallschiene an. Das Deckenholz in gleicher Weise anbringen, die senkrechten Balken im Abstand von 50–60 cm einpassen, fest verkeilen und mit Winkeleisen befestigen. Bei dem Abstand der Ständer kann die Breite der Bauplatten berücksichtigt werden, mit denen die Innenwände verkleidet werden, so daß die Kanten der Platten auf den Ständern aneinander stoßen. Es ist sinnvoll, zur Versteifung der Innenwände Querstreben einzubauen. Sie können gleichzeitig zum Aufhängen von schweren Gegenständen dienen. Dies ist vor allem dann ratsam, wenn Sie die Wände in

Bad und Küche nur mit Gipsplatten verkleiden möchten. Schwere (Geschirr-)Schränke oder Sanitärobjekte lassen sich später an den Querbalken fest und sicher verankern. Zeichnen Sie unbedingt auf, wie die Wand von innen aussieht, und heften Sie die Zeichnung gut ab. Das gilt auch für Strom- und Rohrleitungen. Sonst wissen Sie später nicht mehr, wo die Leitungen und Querstreben verlaufen. Dazu kann auch ein Foto dienen, auf dem ein an die Wand angelegter Zollstock zu sehen ist. Für die Aufhängung der Sanitärobjekte werden von verschiedenen Herstellern vorgefertigte Montageelemente angeboten. Sie sind aber teuer.

Man kann auch Metallprofile als Innenständer einsetzen, die quasi ineinandergestellt werden. Sie haben den Vorteil, daß keine zusätzlichen Beschläge und Winkel erforderlich sind. Wir selbst haben mit Holzständern die bessere Erfahrung gemacht, es gibt aber auch andere Meinungen. Der Schallschutz spricht für die Metallprofile. Auch eine kombinierte Bauweise aus Holz- und Metallständern ist möglich. Die Profile aus Leichtmetall können mit der Blechschere maßgerecht zugeschnitten und mit Drehstiftdübeln befestigt werden. Es wird zwischen UW-Rahmenprofilen und CW-Ständerprofilen unterschieden.

Bei Innenwänden, die im Dachgeschoß quer zu den Sparren stehen, müssen die Querhölzer der Unterkonstruktion präzise ausgeklinkt werden. Vor dem Ausfachen der Ständerkonstruktion mit Isoliermatten muß die Kabel- und Rohrverlegung darin abgeschlossen sein. Erst danach können die Wände geschlossen werden. Die Frage ist, womit? Als unterste Beplankungsschicht stehen Gipsplatten oder Spanplatten zur Verfügung. Diese können tapeziert, verputzt oder verfliest werden, oder man verkleidet sie mit Holz, d.h. mit Kassetten oder Paneelen. Dabei spielen die unterschiedlichen Eigenschaften der Werkstoffe eine wesentliche Rolle. Zum Verfliesen, Tapezieren oder Verputzen eignen sich vor allem Gips- bzw. Fermacellplatten. Wenn man eine Lattung auf Gipsplatten aufschraubt, lassen sich auch Paneelen anbringen. Auf die Spanplat-

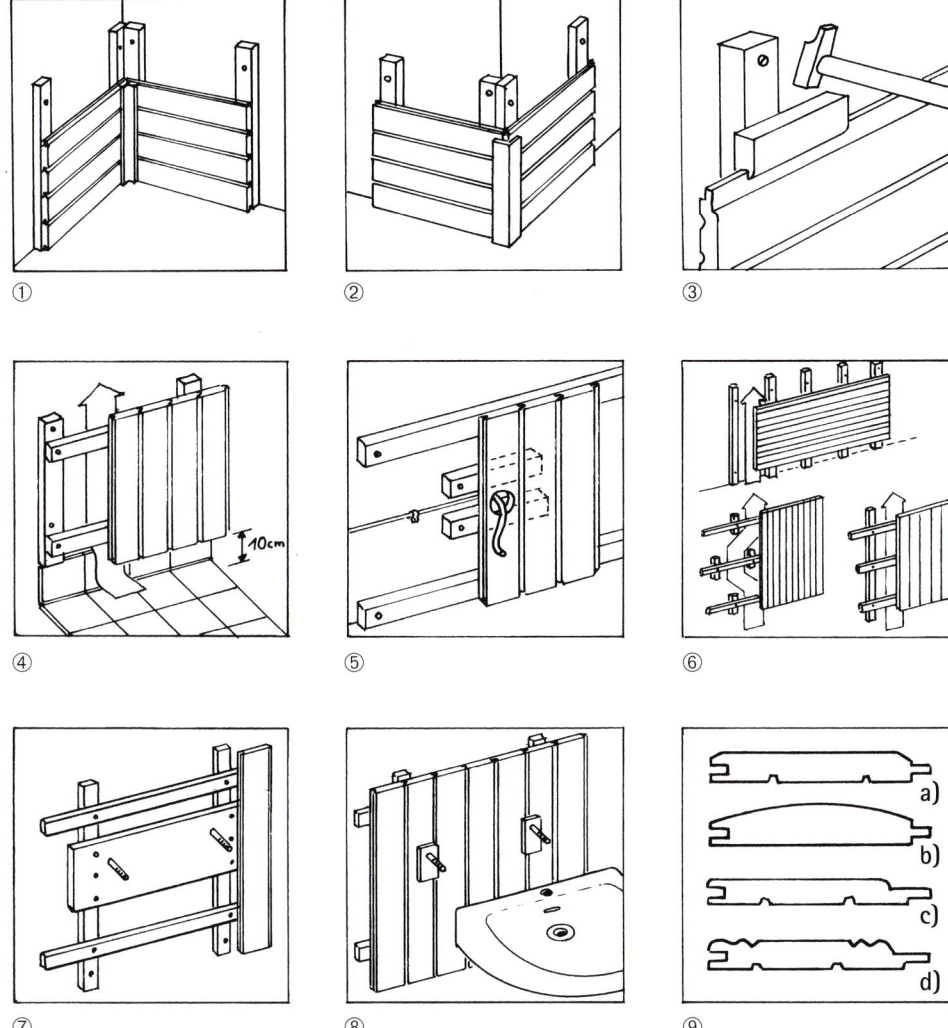

① ② Eckenausbildung

③ leichtes Anklopfen mit einem Reststück

④ Wandverkleidung im Bad. Am Fliesensockel auf genügend Abstand zur Hinterlüftung achten

⑤ Elektroinstallation mit der Lochsäge ausbohren

⑥ Hinterlüftung

⑦ Unterkonstruktion für Waschbecken

⑧ Waschbeckenbefestigung

⑨ a) Profilbrett mit Schattennut
b) Blockhausprofil
c) Softlineprofil
d) Landhausprofil

10cm

a)
b)
c)
d)

ten hingegen können die Holzpaneelen, an deren hinterer Brettseite Hinterlüftungsrillen eingearbeitet sind, auch direkt angebracht werden. Dennoch empfiehlt sich eine dünne Lattung zur Hinterlüftung der Paneelenwand. Spanplatten besitzen gegenüber Gipsplatten eine große Steife und Festigkeit. Nägel, Schrauben und Dübel finden in den Spanplatten später stärkeren Halt. Gipsplatten wiederum tragen besser zum Schallschutz bei. Die Entscheidung für oder gegen einen bestimmten Baustoff zur Innenwandverkleidung ist demzufolge von unterschiedlichen Faktoren abhängig, besonders in Feuchträumen, wie im übernächsten Abschnitt nachzulesen ist. Kaufen Sie also nicht wahllos Material ein, sondern legen Sie ganz genau fest, wie die einzelnen Räume und Wände gestaltet werden sollen. Nun gehen Sie also schon zur kreativen Innenraumgestaltung über. Das ist gar nicht so einfach, denn Sie müssen alle raumspezifischen Gesichtspunkte berücksichtigen (Feuchträume, Brandwände, ggf. zusätzliche Schall- oder Wärmedämmung, Gestaltungsabsichten). Am besten, Sie skizzieren einen Grundrißplan des Hauses und tragen darin die vorgesehene Beplankung der einzelnen Wände beidseitig ein. Dann können Sie in Ruhe überlegen, ob es technisch machbar ist, und ausrechnen, welches und wieviel Material Sie benötigen. Gleichzeitig haben Sie sich einen guten Arbeitsplan erstellt, quasi eine Arbeitsanleitung, die Sie für die Handwerker und Hilfskräfte im Haus aushängen sollten. Dann kann nichts mehr schiefgehen! Über die Isolierung der Innenwände lesen Sie bitte das Kapitel »Schallschutz« (Seite 126).

Werkstoffe für die Innenwand

Die gängigsten Werkstoffe für die Innenbeplankung sind Gipsplatten und Spanplatten. Die Lehmbauplatte bringt die Vorzüge des Baustoffes Lehm in den Trockenbau. Lehm ist ein Rohstoff, der mit denkbar wenig Aufwand zum Baustoff veredelt wird. Auch Holzfaserplatten können beim Innenausbau eingesetzt werden.

Gipskartonplatten lassen sich sehr leicht verarbeiten. Man braucht sie nur mit dem Cuttermesser anritzen und über eine scharfe Kante brechen. Wenn man Sägegeräusche hört, und dichte, weiße Staubwolken aus dem Rohbau aufsteigen, dann haben die Heimwerker diesen einfachen »Trick« nicht beachtet. Nur die Öffnungen für Steckdosen und Installationen sowie ungerade Teile werden mit der Loch- bzw. Stichsäge ausgeschnitten. Gipsplatten sind in Verbindung mit verschiedenen Brandschutzkonstruktionen in den Feuerwiderstandsklassen F 30, F 60 oder F 90 erhältlich. Die rote Farbe bezeichnet bei den Gipsplatten die Brandschutzqualität, die speziellen Feuchtraum-Gipsplatten sind grün. Ganz neutrale Gipsbauplatten sind einfach weiß bzw. grau. Die doppelte Beplankung bietet erhöhten Schallschutz. Sie ist notwendig, wenn die Wand anschließend verfliest werden soll. Die Platten werden mit Schnellbauschrauben an die Ständer befestigt. Gipsplatten sollen vor dem Streichen, Verfliesen oder Tapezieren grundiert werden. Die Stoßfugen werden mit handelsüblichen Gewebestreifen und Fugenspachtel ausgeglichen. Danach kann direkt tapeziert werden. Die moderne Dübeltechnik ermöglicht es, auch Lasten bis zu 50 kg an die Wände anzubringen. Dennoch sind eingebaute Querstreben in der Ständerkonstruktion oder eine Vorwandinstallation sinnvoll. Gipsplatten können auch an eine Wand geklebt werden, was sich aber nur dann anbietet, wenn gute und tragfähige Wände vorhanden sind. Eine spätere Korrektur ist nicht mehr möglich.

Eine Alternative zur Gipskartonplatte ist die etwas kostenaufwendigere Fermacellplatte aus Gips. Sie ist formstabile Feuchtraum- und Feuerschutzplatte in einem. Außerdem dämmt sie den Schall und ist enorm belastbar (50 kg je Dübel und 20 kg je Schraube). Fermacellplatten kann man tapezieren, streichen und fliesen, ohne zu grundieren.

In unserer Veranda beließen wir an einer Wand ein sichtbares Fachwerk. In die Fachwerke setzten wir Gipsplatten ein und verputzten sie mit Lehm, der die Sonnenwärme gut speichert

Mit einem Plattenreißer lassen sie sich – ähnlich wie die Gipskartonplatten – leicht schneiden. Sie können auch mit einer Stichsäge oder einem Fuchsschwanz gesägt werden. Fermacell ist kantenstabil. Schrauben und Nägel können bis 1cm zum Rand angebracht werden. Bei einer doppelten Plattenlage kann die zweite Lage mittels Fermacell-Schrauben direkt in die erste Lage geschraubt werden. Die Fugen feinspachteln; Bewehrungsstreifen, wie sie bei den Gipsplatten eingesetzt werden, sind bei Fermacell überflüssig. Die Plattenoberfläche wird durch späteres Ablösen der Tapete nicht beschädigt. Bei Schornsteinwangen muß eine mindestens 15 mm dicke Plasterschicht vollflächig auf das Mauerwerk aufgezogen und Fermacell hineingedrückt werden.

Ein beliebter Werkstoff für die Innenwände sind Spanplatten. Sie besitzen eine enorme Festigkeit. An einer 19 mm dicken Spanplatte lassen sich Geschirrschränke ohne weiteres anbringen. Da die Spanplatte aus 10% Bindemitteln besteht, und diese wiederum zum Teil aus Formaldehyd, ist im Innenbereich die Verwendung von Spanplatten gemäß E1 (Wert < 0,1ppm) vorgeschrieben. Für Menschen, die besonderen Wert auf eine gesundes Raumklima legen, wurden Spanplatten entwickelt, die den E1-Grenzwert bei weitem unterschreiten. Zum Teil wird hier die Bezeichnung E0 verwendet. Eine wertvolle Alternative zur Spanplatte ist die atmungsaktive OSB-Platte (siehe Seite 96). Mit ihren elastomechanischen Eigenschaften ähnelt sie mehr dem Sperrholz als den Spanplatten. Häufig kommt sie auch im Bereich der Fußböden und Dachschalungen zum Einsatz.

Die Wandverkleidung in Feuchträumen

Im Bad und auch in der Küche müssen spezielle Feuchtraumgipsplatten eingesetzt werden. Man erkennt sie an ihrer grünen Farbe. Schnell ist man geneigt, eine Mischung aus Span- und Gipsplatten als das Optimum für die Beplankung der Innenwände zu betrachten. Wissenschaftliche Forschungen stellen diese Lösung allerdings - insbesondere in Feuchträumen – in Frage. Wie im Kapitel »Der Rohstoff Holz« (Seite 13) nachzulesen ist, hat Holz die Eigenschaft, unter dem Einfluß von Feuchtigkeit zu schwinden. Bei Spanplatten verhält es sich nicht anders. Wenn wir uns nun also im Bad für eine Innenwandbeplankung mit dem Aufbau 10 mm Spanplatte, 12,5 mm grüne (feuchtraumgeeignete) Rigipsplatte und Fliesen entscheiden, kann es nach einigen Jahren Probleme geben. Unter dem Einfluß von Feuchtigkeit beginnt sich nämlich die Spanplatte im Laufe der Zeit zu wölben, nicht nur an bestimmten Stellen, sondern als ganzes Stück. Gipsplatten besitzen keine hohe Festigkeit, so daß sich die Wölbung des Holzes auf die Gipsplatte übertragen wird. Insbesondere an den Stoßkanten der Platten werden sich die Fliesen früher oder später lösen und abfallen. Die wichtigste Voraussetzung für solche Wände ist eine einwandfreie Feuchtigkeitssperre vor den Plattenwerkstoffen, die dauerhaft wirksam bleibt (zum Beispiel eine Verfugung mit Epoxikleber). Eine Feuchtigkeitssperre kann auch als ebene, dickere Schicht vollflächig aufgebracht werden. Je größer der Unterstützungsabstand der Spanplatte (Abstand der Ständer) ist, desto mehr wölbt sie sich. Die Fliesen sollten dann möglichst klein sein. Die direkte Unterlage von kunstharz- oder zementgebundenen Spanplatten oder deren Verwendung als hintere Lage bei zweilagiger Ausführung kann aber allgemein nicht empfohlen werden. (Besonders gefährdet ist der Fliesenbelag von Fußböden im Bereich der Plattenstöße bei Verlegung auf Lagerhölzern.) Bei Gipsplatten treten diese Formveränderungen im Prinzip ebenfalls auf. Sie sind aber weitaus harmloser. Auch bei der Auswahl der Dichtungsmasse zwischen Duschtasse und Wand muß mit größter Sorgfalt vorgegangen werden. Nähere Informationen zu diesem Thema können Sie bei der Arbeitsgemeinschaft Holz e.V. in Düsseldorf anfordern. Wenn man für eine gute Hinterlüftung (ausgeklinkte Unterlattung bzw. Konterlattung) sorgt, kann man im Bad die Wände auch mit Holzpaneelen verkleiden. Es gibt auch spezielle Feuchtraumpaneele, die in der Regel mit Kunststoff überzogen sind. Wer es im Bad rustikal wie in der Sauna haben möchte, wird ganz normale Holzpaneele auf einer Hinterlüftungslattung bevorzugen. Besonders geeignet sind 20 mm starke Nut- und Federbretter. Eine offenporige und wischfeste Farblasur kann als Holzschutzmittel dienen. Es wäre ganz falsch, ein Badezimmer rundum zu fliesen. Das Badezimmer braucht Baustoffe, die offenporig sind und atmen können. Dort, wo kein Wasser spritzt, kann eine Holzverkleidung mit Hinterlüftung angebracht werden.

Auch von innen alles Holz?

Wenn man in einem Zimmer steht, dann betrachtet man nicht nur die Innenwände, sondern auch die Außenwände des Hauses als Innenwände. Im Holzständerhaus sind die Außenwände von innen in der Regel mit einer Holzwerkstoffplatte beplankt. In unserem Haus handelt es sich um eine atmungsaktive und feste OSB-Platte, die auch die Funktion der Aussteifung des Ständerwerks besitzt. Um die Atmosphäre des Holzes im Inneren des Hauses zu bewahren, bietet es sich an, zumindest die Außenwände von innen mit Holzpaneelen zu verkleiden. Dies läßt sich - mit oder ohne unterlegte Lattung – schnell und einfach bewerkstelligen. Auf diese Weise gewinnt das Haus einen feinen, rustikalen Flair. Ebensogut kann man aber auch Gipsplatten auf eine Lattung oder Holzplatte aufschrauben und die Wände mit Tapeten oder Putz verkleiden. Unter dem Aspekt, daß Holzwände sehr dekorativ gestaltet werden können und auch Holz einen Farbanstrich verträgt, gibt es ganz verschiedene Möglichkeiten, ein Holzhaus zu dekorieren. Eines der Bäder in unserem Haus ist an zwei Wänden mit hellgestrichenen Holzpaneelen verkleidet, was mit der Holzbalkendecke gut harmoniert. Die Badeecke ist verfliest. In dem anderen Bad ließen wir unserer künstlerischen Phantasie freien Lauf: eine Mischung aus Fliesenornamenten und rustikalem Putz. Im Korridor und im Wohnzimmer haben wir einen Teil der Wände tapeziert und eine andere Wand

mit Lehm verputzt. Im Wintergarten haben wir die Holzpaneele schneeweiß gestrichen und eine sichtbare Fachwerkwand belassen (siehe Seite 140). In einem weiteren Raum wurden mit Hilfe von aufgesetzten Gipsplatten und Putz schöne Bogenreliefs an die Wand gezaubert. Wie Sie sehen, muß ein Holzhaus von innen nicht unbedingt voll und ganz mit Holz verkleidet werden. Im Gegenteil! Man kann seine Phantasie ausleben. Holzverehrer werden die Räume überwiegend mit Holz schmücken. Sehr schön wirkt es, wenn die Inneneinrichtung farblich auf die rustikale Wand- und Deckenverkleidung abgestimmt ist. Neben den holzfurnierten Paneelen gibt es lackierte oder in Einzelfällen auch korkbelegte Varianten sowie Dekorpaneele. Alles eine Frage des Preises! Beachten Sie, daß der Raum durch die senkrechte Anordnung des Profilholzes an Höhe gewinnt. Das Treppenhaus zum Beispiel sollte man deshalb lieber horizontal verkleiden, da es sonst zu steil wirkt. Die waagerechte Anordnung der Wandverkleidung wirkt optisch niedriger und breiter. Profilholzverkleidungen in Fischgrätenmuster dagegen vermitteln einen etwas unruhigen Raumeindruck. Mit Profilholzkurzlängen (Querfugen), Rund- und Eckprofilen und Dunkel-Hell-Effekten von Holzartenkombinationen können Wandflächen reizvoll gestaltet werden. Bei Paneelen findet man rundumlaufende Nuten, in denen dann lose Federn eingeschoben werden, aber auch umlaufende Nut und Federn. Bei Paneelen mit loser Feder werden grundsätzlich dekorgleiche Federn mitgeliefert, die auf Wunsch gegen Spiegelfedern auch ausgetauscht werden können, wodurch sich interessante Effekte ergeben. Als Kassetten bezeichnet man Paneele mit loser Feder, deren Breite mindestens – der Länge beträgt. Ein Standardmaß in diesem Bereich ist zum Beispiel 30 x 90 cm. (Reizvoll kann auch die Innenverkleidung des Daches mit Holzschindeln sein.) Die Materialstärke kann bis zu 17 mm betragen. Es genügt aber auch eine 10 mm dicke Paneele. Erstellen Sie zunächst einen Verlegeplan. Beachten Sie vor der Verlegung, daß die Wände trocken bzw. die Räume bereits beheizbar sein sollten. Vor dem Anbringen sollten Sie das Holz mehrere Tage im Raum lagern! Für das Sägen quer zur Holzmaserung der Paneele (Ablängen) eignet sich eine gerade Zahnung. Beim Sägen mit der Kreissäge das Sägeblatt höchsten 3 mm über das Profilbrett vorstehen lassen. Mit der Profilzange kann auch langes Holz von nur einer Person angebracht werden. Hilfreich beim Nageln ist ein Nagelhalter. Sie schonen damit nicht nur ihre Finger, sondern auch das Holz. Und noch ein Wort zur Unterlattung: Sie besteht aus zumindest einseitig gehobelten Dachlatten im Abstand von max. 40 cm. Beachten Sie Ausklinkungen, die für die Luftzirkulation sorgen. Ecken, Stoßkanten und die Stellen, an denen Steckdosen und Lichtschalter eingefügt werden sollen, müssen unterlattet sein. Berücksichtigen Sie eine Dehnfuge von 20-30 mm zu den Seiten und nach oben und unten hin. Das erste Brett wird mit Anfangskrallen an der Seite des Raumes befestigt. Der Brettdicke entsprechende Profilbrettkrallen gewährleisten, daß sich die Paneele ausdehnen können, um sich Temperatur- und Luftfeuchtigkeitsänderungen anzupassen. Laut fachlicher Anleitung sollte unbehandeltes Holz vor der Montage gestrichen werden. Wir raten aber davon ab, weil die richtige Farbentscheidung unserer Meinung erst dann erfolgen kann, wenn die Raumwirkung der Paneele klar ist. Für die Entscheidung zur farblichen Gestaltung der Innenräume sollte man sich Zeit und Ruhe lassen. Übrigens gibt es die unbehandelten Holzpaneele (ebenso wie bei den Dielen) als A- und B-Sortierung. Letztere ist erheblich preiswerter.

Raufasertapete gibt es in jedem Baumarkt zu kaufen. Sie wird in der Regel mit weißer Wandfarbe gestrichen. Mit einer Abtönfarbe können Farbnuancen erzeugt werden. Wer Wert auf Innendekoration legt, wird die Schmucktapeten nicht gerade im Baumarkt kaufen. Nehmen Sie sich die Zeit und besuchen Sie ein Tapetenfachgeschäft! Fermacell- und Gipsplattenwände lassen sich auch leicht mit Wandputz verkleiden. Der fertig angemischte, stark körnige Putz wird vor der Verarbeitung aufgerührt. Das geht am besten mit einem Rührvorsatz an der Bohrmaschine. Mit einer Glättkelle wird die Masse aufgezogen und auf Kornstärke abgerakelt. Dann die Fläche in kreisförmigen Bewegungen mit dem Reibebrett bearbeiten. Mit dem Reibebrett läßt sich der Putz gestaltend strukturieren. Wenn der Putz diagonal abgezogen wird, führen Licht und Schatten zu besonders reizvollen Kontrasten. Verputzte Wände können (auch farbig) verwunschen und rustikal gestaltet werden. Das Rezept für die eigene Lehmmischung finden Sie in auf Seite 63 in diesem Buch. Nach dem Auftragen des Lehmputzes und vor dem Streichen muß die Wand mit einer Mischung aus Quark und Wasser abgebunden werden.

Sanitär, Strom und Heizung

Strom- und Sanitärleitungen im Holzhaus

In diesem Kapitel ist sowohl von den Innen- als auch von den Außenwänden die Rede, in denen ebenfalls Installationsrohre verlaufen können. Grundsätzlich unterscheidet man zwischen der Rohrverlegung innerhalb der Wandisolierung und der Verlegung in einer Vorwand. Beim Holzbau kommen die Installationen ganz ohne Schlitzeklopfen aus. Im Extremblockbau verlaufen die Leitungen meist in Fußboden und Decke sowie in speziellen schmalen Holzschächten oder in einer der Wand vorgesetzten Installationsebene. Beim Ständerbau hingegen können alle Leitungen verlegt werden, bevor die Wände des Hauses von innen mit Isolierung verfüllt und beplankt werden. Ebenso verhält es sich bei Fußboden und Decke. Grundsätzlich sollten Stromkabel und Rohrleitungen niemals diagonal, sondern nur senkrecht oder waagerecht bzw. parallel verlaufen. Zur Verlegung der Leitungen genügt es, wenn die Ständer der Wände vorhanden sind. An manchen Stellen ist es vorteilhafter, wenigstens eine Seite der Wand zu verkleiden. Für Steckdosen und Anschlüsse zum Beispiel

1 △

2

3 ▽

muß die Beplankung der Wand an der entsprechenden Seite bereits befestigt sein. Mit maßgerechten Bohrungen oder Ausklinkungen im Ständerwerk lassen sich mühelos die Kabel, Heizungs- und Wasserrohre verlegen. Sie verlaufen in der Isolierung der Wand. Dabei sollte man die Statik der Balken im Sinn haben, d. h. zwar »tolerante«, aber möglichst nur kleine Aussägungen vornehmen. Achten Sie besonders darauf, daß kaltwasserführende Leitungen innerhalb von Wänden so »entschärft« werden, daß die Holzteile nicht durch von der Rohroberfläche herablaufendes Tauwasser beeinträchtigt werden, zum Beispiel durch Umhüllen des Rohres mit einer Wärmedämmung. Wenn die Wasser- und Heizungsrohre in der Außenwand untergebracht werden, wird die Außenwanddämmung in diesen Bereichen reduziert und die Dampfsperre bei jedem Anschluß unterbrochen. Ein Nachteil, den man durch eine zusätzliche Dämmschicht der Rohre etwas kompensieren kann.

Zwar etwas kosten- und arbeitsaufwendiger, aber einfacher in der Ausführung und späteren Handhabung ist es, wenn die Leitungen grundsätzlich in einer Vorwand installiert werden. Dann können die Außenwände zunächst voll und ganz isoliert und geschlossen werden. Eine Reduzierung der Dämmung findet nicht statt, und weder Winddichtung noch Dampfsperren werden unterbrochen, auch nicht durch Elektrolei-

4 ▽

1 In einem Holzhaus sollen brandsichere (graue) Verteilerdosen eingesetzt werden. Es ist vorteilhaft, die Leitungen in Leer- bzw. Schutzrohren zu verlegen
2 Die Zähler- und auch die Sicherungskästen sollte der Fachmann setzen
3 Vorwandinstallation für Toilette und Spülkasten
4 Eine Steckdose wird gesetzt

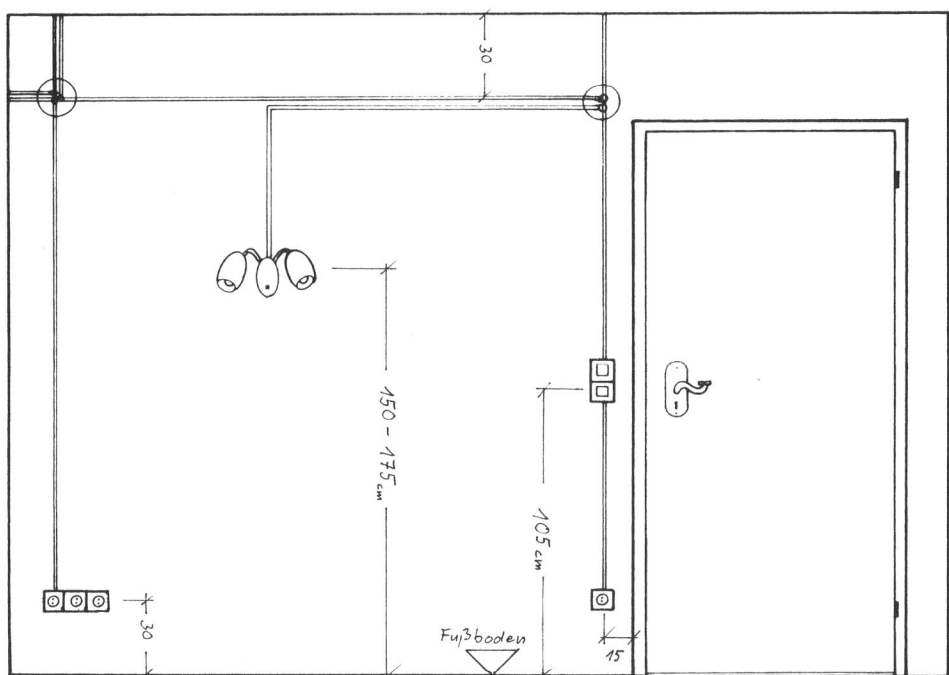

tungen und Schalterdosen. Die Installationsebene in der Vorwand kann dem Rohrdurchmesser angepaßt werden. Um einen guten Schallschutz zu erreichen, sollten Wasserrohre sehr gut ummantelt sein. Das kann auch mit Hilfe einer zusätzlichen Wandisolierung geschehen. Dieser Wandaufbau hätte gleichzeitig eine bessere Wärmedämmung zur Folge. Er bietet sich geradezu an, wenn die Innenwände mit Holzpaneelen verkleidet werden sollen. Dann kann man die Leitungen – ohne großen Mehraufwand – in dem Lattungszwischenraum verlaufen lassen, der sich hinter den Brettern befindet. Auf eine zusätzliche Dämmung kann verzichtet werden, wenn man nur die Stromkabel in der Lattungsebene verlegt. So lassen sich auch die Steckdosen einfacher einbauen. Eine alternative Lösung! Man kann auch nur an den Außenwänden eine Vorwand einplanen und die Leitungen in den Innenwänden ohne Vorwand verlegen. Bezüglich des Schallschutzes hat die Vorwand auch bei den Innenwänden Vorteile, jedoch nur wenn die Leitungsgeräusche gut gedämmt werden. Die Hohlräume für Schalter und Steckdosen lassen sich leicht mit einem Rundsägeaufsatz auf der Bohrmaschine

herstellen. Die Voraussetzung für einen reibungslosen Arbeitsablauf ist eine gute Planung der Installationen. Sobald eine Steckdose oder ein Schalter vergessen wurde, wird es sehr arbeitsintensiv. Bereits verschlossene Wände wieder zu öffnen, kann mit großem Aufwand verbunden sein. Und nochmal: Vergessen Sie nicht, den Verlauf der Leitungen mit genauer Bemaßung zu fotografieren (Anlegen eines Zollstockes auf dem Foto), bevor die Wände endgültig geschlossen werden! Außerdem darf das Entlüftungsrohr für den Dachentlüfter im Bad nicht vergessen werden, wozu in die Unterkonstruktion sowie in Dach und Decke ein entsprechendes Loch gesägt werden muß. Sinnvoll ist, die Stromkabel durch Leerrohre zu ziehen. Mit Hilfe der Plastikhülle erhalten die Kabel eine weitere Schutzummantelung. Sie hat vor allem die Funktion, die Kabel vor Nageleinschlag zu schützen. Wird zufällig ein Nagel an einer Stelle in die Wand geschlagen, wo ein Stromkabel verläuft, dann rutscht die Nagelspitze an der glatten Plastikrundung des Leerrohrs entlang und drückt dieses zur Seite, ohne in das Kabel einzudringen. Besonders an Abwinkelungen des Leerrohrs kann es so eng werden,

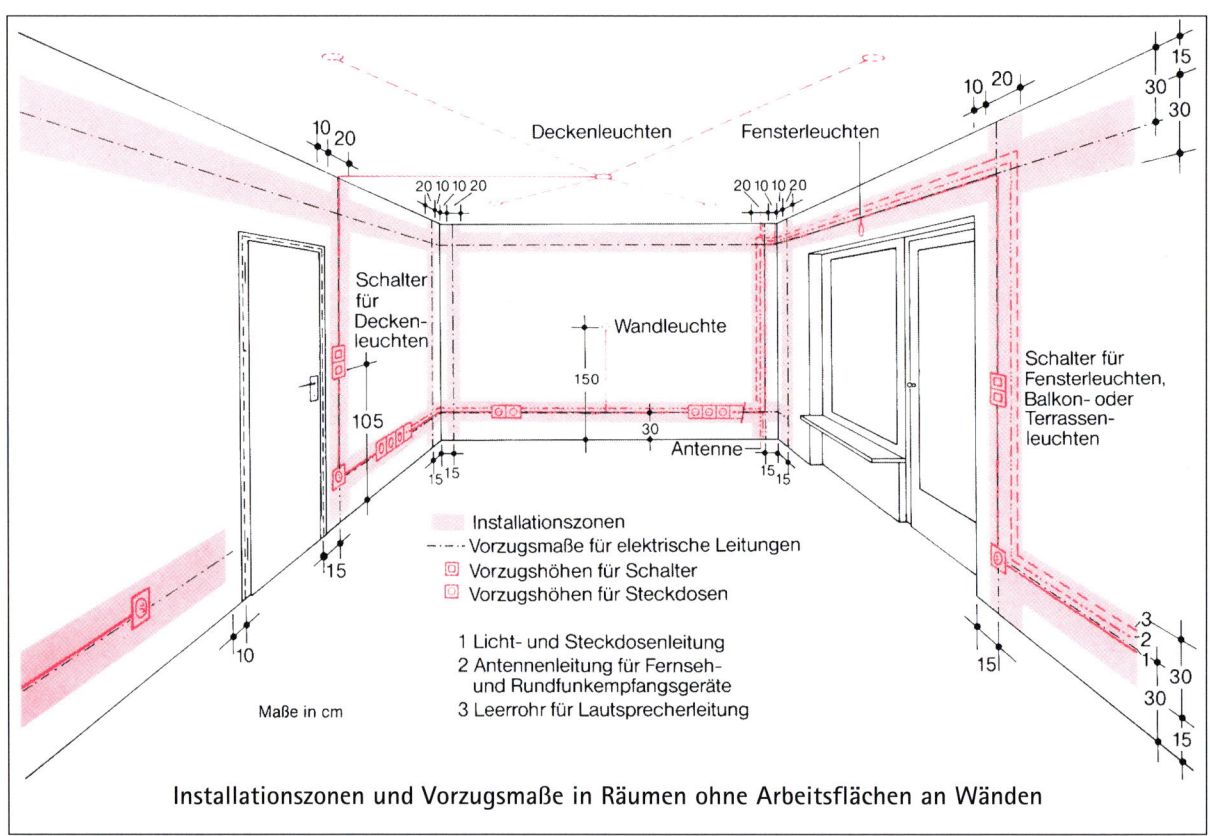

Schalter
für
Decken-
leuchten

Deckenleuchten

Fensterleuchten

10 20

15
30
30

20 10 10 20

Wandleuchte

150

20 10 10 20

Schalter für
Fensterleuchten,
Balkon- oder
Terrassen-
leuchten

105

30

Antenne

15 15

15 15

10 20

15

Installationszonen
Vorzugsmaße für elektrische Leitungen
Vorzugshöhen für Schalter
Vorzugshöhen für Steckdosen

1 Licht- und Steckdosenleitung
2 Antennenleitung für Fernseh-
und Rundfunkempfangsgeräte
3 Leerrohr für Lautsprecherleitung

15

3
2
1

30

30

Maße in cm

15

Installationszonen und Vorzugsmaße in Räumen ohne Arbeitsflächen an Wänden

daß das Kabel nicht mehr rutscht. Wenn der Durchmesser der Leerrohre tolerant genug gewählt wird, können die Kabel jederzeit ausgewechselt werden, ohne daß die Wand geöffnet werden muß. Eine ganz andere Alternative der Leitungsverlegung bei den Sanitärinstallationen ist die sichtbare Leitungsführung. In den Niederlanden sind viele Häuser so ausgestattet. Geschmacksache! In Deutschland dürfte dies wohl eher nur eine Lösung für den Keller und für die Nebenräume darstellen. Nichtabsperrbare Heizungsverteilleitungen müssen gedämmt werden!

Die Wasserleitungsverbindungen werden erst nach einer Druckprüfung verkleidet. Für Selbstbauer eignen sich auch Rohrstecksysteme aus Kunststoff, die allerdings viel kostenaufweniger sind. Sie rosten nicht und werden nicht durch Kalkablagerung zerstört. Für den Holzbau sind sie deshalb besser geeignet, weil Kunststoff zu den Eigenschaften des Holzes paßt. Holz arbeitet, und Kunststoff ist dehnbar. Die meisten Klemp-

ner jedoch schwören nicht ohne Grund auf Kupferrohre für die Wasserversorgung. Rohre aus anderen Metallen sollten einen großen Querschnitt haben. Im Bereich des Abwassers werden hochtemperaturbeständige Kunststoffrohre (graue Farbe) eingesetzt. Abwasserrohre müssen ein Mindestgefälle von 2 cm und ein Höchstgefälle von 5 cm pro Meter Rohrleitung haben. Wasser- und Elektroleitungen dürfen sich nicht kreuzen! Jede Steigleitung soll getrennt absperrbar sein. Das gleiche gilt für jeden einzelnen Feuchtraum. Gartenwasserleitungen können im Winter leicht einfrieren. Sie sollten innerhalb des Hauses einzeln absperrbar und entleerbar sein. Metallische Leitungen und Gegenstände müssen geerdet werden; ebenso emaillierte Wannen und Wannen aus Gußeisen oder Stahl. Diese Arbeit sollte man auf jeden Fall dem Fachmann überlassen! Achten Sie darauf, daß nicht wertvolle Stellfläche an den Wänden durch Installationen verlorengeht. Sprechen Sie mit Ihrem Wasserversorgungsunternehmen, ob Sie dem Wasseranschluß Ihres Hauses einen Wasserfilter oder einen Druckminderer nachschalten müssen.

Die Installation des Stromzählers und des Sicherungskastens sollten Sie dem Fachmann überlassen. Haushaltszähler und Nachtstromzähler werden getrennt. Das Verlegen der Stromleitungen und das Setzen von Steckdosen und Schaltern können Sie selbst übernehmen, vorausgesetzt, Sie kennen sich damit bereits aus. Bausätze kosten zwischen 5000 und 7000 €. Wenn Sie das Material im Baumarkt kaufen, bezahlen Sie davon nur einen Bruchteil. Bevor Sie mit der Arbeit beginnen, besorgen Sie sich bitte bei Ihrem Stromvesorgungsunternehmen die Broschüre »Elektro-Installationen in Wohngebäuden«. Mit der Lochsäge schneidet man die Öffnungen für spezielle Hohlraumdosen in die Platten. Diese Dosen werden von der Raumseite eingesetzt und mit Klemmschrauben befestigt. Die verlegten Kabel werden mindestens 20 cm weit aus den Isolierdosen herausgezogen. Den Anschluß bzw. die Überprüfung der Steckdosen besorgt der Elektriker. Bestehen Sie auf einer Niederschrift der Abnahme. Das erleichtert es Ihnen, eventuelle spätere Gewährleistungsansprüche durchzusetzen. Wenn

Sie die Strominstallation nicht selbst ausführen, dann verlangen Sie vor Inbetriebnahme eine Bedienungs- und Wartungsanleitung sowie unterzeichnete und überprüfte Bestandspläne.

Auch die Stromleitungen für eine Nachtspeicherheizung kann man selbst verlegen. Vom finanziellen Standpunkt aus gesehen ist eine moderne Nachtspeicherheizung für Selbstbauer deshalb durchaus attraktiv, vor allem wenn Sie gebrauchte Heizkörper einsetzen. Moderne und asbestfreie zwei bis drei Jahre alte Nachtspeicheröfen kosten oft nicht mehr als 100–200 €. Die Heizungsanlage besteht aus Steuer- und Zähleranlage, die von einem Elektromeister eingebaut werden müssen. Eine teilweise gebrauchte Nachtspeicherheizung könnte sich rentieren, wenn Sie später die Steueranlage effektiv bedienen und außerdem einen Kamin als Ausweichmöglichkeit haben. Immerhin können Sie durch den niedrigen Kostenaufwand für die Heizung auch viele Zinsen sparen. Eine Nachtstromheizung ist zudem relativ wartungsfrei, sie erfordert keinen separaten Raum für einen Tank oder Brenner. Auch bei etwas höheren Heizungskosten könnte sich das auszahlen, zumal Sie ja noch Ihren Kamin haben. Aber auch hier gibt es Pferde-

Installationszonen und Vorzugsmaße in Räumen mit Arbeitsflächen an Wänden

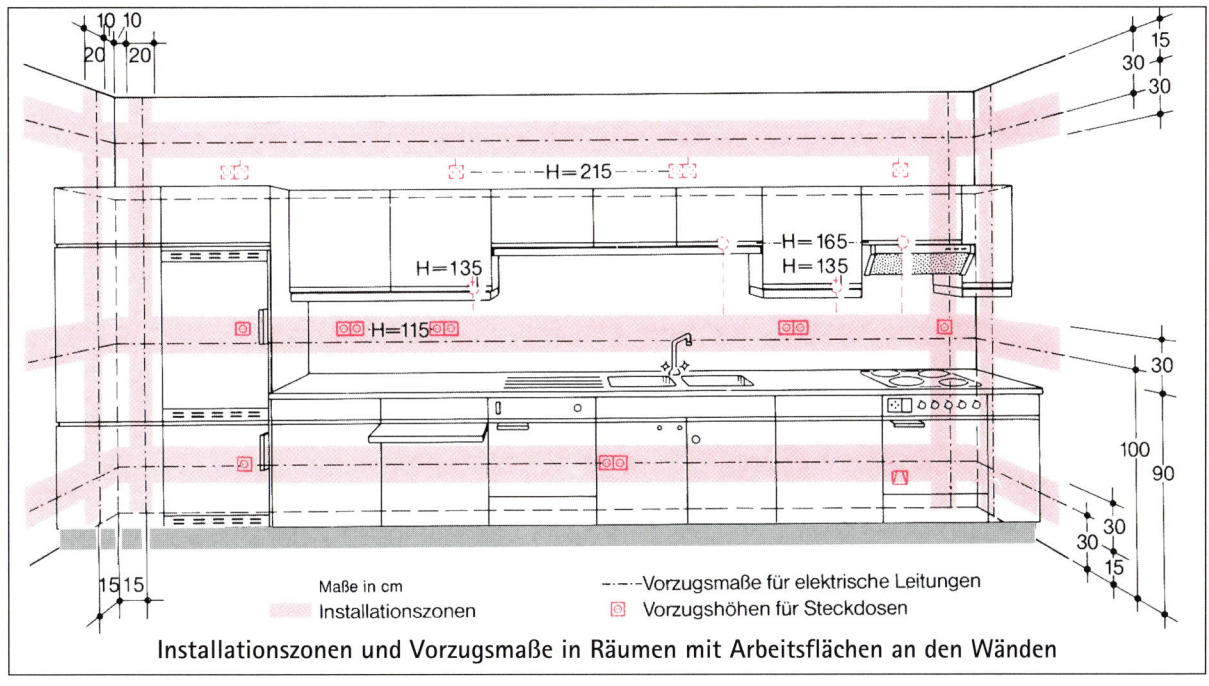

Maße in cm
Installationszonen
- · - · - Vorzugsmaße für elektrische Leitungen
Vorzugshöhen für Steckdosen

Installationszonen und Vorzugsmaße in Räumen mit Arbeitsflächen an den Wänden

117

füßchen: Der Transport der Heizkörper ist aufgrund ihres großen Gewichts nicht einfach, es sei denn Sie bauen sie fachgerecht auseinander und wieder zusammen. Übrigens ist eine Elektrodirektheizung in einem Holzhaus – das sich ja geschwind aufheizt – insofern nicht abwegig, wenn sie vollautomatisiert ist. Verläßliche Kostenrechnungen dazu gibt es allerdings nicht. Diese Heizung kann jeder Heimwerker äußerst preiswert selbst installieren. Ein Extraanschluß ist nicht erforderlich.

Die Heizung und das Holzhaus

Holz speichert im Gegensatz zu Stein keine Wärme. Es hat eine ganz geringe Wärmeleitfähigkeit. Das heißt auch: Eine Holzwand ist niemals richtig kalt. Und das wiederum bedeutet für das Klima im Raum, daß man nie das Gefühl hat, daß es zieht. Zugerscheinungen ohne Durchzug entstehen nämlich, wenn zwischen Raumtemperatur und Wänden oder Glasflächen große Temperaturunterschiede bestehen. Im Holzhaus muß man schon aus diesen Gründen oft weniger heizen. Kalte Räume in Holzhäusern lassen sich sehr schnell aufheizen, weil in den Wänden – im Gegensatz zu Steinwänden – keine Kälte gespeichert ist. Es muß nur die Luft und nicht die Wand erwärmt werden. Eine kleine, schnell wirkende Heizung ist deshalb für das Holzhaus besser als die träge Nachtspeicherheizung bzw. Fußbodenheizung oder ein Grundofen. Zum schnellen Aufheizen eignen sich zum Beispiel die Gasheizung und die Elektro-Direktheizung oder ein Kaminofen. Erdgas gilt als preiswerter und umweltfreundlicher Brennstoff. Aber ein Holzhaus kühlt im Winter ebenso schnell auch wieder ab. Was nun? Optimal ist, die Vorteile verschiedener Systeme zu vereinen, indem man eine Kombination aus einem trägen und einem schnellen Heizungssystem einsetzt. Außerdem sollte unbedingt darauf geachtet werden, daß neben dem Holz speicherungsfähige Baumaterialien (vgl. S. 64) im Inneren des Hauses sind. Möchten Sie also eine Nachtspeicherheizung einbauen, dann ist eine Zusatzheizung in den Heizkörpern sinn-

voll. Noch besser kann ein Kaminofen die Trägheit dieser Heizung durch sein schnelles Aufheizen ausgleichen. Wenn Sie aus dem Urlaub kommen und das Haus kalt ist, dann können Sie es mit dem Kaminofen (zum Beispiel in Form eines schönen Dänen) schnell aufheizen, bis die Nachtspeicherheizung ins Laufen kommt. Haben Sie eine Elektrodirektheizung installiert, wäre ein Grundofen das harmonische Pendant. In den Übergangszeiten reicht in einem gut isolierten Holzhaus in der Regel ein schnelles System, da der Wärmeaustausch nach außen sehr gering ist. Wir haben in unserem Haus die Erfahrung gemacht, daß wir es in den Übergangszeiten kaum heizen müssen. Es wird erst ab ca. 23 Uhr kalt, wenn man schon in den warmen Federn liegt. Frühaufsteher brauchen allerdings ein schnelles Heizsystem. Natürlich ist es möglich, ein gut gedämmtes Holzhaus ausschließlich mit einem Holzofen zu heizen. Bei Ihrem Nachbar allerdings werden Sie sich unbeliebt machen. Ihre Kettensäge, mit der Sie Berge von Holz verarbeiten, wird er nicht lange ertragen wollen.

Übrigens wird der größte Posten des Familienbudgets für die Heizung aufgewendet. In der Verringerung der Heizkosten liegt also ein erhebliches Sparpotential. Bei einer Raumtemperatur von 20° anstatt 23° sparen Sie fast 15% Heizkosten; bei einer Nachttemperatur von 16° zusätzliche 6%. Eine Lufttemperatur von 18° ist für einen gesunden Menschen völlig ausreichend. Einen passiven Wärmeschutz erreicht man durch ausgiebiges Frühstücken und wärmere Kleidung. Die Heizkörper sollten von der dahinterliegenden Wand möglichst weit entfernt sein; so erzielt man eine größere Heizleistung. Bei mit Holz verkleideten Wänden sollte eine Fermacellplatte zum Brandschutz dahinter angebracht werden. Heizungsrohre müssen sorgfältig gedämmt werden. In einer Vorwand (Innenwand) lassen sie sich am leichtesten installieren. Dort geht weniger Wärme verloren, als wenn die Rohre in der Außenwanddämmung verlaufen würden.

Decke und Fußboden gut isoliert und schön belegt

Fußbodenaufbau und Decke

Beim Fußboden- und Deckenaufbau kommt es vor allem auf einen wirkungsvollen Trittschall- und Wärmeschutz an. Ein weiterer Gesichtspunkt ist das Wärmespeichervermögen des Decken- und Fußbodenmaterials. Da Holzwände kaum Wärme speichern, können im Holzhaus u.a. auch Decke und Fußboden benutzt werden, um die Wärme etwas länger im Raum zu halten. Sie sollten deshalb aus möglichst wärmespeichernden Schichten aufgebaut werden: Zementestrich, Ziegel, Schotter, Schlacke und andere Gesteine, die in der Decke gleichzeitig als Trittschalldämmung dienen. Durch integrierte Beschwerung wird der Schall am besten gedämmt. Gebranntes Tonmaterial unter den Füßen sorgt zudem für gutes Raumklima. Fußwarme Bodenbeläge aus Holz oder Teppichböden speichern in der Regel keine Wärme. Anders bei Fliesenbelägen, die zwar fußkalt, aber wärmespeichernd sind. Wenn sie kalt sind, strahlen sie allerdings auch Kälte ab! Ideal sind Terrakottafliesen.

Die Konstruktion von Decke und Fußboden trägt entscheidend zur Schallminderung im Holzhaus bei. Abgehängte Decken oder unterbrochene Deckenbalken und auch Dämmstreifen durchbrechen die Schallübertragung erheblich. Wenn große Spannweiten mit Balken oder Brettern überbrückt werden, wirkt der Klang des Holzes wie bei einem Musikinstrument. Als Wärmedämmung können prinzipiell alle in unserem Kapitel »Dämmstoffe« erwähnten Baustoffe eingesetzt werden. Schüttungen (zum Beispiel Perlite oder Liapor) eignen sich jedoch für einen vollgedämmten Fußboden am besten. Verlegte Installationsleitungen verschwinden in der Schüttung. Auch das Dämmmaterial kann zur Beschwerung und damit zum Schallschutz beitragen. Blähton zum Beispiel ist zwar rund achtmal schwerer als

Mineralfaser oder Polystyrol, hat jedoch im Schallschutz und darüber hinaus beim sommerlichen Wärmeschutz deutliche Vorteile. Seine Wärmedämmfähigkeit wiederum ist nicht so hoch wie bei Perlite. Das federleichte Perlite eignet sich sehr gut für Fußböden, bei denen der Schallschutz keine Rolle spielt (über Bodenplatte oder Keller). Es wird übrigens auf der griechischen Kykladeninsel Mylos gewonnen. In Expandieranlagen wird das Material auf rund 1000° erhitzt. Dadurch entweicht das im Stein eingeschlossene Wasser, und es dehnt sich auf das 15- bis 20fache aus. Zur Trittschall- und zusätzlichen Wärmedämmung eignen sich auch Holzfaserplatten. Legen Sie auf der unteren Seite der Schüttung eine Folie zum Schutz vor aufsteigender Feuchtigkeit aus. Zum Schutz vor Verrieselung kann man gegebenenfalls eine ganz dünne PVC-Folie obenauf (unter die Dielen) ausbreiten.

Sichtbare Holzbalkendecke: Die Sichtschalung mit Nut- und Federbrettern kann leicht verlegt werden, da sie direkt auf die Balken aufgenagelt wird. Dann kann man im oberen Stockwerk bequem am Dach arbeiten

Nur in kleinen Räumen bzw. in den Naßräumen lohnt es sich, den Fußbodenestrich selbst zu verlegen

Bildunterschriften für Seite 121: HERSTELLUNG EINES HOLZDIELEN-FUSSBODENS AUF DER BODENPLATTE:

1 Zunächst werden Lagerhölzer auf einer Feuchtigkeits-sperre »schwim-mend« verlegt
2 Dann wird die Dämmung (Perlite) eingebracht
3 Die Dielenbretter mit Holzleim und Nägeln verlegen

Vor der Verlegung von Fliesen wird man in der Regel einen Estrich einziehen. Einen Estrich nennt man »schwimmend«, wenn er weder zum Boden noch zu den angrenzenden Wänden eine direkte Verbindung hat, sondern sozusagen auf Dämmstoffen »schwimmt«. Über einer mindestens 3 cm starken Trittschalldämmung, die meistens aus Styropor besteht, liegt der Zementestrich. Solche Estriche werden auch für Fußbodenheizungen verwendet. Verbundestrich findet als direkter und abriebfester Nutzboden in Kellerräumen Verwendung. Ein Gußasphaltestrich bewirkt besseren Schallschutz und braucht eine geringere Aufbaudicke als Zementestrich. Trockenestrich besteht aus Verlegeplatten und Dämmung. Er eignet sich gut zur Selbstverlegung. Erfahrungsgemäß lohnt es sich jedoch nicht, den Estrich in Eigenarbeit herzustellen. Man spart dabei kaum Geld und muß viel Zeit investieren. Vergeben Sie dieses Gewerk am besten an einen Estrichleger. In kleinen Räumen wie Küche und Bad, muß der Estrich Hand in Hand mit der Installation verlegt werden. Da die Quadratmeterzahl bei der Estrichverlegung auch über den Preis entscheidet, und nicht jeder Estrichleger sofort kommen kann, lohnt sich hier die Eigenleistung. In Küche,

Bad und WC möglichst keinen Trockenestrich verwenden!

Entscheidend für den Deckenaufbau ist, ob Sie eine sichtbare oder eine unsichtbare Balkendecke haben möchten. Bei der unsichtbaren Balkendecke befindet sich die wärmedämmende Isolierschicht zwischen den Deckenbalken. Obenauf wird eine starke Holzwerkstoffplatte und darauf der schwimmende Estrich verlegt. Von unten kann die Decke mit Gipsplatten oder Paneelen verkleidet werden. Die Profilhölzer werden im Großen und Ganzen wie bei den Innenwänden eingesetzt, nämlich auf einer Lattung. Den Anschluß zur Wand kann man mit Schattennut gestalten oder mit einer Deckleiste. In den Feldern der Lattung lassen sich Elektroleitungen unsichtbar führen. Eine Alternative dazu ist die »unsichtbare« Balkendecke, bei der die Balken jedoch zum Teil herausgucken. So wirkt die Decke etwas niedriger und die Balken nicht ganz so rustikal. Genau wie bei den Außenwänden sollte auch in der Decke eine Dampfbremse eingezogen werden.

Die einfachste Deckenkonstruktion ist die sichtbare Balkendecke. Wenn man die Balken in ganzer Größe sehen will, muß die Decke zunächst von oben mit einer fugendichten Dielenlage verkleidet werden. Dann ist die Decke im Untergeschoß bereits fix und fertig! Der gesamte Deckenaufbau liegt über der Dielenlage (die man von unten sehen kann) und wird im oberen Geschoß gleichzeitig als Fußboden ausgebaut (s. S. 122). Auf der Dielenlage im Obergeschoß können die Leitungen verlegt werden. Unserer Meinung nach stellt die Konstruktion mit einer sichtbaren Holzbalkendecke eine Arbeitserleichterung dar. Die Decken sind schnell fertig und der Schallschutz kann optimal eingehalten werden. Man kann die Decke auch jederzeit von unten beplanken. Beachten Sie bei Ihrer Entscheidung für den Fußboden- und Deckenaufbau unbedingt die Raumhöhen über den Türen und die Höhe der unteren Türkanten! Die Türen müssen sich noch öffnen lassen. Der Fußboden- und Deckenaufbau muß deshalb schon bei der Planung des Ständerwerks berücksichtigt werden. Ein 14 cm dicker Fußboden ist optimal.

Landhausflair mit Dielen

Wer es schlicht und rustikal wünscht, wird sich für einen traditionellen Holzdielenfußboden entscheiden. Eine preiswerte Alternative zum Parkett! Allerdings erfordert ein Dielenfußboden ein konsequentes Stilempfinden bei der Einrichtung des Hauses oder zumindest des Raumes. Modernistisches Mobiliar wirkt deplaziert. Etwas Landhausflair sollte in jedem Fall dabei sein. Ein gewisser Anteil gesunder Äste im Holz verstärkt das dekorative Erscheinungsbild dieses Holzfußbodens. Deshalb ist es nicht abwegig, eine B-Sortierung anstelle einer A-Qualität zu kaufen. Das ist viel preiswerter und bei überlegtem und sorgfältigem Einsatz der Dielen akzeptabel. Ohnehin soll es »archaisch« und rustikal wirken; da nimmt man Ritze (und auch das Knarren) gern in Kauf. Nut- und Feder-Dielen sind eine moderne Erfindung, die zwar schön, aber im Gegensatz zu den traditionellen, geschraubten Dielenbrettern eigentlich unpraktisch sind. Falls eine Maus in dem Dielenboden das Zeitliche segnet, kann man heutzutage die Dielenbretter nicht mehr abschrauben! Unter Umständen muß man dann den

1

2

3

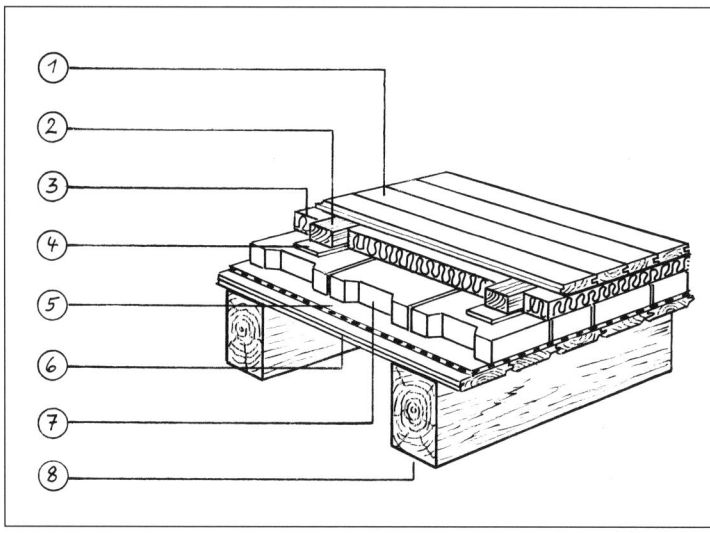

SICHTBARE BALKENDECKE

① Dielen
② Lagerholz
③ Hohlraum-dämpfung
④ Trittschalldamm-streifen
⑤ Bituminöse Dickbeschichtung auf Folie
⑥ Profilholz
⑦ Betonstein oder Platten
⑧ Deckenbalken

Geruch der Verwesung ein paar Monate ertragen ... In traditionellen Holzbalkendecken findet man eine Schlackenfüllung und Schilfrohrmatten (Brandgefahr).

Dielen werden in der Regel auf Lagerhölzern verlegt. Auf dem Beton unter den Lagerhölzern eine Feuchtigkeitsisolierung auslegen (0,2 mm PE-Folie, Bahnen 20 cm überlappen und verkleben), die einige Zentimeter über die Wandsperrschicht hochgeführt wird. Bei Decken die Hölzer auf Trittschalldämmstreifen verlegen. Der Abstand der Lagerhölzer und der Konterlattung sollte 50 cm nicht überschreiten. Die Hölzer niemals stoßen, sondern mit etwa 20 cm Überlappung nebeneinander legen. Versorgungsleitungen im Boden werden durch großzügige Einschnitte in die Hölzer überbaut. Die Lagerhölzer nach unten nicht befestigen, um Feuchtigkeitsbrücken zu vermeiden. Bei der Wahl einer feinkörnigen Schüttung empfiehlt es sich, eine Rieselschutzpappe auszulegen. Um zu breite Trocknungsfugen zu vermeiden, sollen die Dielen schon einige Tage vor der Verlegung luftig im Raum lagern. Dadurch wird die Holzfeuchte ausgeglichen. Durch die Gebrauchsdicke von etwa 20–25 mm (bei schwimmender, vollflächiger Verlegung reichen 14 mm) können abgenutzte Dielenböden jederzeit abgeschliffen werden. Dann sind sie wieder wie neu. Die billigen und nur bis auf 16% getrockneten Rauspunddielen sind für

Wohnräume nicht zu empfehlen! Wohnraumdielen gibt es in verschiedenen Breiten und Längen. Ohne Nut und Feder an den Enden: 3,60, 4,50, 4,80, 5,10 Meter; also nicht endlos. Die Breite des Raumes entspricht dann der Brettlänge. Es ist nicht einfach, allzu lange Nut- und Federbretter zu verlegen. Bei der Endlosverlegung sind sie kürzer; die Brettlänge entscheidet über die Musterung des Raumes.

Die erste Dielenreihe zeigt mit der Nut zur Wand und wird mit Hilfe von Abstandhaltern verlegt. Die Bretter in der Flucht ausrichten und von oben in die Lagerhölzer verschrauben. Die Kopfstöße müssen nicht auf den Lagerhölzern liegen. Der Stoß zweier Dielenköpfe zwischen zwei Lagerhölzern sollte jedoch in der nächsten Reihe durch eine durchgehende Diele gesichert werden. Die Dielen werden mit Holzleim an den Enden verklebt und unter Verwendung eines Schlagklotzes (ein kleines Abfallstück Dielenbrett), Nagelversenker und speziellen Nägeln mit dem Hammer ineinandergeschlagen. Die letzte Dielenreihe wird wie die erste von oben verschraubt.

Dielenböden sind behaglich warm und elastisch, wodurch ein Ermüden der Fußmuskulatur verhindert wird. Und wie kann man sie behandeln? Wachsen ist eine alte Methode, und auch Lackieren ist überholt. Ein lackierter Boden verkratzt und muß nach einiger Zeit komplett abgeschliffen werden. Nach neuester Methode werden die Dielenböden gelaugt und danach geölt. Gibt man der Lauge oder dem Öl kein Farbpigment hinzu, dann dunkelt das Holz durch den Einfluß des Öls sofort etwas nach. Man kann der Lauge ein weißes Farbpigment hinzufügen und den Boden zum Beispiel mit Weißöl behandeln. So erhält man eine wasserabweisende, offenporige »Versiegelung« mit eleganter, weißer Optik. Der Boden behält seinen hellen Holzton, denn es handelt sich um eine ungiftige Natronlauge mit aktivem Vergilbungsschutz. Solche Böden braucht man später nur noch zu wischen, dem Wischwasser setzt man eine fette Pflanzenseife hinzu. Man kann auch Schmierseife nehmen. Wenn man will, kann man den Dielenboden nach etwa einem Jahr abschleifen (Tellerschleifmaschine genügt), um Unebenheiten zu beseitigen, die durch das Arbeiten des Holzes nach der Verlegung entstehen. Dann wirkt der Boden homogener.

Ganz nobel – Parkett

Eine weniger rustikale, sondern eher elegante und noble Raumwirkung vermittelt Parkett. Die Holzmaserungen und die verschiedenen Holzfärbungen haben den Vorteil, daß ein Parkettboden sehr dekorativ wirkt. Zum Beispiel mit heller Birke und dunkler Eiche kann man eindrucksvolle Farbmuster und Akzente erreichen. Auch Dreierkombinationen sind möglich. Unter dem Eßtisch oder als Tischumrandung oder – wie bei den Fliesen – in Form von Friesen kann man sich sein kleines Schloßgemach zaubern. Verschiedene Firmen bieten bereits vorgefertigte Parketholzplatten mit verschiedenen Ornamenten an. Das ist natürlich alles eine Frage des Preises (30–50 €/qm)! Aber vielleicht kann man zumindest einen kleinen Korridor, Treppenabsatz oder eine Zimmerecke (Erker) reizvoll gestalten. Ahorn, Esche, Fichte, Kiefer und Birke sind helle Hölzer; dunkle Hölzer sind Eiche, Räuchereiche (sehr dunkel). Auch der australische Eukalyptusbaum ist sehr dunkel und dazu etwas rötlich. Parkett kann man ebenso wie Landhausdielen selbst verlegen. Das geht einfacher mit Fertigparkett, das in ebensolchem Formenreichtum und interessanten Farbenspielen angeboten wird (Stabparkett, Parkettdielen, Tafelparkett, Lamellenparkett, Kurzriemenparkett, Fischgrätenmuster, Schiffsboden, Würfel, Kassettenboden, Flechtmuster, Zwischenfriese, Intarsienparkett). Es gibt auch weißpigmentiertes oder »Extra-Flaming«- Parkett. Parkett im Kieferlandhausstil ähnelt den Dielen. Es ist wertvoller, aber auch teurer.
Parkett wird in unterschiedlichen Dicken angeboten und in der Regel schwimmend (ohne starre Befestigung der Tafeln auf dem Unterboden) auf einer glatten Fläche (Estrich, Spanplatten, Holz) verlegt. Beim Verlegen auf Lagerhölzern muß das Parkett

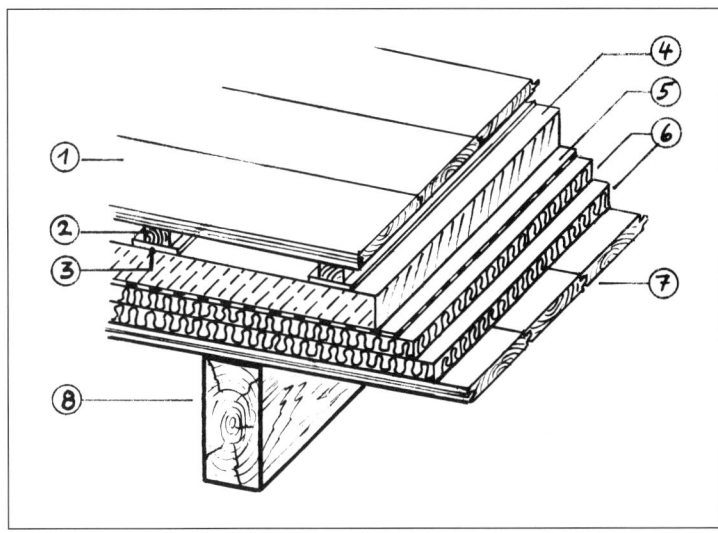

22 mm dick sein. Die Spezialspanplatte wird mit den Lagerhölzern vernagelt. Wichtig: Das Parkett erst unmittelbar vor dem Verlegen auspacken. Beim Verlegen rundum eine Dehnfuge von 15 mm zur Wand freilassen. Die Sockelleisten werden nur an der Wand befestigt. Bei Türen ist es einfacher, mit dem Parkett unter die Türverkleidung (Zarge) zu gehen. Eine Trittschalldämmung aus Wellpappe, Kork oder Extruderschaum erhöht zusätzlich den Gehkomfort.
Parkett mag – ebenso wie Dielen – keine Stöckelschuhe; andernfalls können Sie den Boden nach Jahren schleifen und neu versiegeln. Sehr harte Hölzer sind Esche, Buche, Eiche, Ahorn und der australische Eukalyptusbaum. Birke besitzt eine mittlere Härte. Kiefer und Fichte sind weiche Hölzer. Durch die hochwertige Versiegelung des Parkettbodens haben Sie einen geringen Pflegeaufwand.
Eine preiswerte Parkettalternative ist das Mosaikparkett. Es ist schon ab 15 €/qm zu haben. Ähnlich wie Kork oder Fliesen wird es grundsätzlich auf dem Untergrund verklebt. In Feuchträumen kann es nicht eingesetzt werden. Als Untergrund eignen sich Estriche oder Spanplatten. Ein Element besteht aus vier Mosaikquadraten, es ist rundum mit Nut und Feder ausgestattet. Mosaikparkett ist aus massivem Holz hergestellt und setzt sich aus einzelnen kleinen Stäben zusammen.
Wem das immer noch zu teuer ist, kann auf

DIELENFUßBODEN AUF ESTRICH IM OBERGESCHOß

① Landhausdielen
② Lagerhölzer
③ Trittschalldämm-
　streifen
④ Estrich
⑤ Folie
⑥ Dämmung
　(z.B. Styropor)
⑦ Profilholz
⑧ Deckenbalken

123

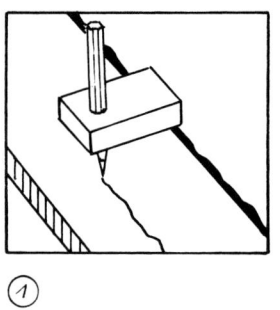
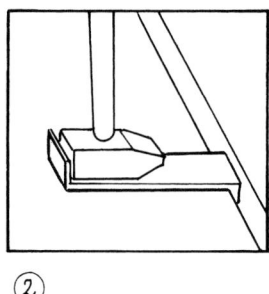
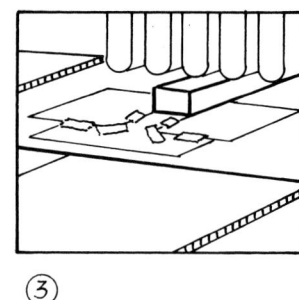
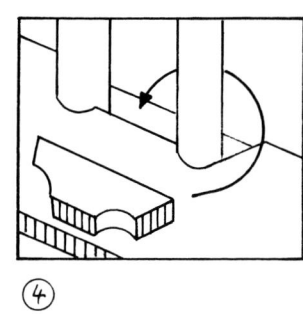

① ② ③ ④

TIPS ZUM VER-
LEGEN VON LAND-
HAUSDIELEN

① Ermittlung der
Dielenbreite für
das letzte Brett
zur Wand
② Zugeisen zum
Verlegen der
letzten Diele
③ Zusammenge-
klebte Schablone
aus Papier zum
Übertragen von
Aussparungen
④ Bei Heizungsroh-
ren zuerst ent-
sprechend große
Löcher in das
Brett bohren
und wie in der
Zeichnung aus-
schneiden. Das
ausgeschnittene
Teil dann wieder
einsetzen

eine Parkettreproduktion zurückgreifen –
nämlich das Laminat. Auf den ersten Blick
bemerkt man gar keinen Unterschied zum
Parkettboden! Laminat ist ein relativ neues
Produkt, es besteht aus mehreren Schichten,
deren oberste eine Nutzschicht aus
melaminharzgetränktem Papier ist. Das
sehr dünne Material ist pflegeleicht und
formstabil. Es wird auf einer Trittschalldämmung ausgelegt (PE-Schaum oder Kork).
Alternativ zu nachgebildeten Holzstrukturen
gibt es auch Stein- bzw. Marmornachbil-
dungen sowie freie Dekors. Für Laminat auf
Fußbodenheizung sind gesonderte Hand-
habungen bei der Verklebung zu beachten.
Die Heizung muß erst Schritt für Schritt
aufgeheizt werden.

Teppichboden und Beläge aus
Naturfasern

Teppichböden, Kunststoffbeläge und Linoleum (kein Kunststoff!) gibt es als Bahnen in
Breiten zwischen 67 und 500 cm und als
Platten, meistens quadratisch (50 x 50 cm).
Alle Belagsarten können problemlos auf jedem trockenen und glatten Unterboden verlegt werden; sie können verspannt, ganz-
flächig verklebt, mit Klebeband oder lose
verlegt werden. Alle Verlegetechniken haben
ihre Vor- und Nachteile. Am einfachsten ist
das Verlegen von Selbstklebeplatten; am
schwierigsten das Verspannen von Teppichen. Die Teppichbodenfixierung hat den
Vorteil, daß Auswalkungen und Verwerfun-
gen durch Feuchtigkeit weitgehend unter-
bunden werden. Neben dem vollflächigen
Verkleben kann man die Teppiche auch auf
Haftgitter und Haftvliese verlegen.
Das Linoleum erlebt zur Zeit eine Renais-

sance. Den pflegeleichten Belag gibt es in
sehr vielen Farben und Mustern. Linoleum
weckt eine leicht nostalgische Stimmung
im Raum.
Bei den Teppichen steht man wieder vor der
Entscheidung: Chemie- oder Naturfaser.
Chemiefasern sind strapazierfähig und leicht
zu reinigen. Haargarnteppiche werden aus
Kuh-, Ziegen- oder Pferdehaar gefertigt.
Sie sind fest und strapazierfähig; deshalb
eignen sie sich gut für stark beanspruchte
Räume. Sie dürfen nicht feucht gesäubert
und müssen gegen Motten geschützt werden. Wollteppiche sind besonders behaglich
und warm; je dichter ihr Flor, desto strapa-
zierfähiger sind sie. Auch Teppiche aus
Pflanzenfasern (meist Kokos, Sisal, Jute
oder Seegras) sind strapazierfähig und leicht
zu reinigen. Allerdings sind sie sehr teuer;
besonders die Sisalfasern. Schon die Azteken
und Mayas benutzten die Sisalfasern zur
Herstellung von Seilen und Fischnetzen. Die
Sisalagave ist eine die Trockenheit überdau-
ernde Pflanze; ihre langen fleischigen Blätter erlauben ihr, eine große Menge Wasser
zu speichern. Die Blätter enthalten die Sisalfasern in Form von Bündeln, die im Frucht-
fleisch eingewachsen sind. Jeder Agaven-
stock ergibt im Durchschnitt 1,5 kg Fasern
pro Jahr.
Viele Naturstoffe sind mit Pflanzenfarben
gefärbt: Reseda, Krappwurzel, Indigo-
strauchblüten, Walnußschalen. Für das einzige tierische Färbemittel liefert die Chenil-
lelaus die Farbstoffe. Die Beize, die zum
Auftragen der Farbe erforderlich ist, setzt
sich aus naturnahen Substanzen wie Wein-
stein und Alaun zusammen.

Fliesen – aus Cotto und sogar aus Kork?

Mit Fliesen können Muster, Friese und sogar Figuren gelegt werden. Im Baumarkt gibt es ein großes Sortiment. Dort sind die Fliesen am preiswertesten. Wer jedoch Freude an der Raumgestaltung hat, wird an einem Fliesenfachgeschäft nicht vorbeikommen. Sparen Sie nicht am falschen Fleck! Schöne Fliesen können den Wohnwert Ihres Hauses erheblich erhöhen. Achten Sie bei der Auswahl der Fliesen auf deren Oberfläche. Allzu rutschfestes Material läßt sich oft nur schwer wischen und somit schlecht reinigen. Hauptmerkmal der Feinsteinzeugfliesen ist ihre extrem hohe Verschleißfestigkeit. Sie eignen sich für fast alle Bereiche innerhalb und außerhalb des Gebäudes. Wählen sie je nach Beanspruchung die richtige Bodenfliese. Glasierte Fliesen können infolge großer Beanspruchung Abrieberscheinungen aufweisen. Wichtig ist die Abriebgruppe der Fliesen. Sinnvoll ist, wenn die Fliesen auf einem Zementestrich verlegt werden. Dann hat man die größte Garantie, daß sie sich mit der Zeit nicht lockern. Man kann sie auch auf Spanplatten verlegen (vgl. Innenwände/Feuchträume). Das Fliesenverlegen ist kinderleicht! Eine Anleitung dazu finden Sie meistens auf der Verpackung der Fliesen: Den Fliesenkleber mit breiter Zahnkelle oder einer Zahnspachtel auftragen. Immer nur so große Flächen mit Kleber versehen, wie Sie in etwa 15 min belegen können. Die Fliesen mit Hilfe der Fliesenkreuze ausrichten und mit einem Gummihammer leicht festklopfen. Stößt der neue Fliesenboden an einen anderen Bodenbelag, arbeitet man eine Übergangsschiene ein. Sie wird in das Kleberbett gedrückt, bevor man die Fliesen auflegt. Man kann aber auch eine Metallschiene als Deckleiste und Überbrückung darüber schrauben. Die diagonale Anordnung der Fliesen ist etwas schwieriger, wirkt dafür aber raffinierter. Die Mühe lohnt sich! Für den Außenbereich müssen frostbeständige Fliesen sowie flexibler Fliesenkleber verwendet werden. Bei hohen Außentemperaturen soll der Untergrund vorher angefeuchtet werden. Mit einer Fliesenschneidemaschine oder auch mit dem Winkelschleifer lassen sich Fliesen schneiden. Wer viel Geld sparen will, kreiert sich seine »römischen« Fliesenfriese selbst. Mit einiger Phantasie lassen sich aus zerbrochenen Restfliesen wunderschöne Muster und Friese zaubern. Im Baumarkt bezahlt man dafür ein Vermögen! Die Kanten der einzelnen Fliesenbruchstücke müssen vor dem Verlegen abgeschliffen werden.

Eine sehr rustikale Fliesenart stellen Cottofliesen dar. Die rotbraune Farbe des baubiologischen Belags aus der Toskana vermittelt ein südeuropäisches Flair. Sie haben eine

Im Baumarkt findet man schöne Mosaik-Friese, aber die besten Friese kann man sich selbst kreieren. Das kostet zwar viel Zeit und Muße, aber dafür kaum einen Cent. Und außerdem hat man an seinem eigenen Kunstwerk viel Freude

hervorragende raumklimatische Wirkung und eignen sich auch sehr gut zur Verlegung im Freien. Zur laufenden Pflege wird Cottomilch dem Wischwasser zugegeben. Pfützenbildung vermeiden!

Ähnlich wie Fliesen (mit Zahnspachtel) wird ein Korkbelag verlegt, nämlich mit Korkbodenbelagskleber. Mit farbigen Korkparkettplatten lassen sich – ebenso wie mit Fliesen – bunte Muster und Friese legen. Kork ist für die Fußbodenheizung und auch für Feuchträume (Bad, WC, Küche) geeignet. Er schluckt den Schall im Tieftonbereich wie ein schwerer Teppich. Seine hervorragende Dämmung gegen Kälte und Wärme spart Energiekosten. Naturbelassenes Korkparkett kann versiegelt (frühestens drei Tage nach Verlegung!), gewachst oder geölt werden. Die Korkplatten mischen und wenigstens 48 Stunden im Verlegeraum ausbreiten. Der Raummittelpunkt, von dem die Verlegung erfolgt, wird mit einem Schnurschlag ermittelt. Weitläufige Korkeichenwälder in Portugal sorgen für einen regelmäßigen Nachschub dieses nachwachsenden Rohstoffes. Die Rinde der Korkeiche läßt sich alle neun bis zehn Jahre schälen, ohne daß dabei der Baum zu Schaden kommt. In Schrotmühlen wird die Rinde zu Granulat verarbeitet. Je nach Körnung hat das Korkparkett später eine feinere oder gröbere Struktur. Werkzeuge zum Verlegen des Korkparketts: Zollstock, Richtlatte, Cutter, Gummihammer und Kleber. Die versiegelte Oberfläche kann nebelfeucht abgewischt werden.

Brand- und Schallschutz

Holz brennt nicht so leicht wie man denkt

Zuvor eine Frage: Ist Ihr Feuerlöscher TÜV-geprüft und so angebracht, daß er in jedem Fall rasch zur Hand ist? Falls dies nicht der Fall ist, kümmern Sie sich bitte am besten sofort darum. Aber keine Angst, das würde man Ihnen auch im Steinhaus raten! Holz brennt nicht so leicht, wie man denkt. Bei

Waldbränden entzündet sich zuerst der Bodenüberzug aus trockenen Blättern und dünnen Ästen, bevor sich ein Lauffeuer ausbreitet. Im Mittelalter mußte die Brandmauer zwischen den Fachwerkhäusern über die Dachfläche hinausragen und wurden daher oft in zeitgenössischen Formen als Staffelgiebel ausgebildet. Aber Schadenfeuer waren nicht so häufig wie manchmal angenommen, sonst wären Feuersbrünste nicht als besondere Ereignisse in Chroniken vermerkt. Höhere Anforderungen an Gebäudetrennwände (Brandschutzfaktor F 90-B) werden heute durch Maßnahmen wie mehrlagige Bekleidungen und Gipswerkstoffe oder zementgebundene Holzwerkstoffe, Doppelrahmenkonstruktionen und Füllungen mit geeigneten Dämmstoffen gewährleistet. Zuweilen werden die Brandschutzwände in Holzhäusern auch aus Stein gemauert. Aber es geht durchaus auch aus Holz! Es reagiert auf Erwärmung kaum mit Dehnungen wie andere Werkstoffe; ein plötzlicher Zusammenbruch ist beim Holzhaus nicht zu befürchten. Bei größeren Querschnitten oder einseitiger Beanspruchung entzündet sich Holz schlecht. Ein Blockhaus bleibt bei einem Brand länger als ein Steinhaus stehen und ist sogar erdbebensicherer. Ein Holzbalken leistet Feuer länger Widerstand als ein Betonpfeiler oder Stahlträger, weil Holz bis zu 15% Wasser enthält. Holz brennt zwar, aber viele Bauteile aus Holz haben eine längere Feuerwiderstandsdauer als solche aus unbrennbaren Materialien. Holz ist ein schlechter Wärmeleiter, und die sich im Brandfall an der Oberfläche bildende Holzkohle behindert den weiteren Abbrand stark. Aufgrund seiner geringen Wärmeleitfähigkeit erhitzt sich Holz weniger schnell als eine Metallkonstruktion. Die beiden Hauptbestandteile des Holzes – Zellulose und Lignin – sind eigentlich nicht brennbar. Das Löschrisiko können Feuerwehrleute bei Holzkonstruktionen besser einschätzen. Tragende Holzteile sind ohne weitere Verkleidung und Behandlung feuerhemmend, wenn sie bestimmte Querschnitte haben. Für zweigeschossige Holzbauten wird im allgemeinen eine feuer-

Eine Alternative zur mehrschichtigen Brandschutzwand ist eine Steinwand, die man auch in ein Holzhaus einbauen kann. Sie ist aber kostenaufwendiger

hemmende Ausführung der Tragkonstruktion (F 30) gefordert. Für den Brandschutz sind Materialauswahl und Schichtfolgen ebenso entscheidend wie für den Schallschutz. Dabei sind die Brandschutzfaktoren F 30, F 60 und F 90 zu beachten. Eine Wand mit einer Steinwolleisolierung, die den Brandschutzfaktor F 90 besitzt, ist extrem feuerbeständig. Sie hält den Flammen bei üblicher Belastung mindestens 90 min stand. Die Trennwand oder -decke in einem Zweifamilienhaus muß mit einem F 90-Material isoliert werden. Feuerhemmend sind alle Holzbalkendecken nach DIN 4102. Bei sichtbaren Balken gilt dies nur dann, wenn diese aus Brettschichtholz und mindestens 11 x 20 cm dick sind (aus Vollholz mindestens 12 x 22 cm). Informationsblätter über den Aufbau von Brandschutzwänden und -decken im Holzständerbau erhalten Sie im Baumarkt bzw. muß der Architekt ihren Aufbau festlegen. Außenwände, deren Innenseite mit Bekleidung aus nichtbrennbaren Platten geschützt sind und deren Wärmedämmung ausschließlich aus nichtbrennbaren Materialien besteht, führen zu einer Einstufung des Fertighauses mit harter Bedachung in der Fertighausgruppe (FHG II), die der Bauartklasse II entspricht. Viele Versicherungen stufen Holzrahmenge-

bäude entsprechend ein. Die Versicherungsbeiträge für Holzständerhäuser liegen im Vergleich zu Massivhäusern heute pro Jahr etwa 60 € höher. Bei mehrgeschossigen Holzständergebäuden verhalten sich die Versicherungen allerdings zurückhaltend. Auch die Verwendung einer weichen Bedachung (Stroh, Reet, Holz) wird sehr kritisch eingestuft. Harte Bedachungen wie Ziegel, Bitumenschindeln und Schiefer haben keinen negativen Einfluß auf die Versicherungsprämie.

Abstandsbügel zur Verminderung der Schallübertragung

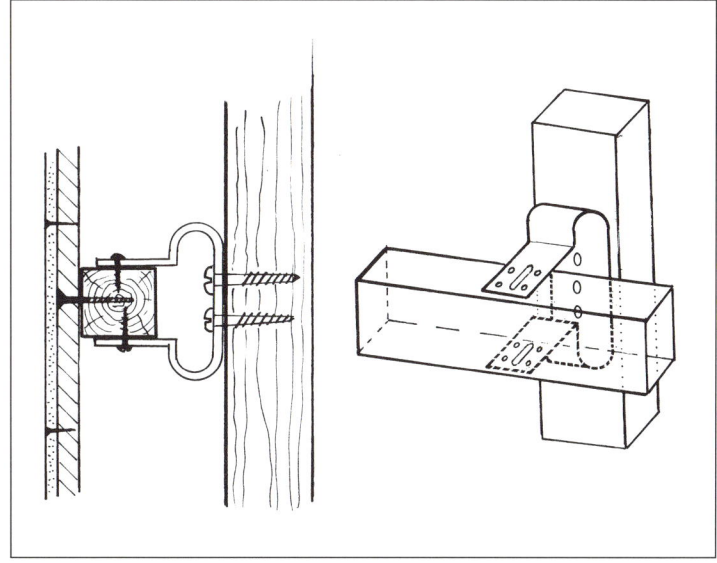

127

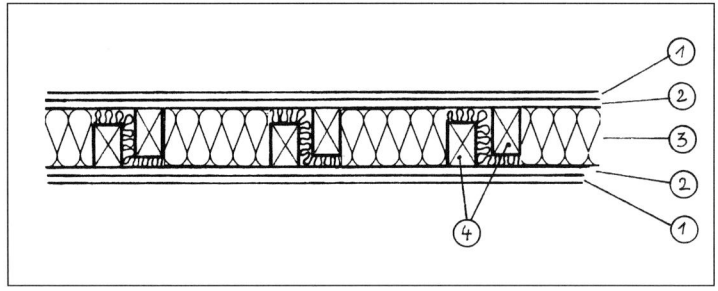

TRENNWAND (F 90–B) FÜR ZWEIFAMILIENHAUS

Holzständer wegen Schallschutz versetzen

① Gipskartonplatte, feuerhemmend
d = 15 mm
② Holzwerkstoff-platten, Dichte
ς = 600 kg/m³,
d = 19 mm
③ Mineralfaserdäm-mung F 90–B, d = 100 mm
④ Holzständer mind. 40/80 mm

HOCHSCHALL-GEDÄMPFTE WOH-NUNGSTRENNDECKE

① Parkett, 10 mm
② Holzspannplatten, 25 mm
③ Mineralfaser-platten, 25 mm
④ Betonplatten auf Filz, 40 mm
⑤ Holzspannbalken, 38 mm
⑥ Deckenplatten
⑦ Mineralwolle, 60 mm
⑧ ⑨ Qerleisten über Federbügel
⑩ Gipskartonplatten

Nicht lauter als ein Steinhaus

Nicht allein die Einliegerwohnung oder die Doppelhaushälfte zwingen uns, einen entsprechenden Schallschutz einzuplanen. Der Schallschutz kann in einem Holzhaus mindestens gleich groß wie in einem Steinhaus sein, wenn man die Schallregeln beachtet. Abzugsschächte, Entlüfterrohre und der Kamin können auch in Steinhäusern zum Haustelefon werden. Und wenn man die heißen Hits seiner halbwüchsigen Kinder allzu stark durch die Wände hört oder Was-serrohrgeräusche und Klosettspülung beim Schlafen stört, dann heißt es auch dort im wahrsten Sinne des Wortes »aufhorchen«. Dem Geräusch der Klosettspülung zum Bei-spiel läßt sich von vornherein ästhetische Abhilfe verschaffen, indem man die Toilet-ten im Haus entsprechend positioniert (möglichst an einer Außenwand). Schlaf- und Wohnräume sollten nicht an einer lau-ten Straße liegen. Für Akustikdecken und Wände gibt es spezielle Schallschluckplat-ten im Baustoffhandel. Gipsplatten (Ferma-cell- oder Rigipsplatten) werden sowohl für den Schallschutz als auch für den Brand-schutz eingesetzt. Auch mit Mineralwolle-platten und 20 mm Mineralputz sowie mit Korkplatten läßt sich der Schallschutz an den Wänden verbessern. Für einen erhöhten Schallschutz (zum Beispiel zwischen zwei Wohnungen) werden auch zwei getrennte Ständerkonstruktionen mit versetzt an-geordneten Hölzern eingesetzt, so daß Schallübertragungswege vermieden werden. Unter dem Aspekt des Schallschutzes sind Metallständer für die Innenwände des Holz-ständern vorzuziehen. Verbretterungen, die mit vielen und breiten Fugen verlegt sind, verkörpern eine schallschluckende Brettan-ordnung, denn es bricht sich der Schall. Wer will, kann seine Wände auch mit Eierver-packungen dämmen, ein primitiver, aber effektiver Schallschutz.

Zudem beeinflussen Fugen den Schalldurch-gang durch eine Wand erheblich. Besondere Bedeutung haben Fugen in Raumecken und im Sockelbereich. Im Sockelbereich erhöht sich der Schalldruck auf das 4fache, in der Raumecke auf das 16fache des Schall-druckes auf die Wandfläche! Schall kann entweder durch Masse oder durch Viel-schichtigkeit des Aufbaus unterdrückt werden. Im Fertigbau wird die oft fehlende Masse durch den Faktor Vielschichtigkeit ersetzt. In angrenzenden Bereichen kann ei-ne zusätzliche Vorsatzschalung sinnvoll sein, die auch für Sanitärinstallationen dienen kann. Zum Schallschutz von sanitären Anlagen dienen Isoliermanschetten an Rohrdurchbrüchen, Druckminderventile, Spülkästen statt Druckspüler, große Lei-tungsquerschnitte, in Rohrschellen einge-legter Bitumenfilz, das Zwischenschalten von kurzen Rohrstücken aus Kunststoff. Es gibt spezielle PE-Rohre mit Schallschutz durch Dualtechnik (zwei Schalen mit spezi-

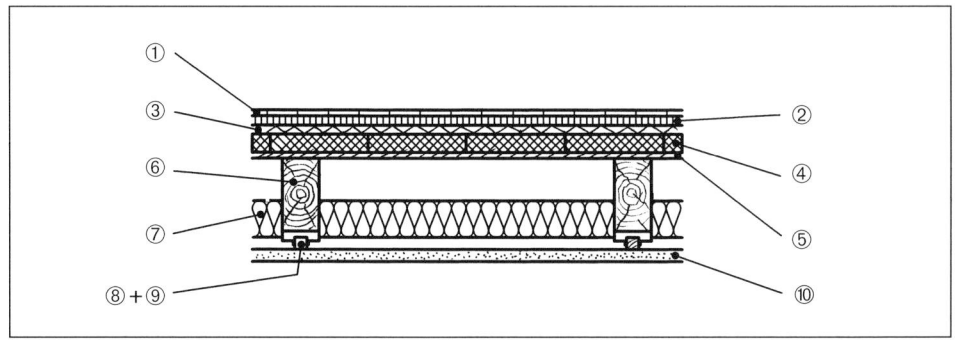

ellem Schallschutzmantel). Als Faustregel bei der Isolierung von Rohren gilt: Gesamtdicke inkl. Dämmung = Nennweite Rohr mal drei. Eine wichtige Rolle spielt auch die Art des Baustoffes. Schalldämmstoffe sind vor allem schwere und massige sowie porige Stoffe (Web- und Faserstoffe, Schlackenwolle, Glas- und Mineralwolle), federnde und elastische Stoffe (Gummi, Kork, federnde Kunststoffe) sowie plastische Stoffe (Bitumen- und teerartige Stoffe, Kitte). Durchlaufende Balken in Fußboden oder Decke sind zwar für die Statik einfach, aber für den Schallschutz eine Todsünde. Aus dem Musikinstrumentenbau wissen wir, daß sich der Schall in einem Resonanzboden in Faserrichtung um ein vielfaches schneller fortpflanzt als in der Luft. Zwar läßt sich Holz auch gut als absorbierende und reflektierende Lärmschutzwand im Garten einsetzen (die Höhe der Wand spielt eine entscheidende Rolle), im Baukörper fördert der Werkstoff Holz unter bestimmten Voraussetzungen jedoch den Schall. So gibt es für den Holzskelettbau schalltechnisch geprüfte Holzbalkendeckenkonstruktionen. In Doppelhäusern sollten die Deckenbalken zwischen den Wohnungen unterbrochen werden. Durch Federschienen bzw. eine abgehängte Deckenbekleidung, schwimmenden Estrich sowie durch Hohlraumdämmung wird der Schallschutz verstärkt. Ein Holzfußboden darf nur an Lagerhölzern fixiert werden, er darf nicht mit den tragenden Balken in Kontakt kommen (Nägel, Schrauben). Unter den Lagerhölzern sind Dämmstreifen in ganzer Länge zu verlegen und bis an die Stirnseite der Oberkante der Lagerhölzer nachzuziehen. Optimal ist es, wenn der schwimmende Fußbodenaufbau durch Beschwerung verbessert wird: Sand- oder Kiesschüttung, Steinplatten, Schotter, Zementestrich. Gehbeläge wie Kork oder Teppich sind das i-Tüpfelchen für sanfte Ruhe. Bei Decken wird zwischen Trittschall- und Luftschallübertragung unterschieden. Die Luftschallübertragung betrifft das Durchhören von Sprache und Musik. Mit einem ausreichenden Trittschallschutz der Decke wird auch ein guter Luftschallschutz erreicht.

Und vergessen Sie nicht die Dämmstreifenunterlegung (Gummi) beim Treppeneinbau, sonst hören Sie das Treppensteigen im ganzen Haus!

Die Treppe
Das Schmuckstück des Hauses

Erst die Treppe und dann das Treppenloch! Das ist preiswerter! Im Holzhaus läßt sich eine Stahl- oder Holztreppe einbauen. Ganzholztreppen kosten leider leicht das Doppelte als Metallkonstruktionen. Erheblich billiger als eine individuell hergestellte Treppe ist eine Typen-Treppe aus dem Baumarkt. Im Selbstbau ist die Verwendung von Fertigteiltreppen die Regel. Aber achten Sie darauf, daß wenigstens die Stufen aus strapazierfähigem harten Holz (Buche, Eiche, Mahagoni, Esche, Rüster) bestehen und nicht zu dünn sind. Eine kostengünstige Variante für den Eigenbauer sind Zweiholmtreppen mit Holzstufen; sie kann der geübte Heimwerker noch am ehesten einbauen. Tragholmtreppen wirken allerdings relativ plump. Ein schönes und ganz preiswertes Treppengeländer (auch um das Treppenloch) läßt sich aus gehobelten Dachlatten (45 x 28 mm) zaubern. Die genaue Deckenöffnung muß bereits beim Ständerwerk geplant werden. Um Absturzunfällen vorzubeugen, sollten Sie die Treppe möglichst bald einbauen. Wenn sie mit Folie gut eingehüllt wird, kann man sie bereits im Rohbau als Bautreppe nutzen. Im Rohbau müssen Sie bei der ersten Stufe den künftigen Fußbodenaufbau berücksichtigen. Und die Oberkante der oberen Stufe muß mit der Oberkante des oberen Fußbodens bündig abschließen. Eine zu schmale, zu steile und womöglich noch schlecht beleuchtete Treppe gilt als schwerer Fehler. Raumspartreppen mit Schmetterlingsstufen sind nur Notlösungen! Auch Wendeltreppen um eine dünne Spindel sind zwangsläufig steil und unbequem. Laut Feng Shui wirken Wendeltreppen mit einer ganzen Umdrehung destruktiv und schaden der Gesundheit, weil sich die Energie winden

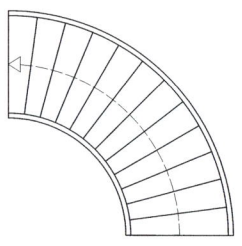

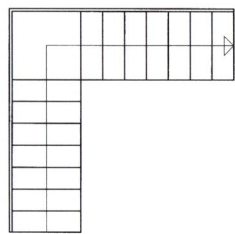

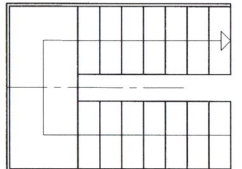

Oben und unten:
Kleine Geschoßtreppe aus dem Baumarkt zum Selbstaufbau.

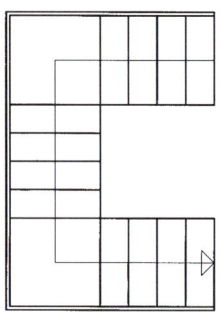

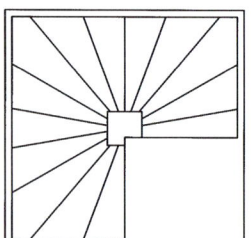

Außenspalten Seite 130/131:
Verschiedene Treppenformen

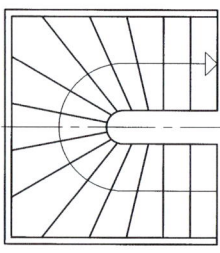

und durch eine enge Öffnung pressen muß. Gehen Sie keine Kompromisse ein; die Treppe beeinflußt nicht zuletzt auch den Wiederverkaufswert Ihres Hauses. Eine Treppe wird für Jahrzehnte gebaut. Machen Sie Ihre Überlegungen nicht von Modetrends und geringen Preisvorteilen abhängig. Der Gesetzgeber unterscheidet zwei Treppenarten, nämlich die notwendige und die nicht notwendige Treppe (Haupt- und Nebentreppen). Dabei spielt das Haftungsrisiko bei Treppenunfällen eine Rolle. Unzulässiger Einbau von Spar- und Steiltreppen kann auch dazu führen, daß der Versicherungsschutz im Schadensfall verlorengeht. Für notwendige Treppen in Wohngebäuden legt die DIN folgende Sicherheitsmaße fest: Stufenhöhe max. 20 cm; Auftrittbreite: minimal 23 cm; Treppenbreite minimal 80 cm; Durchgangshöhe minimal 2 Meter, Geländerhöhe 90 cm. Die Podesttiefe sollte mindestens so groß sein, wie die Laufbreite einer Treppe. Der Auslauf der Treppe darf nicht zu knapp bemessen sein. Bei aufeinanderfolgenden Treppen das Steigungsverhältnis nicht ändern! Rechtsläufige Treppen gehen sich angenehmer als linksläufige. Für Kinder gibt es spezielle Handläufe. Das Geheimnis einer vornehmen Treppe liegt auch in ihrer Flachheit. Wenn man die Tritte über die Setzstufen etwas überstehen läßt, wird das Steigungsverhältnis verbessert, ohne die Treppe zu verlängern. Auftritt und Stufenhöhe müssen in einem harmonischen Verhältnis stehen. Senkrechte Geländerstäbe dürfen einen seitlichen Abstand von max. 12 cm haben. Bei waagerechter Anordnung der Stäbe oder Bretter darf der Abstand nicht mehr als 4 cm betragen. In der Regel ist eine Geländerhöhe von 90 cm vorgeschrieben, in Ausnahmefällen 110 cm. Treppen sind Transportwege! Besonders bei schmalen Treppen ist man gut beraten, wenn man ein demontierbares Geländer einplant. Die Treppe diente schon immer der Repräsentation. Die Schönheit des Holzes kann auch hier als Zierde genutzt werden. Darüber können farbliche Akzente gesetzt werden. Weiße Treppen wirken äußerst elegant und schwerelos. Blaue und grüne Treppen vermitteln einen südlichen Landhausflair. Auch Farbkombinationen sind reizvoll. Dazu kann eine wasserlösliche Farbe oder Lasur eingesetzt werden. Zur Versiegelung der Oberfläche der Treppe dienen Speziallacke. Das Holz muß vor dem Lackieren aufgerauht werden. Eine Außentreppe kann ein reizvolles Schmuckdetail am Haus darstellen. Außentreppen sollten (zum Beispiel durch ein Dach) vor der Witterung geschützt sein; die Stufen können im Winter glatt und rutschig werden.

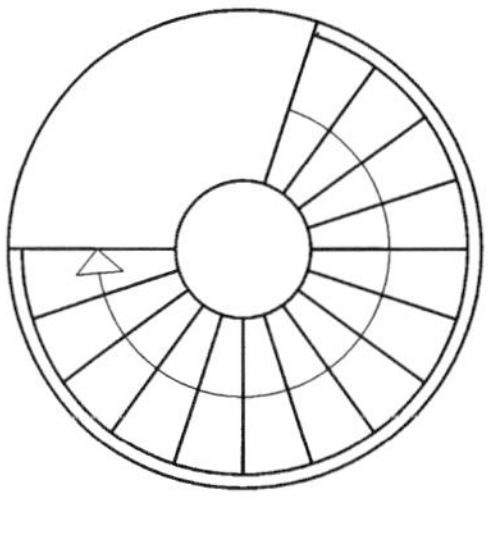

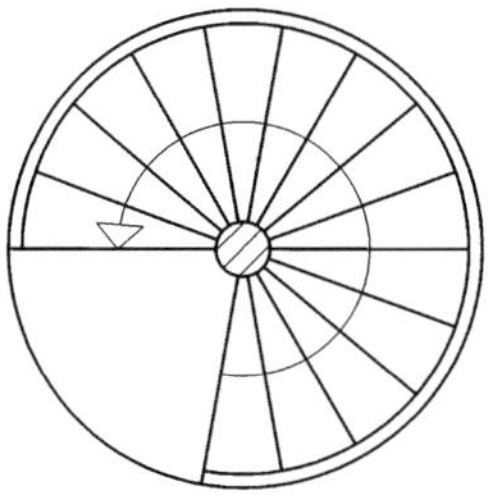

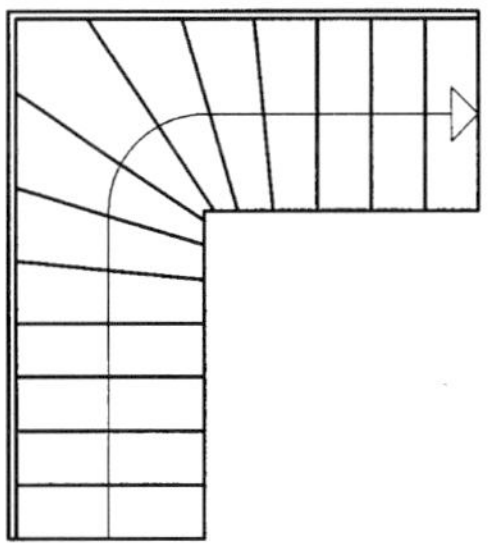

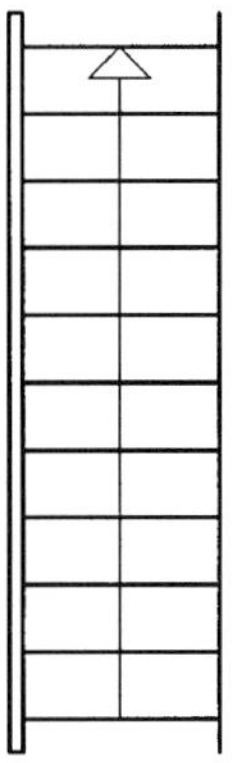

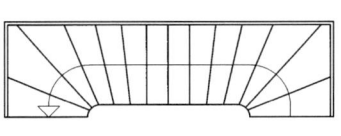

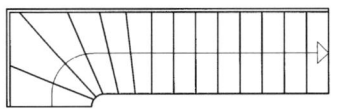

Die Fenster des Hauses

Einfassungen beleben die Fassade!

In der Baugeschichte haben sich eine Fülle von Fensterformen herausgebildet, die auch mit funktionellen Aufgaben verbunden sind, wie zum Beispiel das Chörlein am hoch- und spätmittelalterlichen Bürgerhaus, Erker, Austritterker, Dachgaube und Veranda. Durch Fenster wird die Menge des Lichtes und die Lichtführung (Sonnenstrahlen) im Raum geregelt. Gleichzeitig kann ein schöner Ausblick in die Raumgestaltung einbezogen werden. Lange und schmale Räume möglichst nicht von der Schmalseite, sondern stets von der Längsseite aus befenstern! Nehmen Sie Ihr Grundstück unter diesen Gesichtspunkten zu verschiedenen Tages- und (wenn möglich) auch zu verschiedenen Jahreszeiten »unter die Lupe«. So können Sie den Standort Ihres Hauses und die Lage der Fenster entsprechend der Lichtführung optimal festlegen! Wirft die tiefstehende Wintersonne ihre warmen Strahlen in Ihre Veranda oder wird sie durch ein hohes Gebäude daran gehindert? Kinder brauchen Sonne und einen möglichst schönen Ausblick, sonst werden sie traurig und lustlos ...

Die Fenster an Holzhäusern lassen sich einfallsreich verzieren. In Skandinavien findet man besonders schöne Anregungen

Kann Ihr Kind in seinem Zimmer nach dem Schulunterricht seine Hausaufgaben an einem sonnigen Platz erledigen? Wenn Sie früh erwachen, werden Sie dann von der Morgensonne freundlich begrüßt? Muntert Sie heiteres Licht auch bei der Morgentoilette im Bad auf? Können Sie nachts den Mond von Ihrem Bett aus sehen oder rotglühende Sonnenuntergänge von einer Dachgaube aus beobachten? Jeder kann das Sonnenlicht gezielt für Wärme und für Stimmung nutzen. Größe und Form der Fenster spielen dabei eine wichtige Rolle.

Außerdem haben die Fenster eine dekorative Wirkung. Fenster gestalten die Fassaden wie Augen das Gesicht. Von außen betrachtet, wirken Fenster ohne Sprossen und schmuckloser Einrahmung langweilig, ja wie schwarze Löcher in den Häusern. Mit Hilfe von filigranen Sprossenspielen, Glasmalereien, geschwungenen Formen und schmückenden Einfassungen können Sie die Fassaden abwechslungsreich beleben. Und auch von innen fühlt man sich weniger beobachtet und preisgegeben. Bei einer schönen Fensterverzierung kann man auf Gardinen, die die Aussicht verhängen, verzichten. Es entsteht der Eindruck eines

Zaunes, der den Wohnbereich vor den Blicken der Spaziergänger schützt. Deren Blicke werden durch die Schönheit der Fenster und der Fassade abgelenkt. Der Werkstoff Holz bietet beste Voraussetzungen für die schmuckvolle Einfassung der Fenster – sowohl von innen als auch von außen. Fenstereinrahmungen in verschiedenen Farbtönen können mit Mobiliar und Raumgestaltung harmonieren und Akzente setzen. Eine schöne Aussicht wirkt dann wie ein Gemälde. Und auch von außen können die Fenster mit farbenfreudigen Holzverzierungen geradezu bezaubernd umrahmt werden. Dabei kann man wieder einmal seine Phantasie spielen lassen. Zusammen mit ebenso dekorativen Fensterläden aus Holz ergibt sich ein ganz besonders malerisches Ambiente. Sprossen vermitteln zudem historische Tradition und ein elegant-rustikales Flair. Leider sind Sprossenfenster teuer. Aber es lohnt sich, verschiedene Angebote einzuholen. Bei glasteilenden Sprossen entsteht zudem das Problem des umständlichen Fensterputzens. Innenliegende oder aufgesetzte Sprossen sind eine praktische Lösung. Re-

Die Schweden schmücken ihre Fenster nicht nur von innen, sondern auch durch die freisprießenden Gartenblumen von außen. Die Holzhäuser in Schweden sind äußerst anmutig und verträumt

133

lativ preiswert sind innenliegende Sprossen. Zeichnen Sie der Fensterfirma Ihren Sprossenentwurf auf! Besonders bei Festglasteilen kann man Geld sparen. Sie sind erheblich billiger als Fenster. Dabei darf die Raumlüftung nicht vergessen werden. Im Korridor könnte man ein Festglasteil zum Beispiel durch ein Oberlichtfenster an der Haustür ausgleichen. Mit einem kleinen Zusatzfenster kann man sich Luft und einen schönen Ausblick ins Zimmer holen, wenn man es geschickt anordnet. Bei kleinen Fenstern kann auf Sprossen verzichtet werden. Wer sich keine Sprossen- oder Rundbogenfenster leisten kann, ist gut beraten, sich auf dem Second-Hand-Markt umzusehen (Seite 42). Den modernen Anforderungen an den Wärmeschutz müssen die Fenster aber gerecht werden. Farbig beschichtete Scheibenelemente und Glasmalereien ergeben bei Sonnenschein reizvolle Licht- und Farbeffekte im Raum. Es gibt dazu auch Folie zu kaufen (Baumarkt), die man geschickt in einzelne Sprossenfelder kleben kann. Mit Blumen- und Vogelmotiven lassen sich sogar orientalisch beeinflußte Stimmungen erzeugen.

Der Fenstereinbau ist nicht schwer. Bei kleinen Fenstern kann man üben

Fensterarten und Fenstereinbau

Schon bei der Hausplanung können Sie die Weichen für einen günstigen Fenstereinkauf stellen. Wenn Sie Fenstermaße und Fensterart nach der DIN-Norm wählen, sparen Sie Sonderanfertigungen. Trotz Normung sind die Fenstergrößen vielfältig genug. Achten Sie auf einen k-Wert von 1,1. Der k-Wert spielt nämlich keine erhebliche Rolle beim Preis des Fensters, spart aber Heizkosten. Bei Ersatz der 2fach-Isolierung durch Wärmeschutzverglasung sparen Sie ca. 800 Liter Heizöl. Vorsicht vor zuviel Glas am Haus. Fensterwände sind teurer als Außenwände. Und schließlich brauchen Sie ihr »gemütliches Eckchen«, in dem Sie sich »einigeln« können. Außerdem entweicht erfahrungsgemäß die meiste Wärme durch die Fenster. Ein großes Fenster kühlt aber weniger aus als drei kleine! Und es gibt Glassorten, die von einer Seite undurchsichtig sind. Dreifachverglasungen sind besonders schall-

und wärmedämmend. Ein optimaler Wärme- und Schallschutz wird mit dem Kastenfenster erzielt. Baubiologen empfehlen UV-durchlässiges Glas, das sich durch eine besonders hohe Durchlässigkeit von Tageslicht im Bereich der bräunenden und biologisch wirksamen ultravioletten Strahlung auszeichnet. Fenster kann man drehen, kippen, klappen, schwingen, wenden und schieben. Bei der Planung und beim Kauf der Fenster muß die Öffnungsart und -richtung beachtet werden. Fensterbrüstungen sollten nicht höher als 80 cm sein. Über Arbeitsflächen in Küchen sollte ein Abstand von 30 cm eingehalten werden. Aus Dachfenstern kann man in steilen Dachneigungen einen besonders schönen Ausblick genießen. Das Dachfenster sollte deshalb nicht zu hoch sitzen. Im Zusammenspiel mit großen Giebelfenstern wirkt das Dachfenster hier besonders nahe der Natur wie ein Wintergarten. Auf die teuren Sprossen kann man im Dachfenster durchaus verzichten, an der Giebelfront nicht unbedingt. Mit einer Gaupenveranda läßt sich ein »hängender« (Winter-)Garten auf das Dach zaubern. Auch wenn das Dachfenster den Drempel einschließt, ergeben sich tolle Ausblicke.

Wichtig ist auch der Sonnenschutz an den Fenstern. Rolläden sind nicht nur teuer, sondern sie erweisen sich auch als Schall- und Kältebrücken. Sie erfordern einen dicken Wandaufbau. Klappläden oder hölzerne Innenläden sind eine Alternative. Letztere setzen voraus, daß die Fenster nach außen aufschlagen, außerdem muß eine tiefe Fensterlaibung eingeplant werden, wo sie gefaltet untergebracht werden. Vor allem in südlichen Ländern sieht man oft Innenklappläden, meistens allerdings in Verbindung mit zusätzlichen Außenklappläden. Ein äußerer Sonnenschutz ist wirksamer als ein innerer, zum Beispiel in Form von Dachüberständen und Markisen. Letztere verleihen Ihrem Holzhaus ein sowohl farbenfreudiges als auch luftiges und sommerliches Flair. Vergessen Sie für den Abzug der Warmluft nicht den Luftschlitz zwischen Schattierungsvorrichtung und Hauswand! Sonst sitzen Sie zwar im Schatten, aber in einem Pfuhl von stehender Wärme. Da dunkle Farben Wärme speichern und helle sie reflektieren, sollte der Markisenstoff nicht nur mit der Farbe des Hauses abgestimmt werden. Blau, Grün und Grau vermitteln ein Gefühl von Kühle.

Sicher wird sich Ihnen die Frage stellen, ob Sie auch die pflegeleichten, wartungsarmen und preiswerten Kunststoffenster in ein Holzständerhaus einbauen können. Kein Problem! Kunststoff ist ein dehnbares Material und harmoniert mit den Eigenschaften des Holzes. Wichtig ist, daß der Kunststoff durch einen Metallrahmen verstärkt wird. Kunststoffenster gibt es in allen möglichen Farben zu kaufen. Allerdings sollte man bei einer Farbe bleiben, denn es ist gewiß nicht empfehlenswert, Kunststoffenster zu streichen. Imitationen wie Eiche- oder Mahagonidekor bei Kunststoffenstern wirken an einem Holzhaus unpassend. Dann lieber echte Holzfenster! Naturbelassene Holzfenster sind um 20–30% teurer als gestrichene, da ausgesuchtes Holz verwendet werden muß. Teak ist eine wertvolle

Holzart. Das beliebteste Fensterholz ist Meranti-Holz aus der Mahagoni-Familie. Seriöse Hersteller verwenden ausschließlich Meranti-Holz aus kontrollierten Plantagen und nicht aus Tropenwäldern. Der Nachteil von Holzfenstern ist, daß man sie ab und zu streichen muß. Aluminiumfenster dagegen sind sehr wertbeständig. Zu einem Holzhaus passen sie allerdings wohl kaum. Eine Alternative sind Verbundfenster, bei denen verschiedene Werkstoffe kombiniert werden. Aluminium an der Außenseite und Holz an der Innenseite? Geschmacksache! Glasbausteine eignen sich dort, wo aus bau-

Das Fensterbrett sollte an der Außenfassade überstehen und etwas Gefälle haben (Schutz vor Regen)

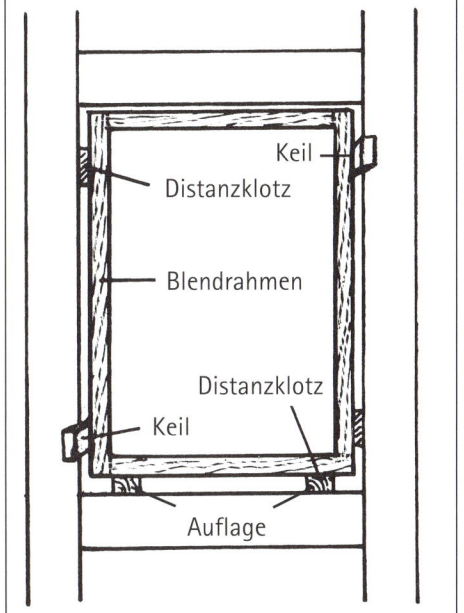

Einbau eines Fensters

rechtlichen Gründen normale Fenster nicht zugelassen sind (zum Beispiel Garagenwand auf der Grundstücksgrenze).

Der Einbau von Fenstern und Terrassentüren ist denkbar einfach. Wenn Sie darin noch keine Übung haben, dann bauen Sie ein oder zwei Fenster zusammen mit einem Fachmann ein. Die übrigen Fenster können Sie dann allein bzw. zusammen mit einer Hilfskraft einsetzen: Hängen Sie die Fensterflügel aus. Der Fensterhöhe entsprechend zwei bis drei Dübellöcher in den Rahmen bohren. Die Fenster auf Tragklötze in die Ständeröffnung lotrecht einsetzen und mit der Wasserwaage ausrichten. Mit Distanzklötzchen so einpassen, daß rechts und links mindestens eine Fuge von 10 mm offen bleibt. Den Rahmen mit Keilen gleichmäßig fest fixieren und in spezielle Fensterrahmendübel festschrauben. Fensterflügel einhängen und Funktion prüfen, Dübelschrauben nachziehen. Die Fuge mit Montageschaum ausschäumen und mit Mineralwolle nachstopfen. Die Fenster und Türen sollten in der Außenwand möglichst weit nach innen sitzen, damit die Flügel beim Öffnen nicht durch die Wand behindert werden. Bei Rundbogenfenster- und türen ist dies besonders wichtig. »Do-it-your-selfer« können auch Dachfenster einbauen. Dazu sollte man sich allerdings von einem Fachmann beraten lassen und auf einer genauen Anleitung bestehen. Der Einbau muß in Abstimmung mit der Dachdeckung erfolgen. Bei einem Ziegeldach benötigen Sie einen anderen Eindeckrahmen als bei einer Schindel- oder Schiefereindeckung.

Die Haustür

Haustüren werden in gleicher Weise wie Fenster eingebaut. Und auch bei Haustüren gibt es Normgrößen. Eine Hautür ist der am meisten beanspruchte Teil eines Hauses. Sie repräsentiert nicht nur das Haus, sondern auch dessen Bewohner. Nicht ohne Grund legt man deshalb auch bei Feng Shui großen Wert auf das Erscheinungsbild der Haustür. Sie sollte möglichst repräsentativ mit Glanzlackfarbe gestrichen und mit einer goldglänzenden Drückergarnitur versehen sein. In der Tat werden Haustüren nicht selten zum Kunstwerk stilisiert. Bemalte oder mit Schnitzwerk versehene Türen wirken altehrwürdig. Schön sind auch Haustüren mit Oberlicht oder zweiflügelige Türen. Holztüren können innen vollkommen anders als außen gestaltet werden. Durch edle Türbeschläge und Türklopfer kann man noch mehr Wirkung erzielen. Eine Haustür ist auch ein Zeitzeichen mit oft regionalen Besonderheiten und kann einen Bezug zur Landschaft oder den Haustyp haben. Haustüren müssen dicht sein gegen Wind und Regen, gegen Hitze und Kälte, gegen Schall und Einbruch. Sie dürfen sich nicht verziehen. Am gängigsten sind Haustüren aus Holz und Aluminium. Holztüren sollten möglichst nicht auf

FENSTER- UND TÜREINBAU

Der gewünschte Öffnungsradius muß gewährleistet sein

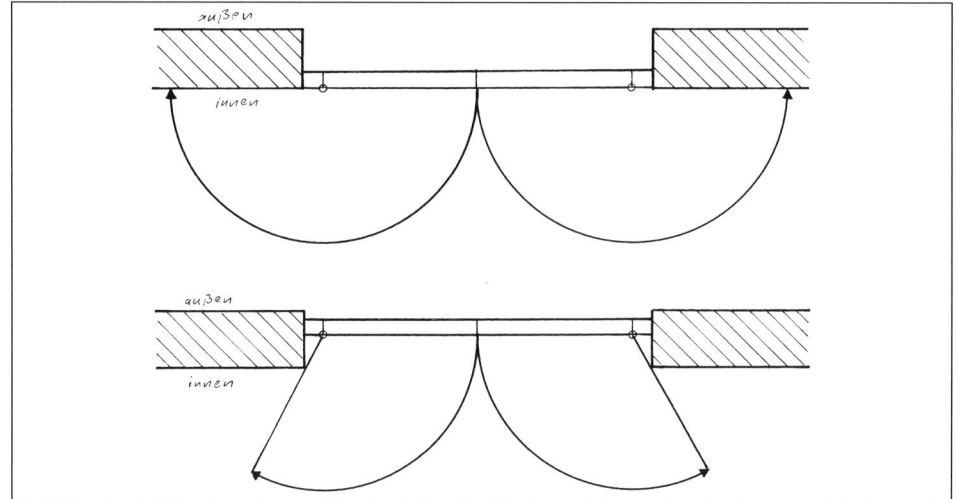

Zweiflügelige Haustüren wirken sehr repräsentativ und harmonisch. Die alten Römer bauten in ihre Villen ausschließlich zweiflügelige Türen ein. Sie hatten ein ausgesprochenes Empfinden für Symmetrie. Die Haustür an einem Holzhaus läßt sich ebenso wie die Fenster mit reizvollem Schmuckwerk zieren und farbig gestalten

der Wetterseite eingebaut werden. Das Türblatt aus massivem Holz sollte mindestens 40 mm dick sein. Empfehlenswert sind moderne Holz-Aluminium-Kombinationen. Sie haben einen stabilen Aluminiumkern, der Bändern, Beschlägen und Schloß einen sicheren Halt gibt. Für die optische Wirkung sind die Aluminiumprofile mit Holz ummantelt. Ähnlich aufgebaut sind auch Kunststofftüren, die es in allen Farben und in verschiedenen Holzimitationen gibt. Sie sind für ein Holzhaus wohl weniger attraktiv, weil das künstliche Material sehr dominant wirkt. Wichtig ist auch der Sicherheitsaspekt. Legen Sie den Eingang Ihres Hauses möglichst nicht an die Wetterseite! Bei Regen und Wind ist die Schlüsselsuche lästig.

Oben:
Kapitänsvilla
an der Südküste
Norwegens

Unten:
Auch in Schweden
gibt es prächtige
Kapitänsvillen, zum
Beispiel in der
Holzstadt Hjo am
Vätternsee (Ter-
rassentür und
Geländer mit der
Form einer Harfe)

Innentüren

Eine Innentür ist fast ein Möbelstück. Besonders schön sind solche, die auf Altstil
oder Antik getrimmt sind. Die Variations-
freudigkeit edler Hölzer läßt der Phantasie
viel Spielraum. Im Baumarkt gibt es preiswerte Landhaustüren, die gut in ein Holzhaus passen. Wer will, kann sie auch bunt
streichen, zum Beispiel in Marineblau, das
in der Kombination mit weißgestrichenen
Paneelen eine Art Seemannsflair ausstrahlt.
Weiße Türen mit Glas passen gut zu weißen
Treppengeländern. Ob nun rustikal, zeitlos
oder supermodern, es gibt eine große Auswahl an Normgrößen für Innentüren. Die
Normgröße sollte auf jeden Fall eingehalten
werden, sonst wird es schwierig, die Türen
auszuwechseln. In Zargen alter Bauart passen die heutigen Normtüren nicht hinein.
Sonderanfertigungen kosten viel Geld. Zargen gibt es aus Holz und Stahlblech. Sie
müssen der Wandstärke entsprechen oder
sie sind für unterschiedliche Wandstärken
um bis zu 30 mm verstellbar. Sie werden als
Bausatz geliefert, der nur noch zusammengefügt werden muß. Der Abstand vom
Schlüsselloch zum Drückerloch ist genormt
und bei allen Zimmertüren gleich. Die Befe-

stigungslöcher unterschiedlicher Beschläge stimmen jedoch nur selten überein. Eine Tür selbst zu zimmern, lohnt sich in der Regel nicht. Dann schon besser eine vorhandene Tür mit Leisten, Farbe und antiken Beschlägen umgestalten! Um Platz zu sparen, kann man Schiebe- oder Versenktüren sowie Harmonikatüren einsetzen. Letztere sind wegen ihres einfachen Einbaus preiswerter. Kleine Grundrisse können mit verglasten Zimmertüren – mit oder ohne Sprossen – optisch vergrößert werden. Türen mit Schweifbogen sind teuer und schwer einzubauen. Gegebenenfalls eignet sich Sperrholz oder Blech für Rundungen. Sie geben jedoch eine ganz besonders schöne Atmosphäre. Achten Sie bei der Drückergarnitur auf ein angenehmes Griffgefühl, aber auch auf Stil. Im Baumarkt gibt es schon für 10 € Türgriffe im Landhausstil. Vergessen Sie auch nicht die WC-Verriegelung.

Das Rohbaumaß für die Innentüren gilt ab Oberkante Fußboden. (vgl. Tabelle). Man muß peinlichst genau darauf achten, ob die Türen den Anschlag rechts oder links haben und ob sie nach innen oder außen aufgehen sollen. Der Rechts- bzw. Linksanschlag einer Tür bezeichnet die Seite, auf der sich die Bänder befinden. Betrachtet wird die Tür dabei von dem Raum aus, in dem sie hineinschlägt. Der Öffnungsradius von Türen, besonders in den kleinen Räumen (z.B. Korridor) darf sich nicht überschneiden. Auch Fensterflügel könnten dabei in die Quere

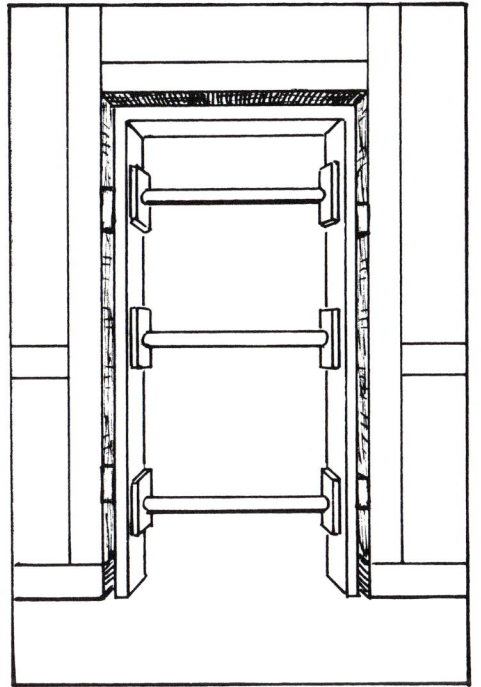

INNENTÜREINBAU

Die vormontierte Zarge wird zwischen die Ständer eingesetzt und mit Brettstückchen hinterlegt. Vor dem Ausschäumen muß die Zarge durch Queraussteifung stabilisiert werden

kommen. Eine genaue Anleitung für den Einbau von Innentüren und Zargen kann man in fast jedem Baumarkt erhalten. Der Einbau ist kaum schwerer als bei Fenstern und Haustüren. Die zusammengebaute Zarge wird in die Laibung gestellt und mit Keilen festgesetzt. Dann werden Spreizhölzer zwischen die Zargenschenkel geklemmt und der Raum zwischen Laibung und Zarge mit Montageschaum gefüllt. Man kann die Zarge auch mit Schrauben und Dübeln an den Ständern befestigen.

Wandöffnung	Türblattmaß	Holzzargen
2010 x 635 mm	1985 x 610 mm	90 – 110 mm
2010 x 760 mm	1985 x 735 mm	120 – 140 mm
2010 x 885 mm	1985 x 860 mm	140 – 160 mm
2010 x 1010 mm	1985 x 985 mm	160 – 180 mm
		200 – 220 mm
		265 – 285 mm
		330 – 350 mm
Maße: Höhe x Breite		

Fertigtüren und Zargen werden nach DIN-Abmessungen angeboten

139

Die beheizbare
Veranda ist auch in
kalten Jahreszeiten
ein idealer Raum
für Muse und Ent-
spannung. Auf
den »Palmengarten«
in seinem Haus
mit naturnahem
Ausblick sollte man
möglichst nicht
verzichten

VOM WOHNEN AUF DEM LANDE

Können Sie sich ein Holzhaus vorstellen, das im Biedermeier-Stil eingerichtet und in dem jeder Raum eine andere Farbnote besitzt? Die Kapitänsvillen in den weißen Fischerorten Norwegens, die sich an der Skagerrak-Riviera wie Perlen aufreihen, sind Edelsteine des Wohninteriors. Wenn man sie betritt, fühlt man sich wie einer der kopftauchenden, weißen Schwäne in den stillen Fjorden und Lagunen. Der Eindruck geht glattweg unter die Haut! Die von außen weiße Szene schlägt

WOHNEN IN SKANDINAVIEN

dramatisch um, sobald man die Häuser betritt. Man sinkt hinab in die schillernden Tiefen der Fisch- und Muschelriffe. Innen besitzen die weißen Holzhäuser eine farbenfrohe Ausstattung. Hier hat man das stolze Schwanenkleid abgestreift, tobt sich in Kontrasten aus. Dabei entstand eine raffinierte Romantik, die wir Deutschen uns in unseren märchenhaftesten Träumen kaum ausmalen können. Ein unerwartetes Farbenidyll, antike und verspielte Seemannsraffinesse! Einen Hauch davon kann man in den Antiquitätengeschäften der alten Seegassen von Kragerø, Risør, Tevedestrand, Grimstad und Lillesand erahnen. In den weißen Häusern wohnt man nicht nur, sondern man erlebt das Wohnen! Man fühlt und empfindet, ist fortgerissen in eine andere Welt. Holz ist kein Thema. Aber hier blieb die Seele nicht in dumpfen, hohen Wäldern harren, sondern brachte die sagen-

haften Wunder des Fernwehs heim. Die dicken Dielenschiffsbohlen sind im Kontrast zu den schweren und eleganten, weißen Balkendecken hölzern grau belassen. Das skandinavische Dielenfußbodenrezept kommt »Do-it-yourselfern« entgegen: Die ungestrichenen Dielen mit einer ätzenden Lauge behandeln und sodann mit Sand leicht scheuern; zum Schluß eine Schutzschicht aus flüssiger Seife auftragen. Man erhält gebleichte Holzdielen, die ebenso attraktiv wie pastellfarben gestrichene Böden, aber viel leichter zu pflegen sind. Die schweren Holzbalkendecken hingegen strahlen weiß!

Tapeten und Möbelstücke wie in der Rokokozeit. Jeder Raum ein Szenewechsel. Die Küche ist bäuerlich verwunschen, ihre Holzwände leuchten zudem zum Beispiel ultramarinblau (siehe Seite 42). Ein schönes Gestaltungselement in Skandinavien sind illusionistische Sockelzonen. Bordüren und florale Girlanden werden auf das Holz gemalt. Gern täuscht man kostbares Material durch kunstfertige Maltechnik vor. Dabei werden oft kräftige Bauernfarben als Gegenpol zu den tiefgrünen Kiefernwäldern verwendet. Hölzerne Wandverkleidungen mit Rosenmalerei, erlesene Stilmöbel wie helle Empire- und Biedermeier-Möbel aus Birkenholz, schmiedeeiserne Lampen, steile Treppen, die wie auf Segelschiffen nach

Auch das Badezimmer kann ganz gemütlich eingerichtet werden

141

In einem schwedischen Ferienhaus bekommt man den Seeblick gratis

haltenere Rustikalität, aber dafür mehr Helligkeit und Beschwingtheit. Die Schweden belassen in der Regel keine sichtbaren Balken oder tragenden Elemente. Daß man auch in Schweden im Winter, wenn die Sonne gerade mal um 10 Uhr richtig »aufgewacht« ist und gegen 16 Uhr bereits wieder untergeht, Zeit hat, über dem häuslichen Dasein zu brüten, merkt man dort auf Schritt und Tritt. Dann werden fantasievolle Wohnspielereien ausgeheckt und in den Fenstern und Veranden zur Schau gestellt. Auch Carl Larsson, der wohl bekannteste schwedische Künstler, war einer, der mit den dunklen Wintern kämpfte und sein Leben im trauten Heim aufgehen ließ. »Das Larsson-Haus ist nicht typisch für den schwedischen Wohnstil ...«, erklärt die Museumsführerin in ihrem zeitgenössischen, hellgestreiften Baumwollkleid im Atelier des Larsson-Hauses in Sundborn (Dalarna). Auch Carl Larsson hat sich in der Welt umgesehen. Die Stühle im Eßzimmer mit den grünen Butzenfenstern und orangenem Rahmen sind orange-blau, der Kachelofen grün und der Geschirrschrank wiederum orange. Über eine dicke, froschgrüne Holzschwelle betritt man das Wohnzimmer, das in seiner Farbgestaltung völlig konträr blau-weiß kariert ist und unweigerlich an IKEA-Design erinnert. Auch die Holzdecke im oberen Stockwerk ist grün, und man blickt zum herrlichen See. Carl Larssons Wohnstil hat nicht nur die Schweden inspiriert. Von Sundborn gingen seine idyllischen Heile-Welt-Aquarelle mit jenem »untypischen« schwedischen Interior als Kalenderblätter in millionenfacher Auflage um die Welt. Die Lilla Hyttnäs »Das Haus in der Sonne«, gewann einen besonderen Flair durch die vielen von Karin entworfenen und gefertigten Textilien. Jedes Zimmer strahlt ein eigenes Kolorit aus. Keck und unbekümmert wird Traditionelles mit Modernem in Einklang gebracht. Das bevorzugte Material ist Holz; es strukturiert abwechslungsreich die Außenfassaden und durchzieht das Haus mal farblos gebeizt, mal weiß oder farbig gestrichen. Der von der einfachen Formensprache des Klassizismus inspirierte gustavianische Wohnstil entwickelte sich unter König

oben unter das Dachgebälk führen, antiquierte gußeiserne Öfen, ausladende altehrwürdige Himmelbetten, intensive Farben wie Kobaltblau und tiefes Grün oder auch Karminrot sowie Attribute, die dem Umkreis des Meeres und der Berge entstammen, schaffen den Eindruck von naturverbundener Ursprünglichkeit. Die Rosenmalerei ist eine Dekorationskunst der bäuerlichen Welt des 18. und 19. Jahrhunderts in Norwegen. Zumeist zeigt sie nicht eine einzige Rose. Norwegen wirkt nicht nur grandios durch den Reichtum der Natur, sondern auch durch die Behaglichkeit seiner Häuser. Letzteres ist ein Schlüsselwort für die Menschen in einem Land, in dem ein Wintertag bis zu dreizehn Stunden kürzer sein kann als ein Hochsommertag. Und auch in Schweden leuchten an den langen Winterabenden Kerzen und Lämpchen hinter den Scheiben, überall funkelt es kristallen. Spiegelglas, Kristall und Metall verzaubern die klirrende Kälte in eine warme, märchenhafte Lichterwelt. Schweden unterscheidet sich im Wohnstil von Norwegen durch etwas ver-

Gustav III. gegen Ende des 18. Jahrhunderts. Gustavianische Möbel passen mit ihrer klaren, geraden Linienführung in jeden Raum. Mit ihrer schlichten, pastellfarbenen Bemalung in Weiß, Hellblau, weichen Grüntönen, cremigen Gelbtönen und dem typischen Perlgrau strahlen sie naiven und graziösen Charme zugleich aus. Zusammen mit den tief angesetzten, weißen Fensternischen holen sie Frische, Licht und Leichtigkeit ins Innere. Mit dem sparsamen, aber effektvollen Einsatz der Möbelstücke wandte man sich gegen vollgestellte Interiors. Wer nach Schweden fährt, findet jenes schlichtschöne Flair sogar in alten Schlössern. In Schloß Gripsholm sind Stühle und Sessel mit karierten und gestreiften Baumwollstoffen bezogen. Die besten Hotels des Landes bieten dem Reisenden die Möglichkeit, urschwedisches Wohngefühl zu erleben. In den Herrenhöfen der Country-Side-Hotelkette ist nicht nur für das Hochlegen der Füße am offenen Kamin gesorgt. Die Bettdecken könnten aus Omas Schlafzimmer stammen. Als besonderen Ausdruck beläßt man die Risse im Waschbecken, als ob es schon immer und ewig dort gewesen sei. Und beim Baden in der zerkratzten Badewanne blickt man hinaus in nordische Nadelwaldexotik: ein riesiger Wacholderbaum, eine knorrige Kiefer, und dazwischen trauern die Zweige einer Birke. Und auch innen überall Holz, sogar im Badezimmer. In den Plattenritzen auf der Terrasse wächst das Gras ... Niemand will sie säubern, man könnte ja das Ungeschlachte zerstören.

Die Schweden verwenden gern Glas, Kristall und Metall, um das Licht zu verstärken bzw. zu reflektieren. Sie lieben antike Kristallüster oder originale Spiegel, an deren unterer Seite ein Kerzenhalter angebracht ist. An den Türklinken glänzt weißes Porzellan, und auch die Gardinenstangen werden oft an den Enden mit einem funkelnden Knauf versehen. In den endlosen Wintern frönen die Schweden dem Licht. Spärliche, weiße Tüllgardinen umspielen die Fensterscheiben. Töricht wäre, wer sich den Ausblick auf den See verhängen würde. Auch die Wände sind in verschiedenen Pastelltönen gestrichen, die die Lichtwirkung verstärken. Bevorzugt werden kreidige Farben und man vermeidet schmutzige Farbtöne.

Mut zur Farbe und internationales Wohnflair

Schwarz, Weiß und Grau bezeichnet man im allgemeinen als Unfarben. Sie wirken eintönig und kalt. Deshalb muß man sie aber nicht vollkommen ablehnen, auch nicht im Landhausstil. Wer sie miteinander kombinieren will, sollte den Gesamteindruck durch krasse farbliche Akzente auflockern (Rot, Orange). Das können bunte folkloristische Sofakissen oder Teppiche im marokkanischen oder orientalischen Stil sein oder eine farbenfrohe Fenster- und Tischdekoration. Streicht man einen mit Holzpaneelen verkleideten Raum hingegen rundum weiß, ergibt sich ein amerikanisch anmutendes Holzhausdesign. Besonders bizarr kann das wirken, wenn man die Abendsonne mit einem großen Spiegel in den Raum reflektiert und sich ein rosa Schleier auf die Wände legt. Mit dunkelbraunen Stilmöbeln kombiniert, ergibt sich daraus ein koloniales Ambiente vom Feinsten. Aber ebensogut kann man darin auch weiße, grüne oder marineblaue Möbel aufstellen. Letzteres erzeugt eine Seemannsatmosphäre, die die sonnigen Farben einer griechischen Insel vermittelt. Auch durch taubenblaues Design erhält man diese Stimmung. Taubenblau wirkt besonders besänftigend auf Nerven und Gemüt, wie Psychologen herausgefunden haben. Ein blaugestreiftes Sofa (oder Vorhänge), eine taubenblau gestrichene Holzbalkendecke (oder Holzfußboden) sowie mit Bambus verkleidete Decken verstärken diesen Eindruck. Großblumige Stoffe in Blau-Weiß ergeben hingegen einen etwas orientalischen Einschlag. Sehr elegant wirkt Olivgrün mit Weiß: Wenn die Tapete im dunklen Olivgrün mit weißen Mustern gehalten oder mit Bordüren verziert und ansonsten das ganze Zimmer weiß gestrichen und mit weißen Stilmöbeln eingerichtet ist. Ein weißer Flügel, ein weißer Kachelofen, weiße Polster, eine weiße Decke und ein weißer Fußboden (kann auch mit weißen, flauschigen Teppichen belegt sein) harmonieren auch gut mit Naturholztönen an den Wänden. Ein ganz raffinierter Kontrast von Schick und Rustikalität!

Aber nun genug mit dem Weiß! Lassen Sie uns in den Süden, in die Toskana und in die Provence ziehen. Die Toskana erinnert an handgetöpfertes, quietschgelbes Geschirr, an Weinranken und Tapetenbordüren als attraktiver Blickfang und als farbenfrohes Bindeglied zu blumigen und karierten Stoffen. Römische Fliesenfriese lassen die Erinnerung an die barocken Palazzi Italiens aufleben. Solitärmöbel in Kupfergrün und Antik-Gelb oder ein fröhliches Sonnengelb, kombiniert mit leuchtendem Blau, vermitteln eine heitere Stimmung. Vorstellbar wäre zum Beispiel eine gelbe Decke mit dunkelbraunen Rundbalken oder gelbgetünchte Putzwände. Dazu eine ebenso schön bemalte Treppe. Weiße, runde Deckenbalken wirken sehr schön auf Schilfmatten oder Bambus. Fuß- und Deckenleisten können farbig gestrichen, Türen und Fenster mit Leisten eingerahmt werden. Sehr dekorativ kann auch der Ausblick durch ein Fenster auf eine alte Natursteinmauer oder eine ziegelrote Mauer sein, wenn diese mit bunten Blumen oder mit Weinlaub berankt ist. Kapuzinerkresse, Maiskolben oder Kürbisse sind farbenfrohe Schmuckpflanzen für die Dekoration auf dem Lande. Nicht nur Matisse malte in der Provence, beeinflußt von marokkanischen Dekors. Immer wieder läßt Matisse in seinen Bildern mandarinenorange Akzente leuchten. Neben den mediterranen Blautönen sind in der Provence auch Lila, Grün und Rosa sowie Rosétöne mit hellem Gelb kombiniert salonfähig. Die alte Natursteinwand hinter dem Kamin oder eine verputzte Wand mit Natursteinen durchsetzt ist schon fast ein Muß im Landhaus. Sie kann auch in einem Holzhaus imitiert werden (siehe Seite 89, Fotos/oben). Süden und Sonne, das heißt auch eine großzügig angelegte Terrasse mit einer schönen

Hängematte (Balsam für den baugeprüften Rücken!), Sonnenschirm, Markisen und farbenfrohe Gartenmöbel mit vielen Kissen. Geflochtene Rattanmöbel (man kann sie sich auch ganz nach eigenem Wunsch anfertigen lassen!), Verzierungen aus Rattan sowie Strohdächer und -decken verleihen nicht nur dem Wintergarten einen malaysischen Charme. Zu leuchtend gelben oder blauen Wänden passen auch dunkle Holzbalkendecken oder eine weiße Decke mit blauen Balken. Buntverglasungen, bemalte Türen, Stühle und Möbel in leuchtend bunten Farben runden das heitere Landhausflair ab.

Landhausflair in Bad und Küche

Eine Holzbadewanne aus massiver Rotzeder bietet Genuß auf natürliche Art. Sie kostet allerdings 2500–3000 €. Nein, das Landhausflair können Sie viel preiswerter in Ihr Bad einziehen lassen. Und durch Holz können Sie gleichzeitig die anheimelnde Stimmung einer finnischen Dampfsauna erzeugen. Es ist ganz falsch, ein Bad in einem Holzhaus rundum zu fliesen. Dort, wo kein Wasser spritzt, kann man Holz einsetzen und mit einer offenporigen und wischfesten Farbe streichen. Holzdielen ergeben einen tollen Kontrast zu weißen Fliesen, sie können allerdings über die Jahre hinweg aufquellen. Äußerst rustikal wirkt im Bad ein Steinfußboden (Natursteinplatten oder Römerfliesen). Hübsch dazu ein antiker Stuhl mit verspieltem Spitzenkissen. Und auch Stil- oder Landhausmöbel können im Bad stehen oder hängen. Die Wanne mit Füßen bringt trauliche Nostalgie. Alte, möglichst goldfarbene Wasserhähne, ein antiker Spiegel, Jugendstilfriese, Bastteppiche, eine mit Malereien verzierte oder farbenfroh gestrichene Holzbalkendecke oder gar eine geschnitzte Kassettendecke verstärken diesen Eindruck. Ein schöner Duschvorhang wirkt ländlicher als eine feststehende, klobige Plastik-Duschkabine. Fliesenfriese um Badewanne, Toilette, den Ofen oder an der Türschwelle kann man fast kostenlos herstellen (siehe Seite 125). Ein Bad im Marrakesh-Stil gewinnt eine ganz besondere balsamische Note. Dunkelgelb und Fahlblau passen dazu besonders gut. Mit Rigipsplatten und Putz lassen sich Arkaden und Bögen imitieren. Die Badewanne läßt sich nicht nur mit Fliesenmosaiken, sondern auch mit rustikalen Steinen, Kieselsteinen und Muscheln verzieren, verputzen und ganz nach Geschmack farbig streichen. Besonders schön wirkt dies bei einer Eckbadewanne. Exotische Grünpflanzen zaubern tropische Stimmung dazu. Kakteen wirken in Gruppen besser als einzeln. Am besten in eine große Keramikschale in weiße Kieselsteine betten. Die Küche ist mehr als nur ein Wirtschaftsraum, sie ist das Zentrum des Alltags, in dem man genießen und entspannen kann. Offene und wohnliche Küchen vermitteln diesen Eindruck am stärksten. Durch ein großes Fenster blickt man in den Garten hinaus. Emaille- oder Kupfergeschirr dienen als Wandverzierung. Als Durchreiche kann auch ein altes Holzsprossenfenster oder ein oder mehrere Fachwerkbalken dienen. Cotta-Fliesen und Yssel-Klinker-Steine als Fußbodenbelag verleihen der Küche ein bäuerliches Ambiente. Tellerboards und mit Kräutern und Schmuckkellen behangene Deckenbalken tun ein übriges.

Raumeindruck, Farbe und Gestaltung

Farben und Linien wirken auf unsere Sinne, aber bei allem Mut zur Farbe müssen noch ein paar gestalterische Gesetzmäßigkeiten beachtet werden. Der Raum gewinnt durch kalte Farben wie Blau und Grün an Tiefe. Auch Grau, Grünblau und Blauviolett weiten die Räume optisch, da das Auge sie nicht als Begrenzung wahrnimmt. Kleine Räume wirken größer durch kühle Farben und große Muster mit verschwimmenden Konturen. Gelb macht die Räume größer, hellt sie auf und ersetzt die fehlende Sonne. Für Nord- und Osträume ideal! Gelb wirkt heiter und

geistig anregend! Auch eine Bildtapete mit betonter perspektivischer Tiefe vergrößert den Raumeindruck. Warme Farben hingegen drängen nach vorn. Rot und Orange regen den Kreislauf an und muntern seelisch auf. Durch diese Warm-Kalt-Kontraste können extreme Raumdimensionen vorgetäuscht werden. Große Räume lassen sich durch warme Farben ohne Weißbeimischung oder durch klar umrissene Muster optisch verkleinern. Gesteigert wird diese Wirkung noch durch Tapeten mit kleinen Dessins. Zu vielen Tapeten-Dessins gibt es passende Borden. In Räumen mit überwiegend roter oder gelber Farbgebung wird die Temperatur um einige Grade wärmer empfunden als in Räumen in Blau oder Türkis. Letztere eignen sich deshalb eher für Süd- und Westzimmer bzw. den Wintergarten. Farben aus dem Blaubereich fördern die Entspannung und die Inspiration. Schon beim Betrachten einer blauen Farbfläche, ähnlich dem Blick aufs Wasser oder in den Himmel, ergibt sich ein Gefühl von Weite und Stille. Der französische Künstler Ives Klein machte sich in seinen Kunstwerken diesen Effekt zunutze. Ganz ähnlich die Assoziationen bei Grün: Gedanken an Wälder und Wiesen kommen auf, Ruhe und Geborgenheit werden signalisiert, hervorragende Farben für das Arbeitszimmer oder Schlafzimmer gefunden. Helle Decken lassen niedrige Räume höher wirken, dunkle Decken machen Räume niedriger. Dunkle Seitenwände verlängern kurze Räume; eine dunkle Blickwand und helle Seitenwände verkürzen lange Räume. Sonnenarme Nordzimmer sollte man in sehr hellen und warmen Tönen streichen. Wenn Sie sich für farbige Decken und Wände entscheiden, dann bedenken Sie auch die Farbe ihrer Sitzmöbel und Schränke. Diese sollten dann eher neutral sein. Vorsicht geboten ist immer bei den reinen Farben, weil deren Leuchtkraft zu laut und die Kombination zu unruhig wirken kann. Auch Vorhänge, Holzarten und Teppiche spielen eine große Rolle bei der Farbgestaltung des Raumes. Entscheiden Sie sich für eine Grundfarbe, die den Ton angibt und der sich die anderen Farben im Raum unterordnen.

KEINE KRAFT MEHR FÜR DEN GARTEN ?

Eine schattige Weinlaube (Pergola) ist im Sommer Gold wert. Die frische Kühle der Natur wissen auch schlaue Tiere zu schätzen. Man spürt dies auch unter einem großen Laubbaum

Ein lebhafter, grüner Garten, in dem die Vögel singen, ist laut Feng Shui ein gutes Zeichen. Wenn Sie den genauen Standort Ihres Hauses bestimmen, sollten Sie bereits eine ungefähre Vorstellung von der Anlage Ihres Gartens haben. Beim Erdaushub können Sie die Zufahrt und Wege planieren und mit Schotter befestigen lassen. Die Zufahrt sollte möglichst in sanften Schwüngen zum Haus führen. Auch der Gartenteich kann dann bereits vom Bagger grob ausgehoben werden. Beim Abtransport der Erde kann schließlich auch die Terrasse einplaniert werden. Auf diese Weise sparen Sie sich viel Arbeit. Vergessen Sie nicht einen kleinen Wirtschaftshof für die Mülltonnen, die Teppichstange, den Hauklotz und die Wäscheleine. Er sollte möglichst an einer unauffälligen Stelle liegen. Planen Sie alle im Erdreich zu verlegenden Leitungen, Gartenzapfstellen und die Gartenbeleuchtung rechtzeitig ein. Die Bepflanzung des Gartens kann erst dann erfolgen, wenn alle Erdarbeiten erledigt und das Baugelände weitgehend von Bauschutt bereinigt ist. Für die endgültige Gartengestaltung sollten Sie sich ebenso wie für die Innengestaltung des Hauses Zeit nehmen. Das Einpflanzen von Sträuchern und Bäumen ist mit schwerer Erdarbeit verbunden. Wenn man den Standort der Pflanzen verändert, gedeihen sie oft nicht

DER FORMSCHÖNE GARTEN

mehr: rausgeschmissenes Geld und reichlich Frustration dazu! Also nichts überstürzen. Viel Arbeit und Geld spart man, wenn man als Bodenbelag für Wege und Terrassen Kies wählt. Kies ist ein reizvolles Ambiente für ein Landhaus aus Holz, er vermittelt einen sonnigen und natürlichen Eindruck. Die Begehbarkeit eines Kiesweges kann man verbessern, indem man ihn mit schönen Steinplatten durchsetzt. Die Terrasse läßt sich außerdem mit Holzplatten gestalten (druckimprägnierte Holzfliesen und Holzroste). Der Kies kann als Drainageschicht bestens dienen. Geschlossene Beläge müssen immer mit Gefälle angelegt werden, sonst bildet das Regenwasser Pfützen, die im Winter zu Eis gefrieren. Schön ist es, wenn der Gartenteich an der Terrasse liegt. Wasser wirkt immer belebend und erfrischend, besonders in heißen Sommern. Achten Sie darauf, daß der Gartenteich möglichst an einer tiefen Stelle des Grundstückes plaziert ist, damit Sie das Oberflächenwasser leicht hineinleiten können. Er sollte nicht neben Bäumen gelegen sein, die Laub abwerfen (Algenbildung!). Außerdem sollte man das Teichwasser vom Wintergarten oder vom Eßzimmer aus sehen können. Auf dem Wasser glitzert das Sonnenlicht, und die Umgebung spiegelt sich darin wider. In China wird häufig die Gestalt natürlicher Seen im Garten nachgeformt. Wenn irgend möglich, sollte man natürliche Geländeformen im Garten nachbilden. Dazu kann ein Teil des Erdaushubs dienen. Wer geschickt ist, plant seinen Garten nicht losgelöst von der Umgebung. So läßt sich ein kleiner Garten optisch vergrößern. Geländeformen kann man geschickt nutzen und verstärken. In der Gartenkunst Chinas nennt man das »die Landschaft leihen.« Wenn Sie den Kies bis zum Teichufer führen, den Sie mit schönen weißen Steinen geschmückt haben, dann erzeugen Sie eine Strandatmosphäre im Kleinen. Legen Sie die Terrasse nicht als langweiliges Viereck an, das wie ein Klotz am Haus hängt. Viel attraktiver wirken geschwungene Formen oder eine runde Terrasse. Eine Terrasse kann über zwei bis drei Ebenen verlaufen, die durch reizvolle Natursteintreppchen miteinander verbunden werden. Die Sitzecke sollte an einer Stelle vorgesehen werden, die vom Hause aus nicht direkt zu sehen ist. Der Ausblick auf den Teich, die Blumenwiese oder blühende Bäume und Sträucher erzeugt viel schönere Assoziationen als die Gartenmöbel. Aussichten aus den Fenstern des Hauses sollten eine wichtige Rolle bei der Gartengestaltung spielen! Schließlich möchten Sie auch in den kalten Jahreszeiten Freude an Ihrem Garten haben. Deshalb sollten Sie den Garten erst dann endgültig planen, wenn Sie schon in dem Haus wohnen. Die Sitzecke auf der Terrasse kann in das Wohnen einbezogen werden. Sie kann durch Pergolen oder eine Wein-, Bohnen- oder Kürbislaube wie ein gemütliches und schattiges Eckchen angelegt werden. Der Holzklassiker des Gartens, die Pergola, bringt südliche Stimmung. Die Pfosten auf sog. Balkenschuhe, die einbetoniert werden, montieren! Dabei können reizvolle Schattenbilder eine Rolle spielen. Sie sollten bei der Gartengestaltung nicht unberücksichtigt bleiben. Ein Springbrunnen oder ein flaches Wasserbecken (zum Beispiel ein mit Teichfolie ausgelegter Kasten) mit Wasserlilien kann integriert werden. Auch Wege sollten niemals gerade und direkt verlaufen, sondern geschwungen, am besten so, daß ihr Ende unsichtbar bleibt. Ganz

geschickt ist es, wenn man den geheimnisvollen Eindruck gewinnt, daß sich der Garten endlos fortsetzt. Die Wege sollten sich vom Gartentor zum Haus hin verjüngen. In China vergleicht man dies mit einem Fluß, der am Haus entspringt. Feng Shui rät, am unteren Ende der Auffahrt zwei Findlinge oder aus Ziegelsteinen gemauerte Torsäulen mit Betonkugeln oder ein Paar Fu-Hunde zu plazieren. Parken Sie das Auto möglichst so, daß Sie es nicht von der Terrasse oder vom Haus aus dominant sehen müssen. Durch ein Vorziehen der Garage und auch mit Hecken und Zäunen kann u. U. das Mikroklima in einem Vorgarten positiv beeinflußt werden.

Der Naturgarten als passendes Ambiente für Ihr Holzhaus

Pflegeleicht, farbenfroh und duftend zu jeder Jahreszeit

Einen Garten sowohl pflegeleicht als auch attraktiv zu jeder Jahreszeit zu gestalten, ist gar nicht so einfach. Um Ihnen ein zeitaufwendiges Studium der Gartenliteratur zu ersparen, habe ich mir zu diesem Thema Gedanken gemacht und Pflanzen herausgesucht, die dieser Forderung weitgehend gerecht werden. Lassen Sie uns ein wenig über die Gartenbepflanzung plaudern. Beginnen wir mit der Farbenfreude. Ganz im Trend sind harmonische Farbzusammenstellungen mit dem Hauch eines impressionistischen Bildes. Die Beete werden dabei so bepflanzt, daß nirgendwo Erde sichtbar ist. Das klingt zwar wunderschön, Blumenbeete sind aber außerordentlich arbeitsintensiv. Die Anpflanzung von Blumen sollte man deshalb auf wenige, aber optisch wirksame Stellen im Garten beschränken, zum Beispiel an der Terrasse, am Wegesrand oder am Gartenteich. Dabei kann es sogar reizvoll sein, nur eine oder zwei Blütenfarben zu pflanzen. Schwertlilien (gelb und blau) zum Beispiel sind widerstandsfähige und schöne Blüher, die in Gruppen sehr reizvoll wirken.

Grundsätzlich gilt es zwischen Zwiebelblumen, Sommerblumen und Stauden zu unterscheiden. Bei den Sommerblumen handelt es sich um einjährige Pflanzen, die man jedes Jahr erneut aussäen muß – nichts für den abgearbeiteten »Do-it-your-selfer«. (Auf leuchtende und schnellwachsende Blumen wie zum Beispiel Kapuzinerkresse und Sonnenblumen sollte man allerdings nicht verzichten, denn sie blühen lange und ausgiebig; und sie lassen sich im Mai ganz einfach an Ort und Stelle aussähen.) Zwiebelblumen und Stauden dagegen wachsen und blühen über viele Jahre hinweg immer wieder, ohne daß man sich um das Einpflanzen und Aussäen kümmern muß. Besonders die Stauden zeichnen sich durch eine lange Sommerblütezeit aus. Zwiebelgewächse blühen hauptsächlich im Frühjahr (Winterlinge im Februar, Schneeglöckchen, Krokusse und Märzenbecher im März, Narzissen, Osterglocken und Anfang April, Tulpen im Mai, Holländische Iris im Juni), wenige Zwiebelgewächse wie zum Beispiel Gladiolen und Dalien auch im Herbst. Mit Ausnahme von Schneeglöckchen (ihre Blätter legen sich flach auf den Boden) sollten Blumenzwiebeln nicht auf die Wiese gepflanzt werden. Nach der Blüte hat sich die Zwiebel verausgabt und muß Vorrat für das kommende Frühjahr schaffen. Wenn man ihr mit dem Rasenschnitt die Blätter abmäht, kann sie das nicht vertragen und blüht nicht mehr. Frühblüher gedeihen gut unter Laubbäumen, deren Blätter erst im Mai Schatten werfen. Im allgemeinen pflanzt man Zwiebeln so, daß ihre Spitzen ungefähr so tief wie der doppelte Zwiebelumfang in der Erde liegt. Osterglocken und Tulpen sollten ab und zu umgepflanzt werden, weil sie sonst nach einigen Jahren nicht mehr blühen. Die Aussaat der Stauden ist ziemlich aufwendig, zumal sie in der Regel erst im zweiten Jahr nach der Saat blühen. Sie gedeihen schneller und besser, wenn man sie als Jungpflanzen in einer Gärtnerei kauft. Man kann sich aber in einem Saatgutgeschäft darüber informieren, welche Blumensorten es gibt. Anspruchslose, mehrjährige Blumen sind zum Beispiel: Lupinen,

Rittersporn, Kamille, Margariten, Akelei, Schafgarbe, Fingerhut, Trollblume, Lichtnelke, Sonnenhut, Fingerhut, Lein, Ehrenpreis, Schleierkraut, Winteraster. Sie werden alle etwa 80–120 cm hoch. Stauden säen sich immer wieder selber aus, wodurch sie sich auch gut mit einer Blumenwiese kombinieren lassen. In schweren Böden wachsen Rosen problemlos. (Auch die Pfingstrose ist eine wunderschöne und dankbare Blume.) Es ist ein Trugschluß, daß Rosen viel Düngung oder Humus brauchen. In schweren, lehmigen Böden fühlen sie sich pudelwohl. Verblühter Flor muß bis auf das Auge darunter abgeschnitten werden. Die Rosen ggf. gegen Kälte schützen. Rosen gibt es in allen Farben und Duftnoten. Beetrosen sind sehr preiswert, sie duften allerdings kaum. Besonders duftende und elegante Rosen findet man unter den Edelrosen. Eine zauberhafte Zierde sind Kletterrosen oder Rosen am Stämmchen. Auch die duftenden Wildrosen sollte man nicht verachten. Sie wachsen schnell und dicht, blühen den ganzen Sommer rot, rosa und weiß. Im Herbst werden die Sträucher von den knallroten Hagebutten geschmückt. Sie sind willkommenes Futter für Vögel. Leider oft als Unkraut verfemt sind die Goldruten. Ihre Blüten behalten noch bis zum Winter ihren dekorativen weißen Filz. Ähnlich schön entwickelt sich die wildrankende Waldrebe im Winter, deren Blütenstände dann silbern in der Sonne glitzern. Der Naturgarten ist ein vortreffliches Ambiente für ein Holzhaus. Bei der Neuanlage einer Blumenwiese empfiehlt es sich, den Boden vor der Aussaat des Wildblumensamens durch Beimischung von Sand abzumagern. Die meisten heimischen Wildblumenarten gedeihen nur auf magerem bzw. nährstoffarmem (vor allem stickstoffarmem) Boden. Allein schon der Verzicht auf Düngung führt zeitweilig zu blumenreichen Pflanzendecken. Das gleiche gilt für fehlenden Herbizideinsatz und die Verminderung der Schnitthäufigkeit auf 4- bis 6mal pro Jahr, je nach Aufwuchsmenge, mit der Möglichkeit, das Mähgut auch noch liegen zu lassen. Auf einem solchen weniger intensiv gepflegten Rasen können zum Beispiel

Wiesenschaumkraut, Löwenzahn, Gänseblümchen, Fadenehrenpreis und Fadenklee blühen.

Ein wichtiger Aspekt bei der Gestaltung des Gartens bilden Sträucher und Bäume. Aber nicht alle gedeihen auf jedem Boden. Eine Baumschule in Ihrer Nähe kann Sie gut beraten oder Ihnen eine Einrichtung benennen, die Bodenanalysen durchführt. Man muß wissen, daß sich Bäume und Sträucher, die länger als drei Jahre an einem Ort stehen, nicht einfach verpflanzen lassen. Meistens gehen sie dann ein. Deshalb werden die Sträucher in den Baumschulen in regelmäßigen Abständen umgepflanzt. Im Frühjahr müssen sie vor dem Austrieb gepflanzt werden! Besser eignet sich der Herbst (Oktober) zur Pflanzung. Der Kauf von Pflanzen über Kataloge ist nicht zu empfehlen. Auf den bunten Fotos sieht alles phantastisch aus, aber damit ist noch lange keine Pflanze in Ihrem Garten angegangen. Immergrüne Sträucher und Bäume beleben den Garten auch im Winter. Das sind vor allem Koniferen, Wacholder und Eiben, die in reicher Vielfalt zur Auswahl stehen. Kirschlorbeer, Feuerdorn, Tulpenmagnolie, Berglorbeer und Rhododendren sind reizvolle, immergrüne Blattsträucher, die außerdem einen schönen Blütenflor hervorbringen. Der Feuerdorn trägt im Herbst wochenlang knallrote oder leuchtend gelbe Beeren. Wenn die immergrünen Blattsträucher geschickt mit verschiedenen Koniferen kombiniert werden, erhält der Garten eine geradezu exotische Note. Zudem kann man immergrüne Sträucher als Sicht- und Windschutz einsetzen. Viele eignen sich auch als Heckenbepflanzung. Als immergrüne Kletterpflanze empfiehlt sich Efeu, das Hauswände und Spaliere auch im Winter begrünt. Das blühende Geißblatt ist halbimmergrün. Eine nordische Stimmung erzeugen Kiefern, die es in sehr reizvollen Arten gibt. Die Mädchen- und die Tränenkiefer wirken subtropisch bizarr. Letztere ist ein breiter hochwachsender Baum mit sehr langen Nadeln und Zapfen. Auch Tamarisken wirken mit ihren Blüten äußerst mediterran. Durch blühende Bäume und Sträucher läßt sich der Garten besonders reizvoll gestalten. Man glaubt gar nicht, was alles im Winter blüht: Winterkirsche, Winterjasmin, Zaubernuß, Eisenholzbaum, Geißblatt, Hartriegel (Cornus alba), Schneeball (Viburnum bodnantense). Im Frühjahr blühen Forsythia, Rhododendren, Berberitze, Kirschlorbeer, Magnolie, Zierkirsche und Zierapfel. Außerdem blühen im Frühjahr die Obstbäume, auf die man keinesfalls in einem Garten verzichten sollte. Wenn Sie mehrere Obstbäume pflanzen, dann achten Sie darauf, daß Sie sowohl Früh- als auch Spätobst im Garten haben. Späte Äpfel kann man bestens lagern und noch im Winter genießen. Der Blütenflor an den Obstbäumen erscheint dann im Frühjahr demgemäß gestaffelt, so daß Sie sich einige Wochen an der Obstblüte erfreuen können. Ein echter Quittenbaum ist mit seinen duftenden Blüten im Frühjahr und den großen, gelben Früchten im Herbst eine exotische Pracht und Quittenkonfitüre ist eine Gaumenfreude! Im späteren Frühjahr folgen Goldregen, Weißdorn, Feuerdorn, der Schmetterlingsstrauch (Buddleja alternifolia), Ginster und Flieder, gefolgt von den Wildrosensträuchern, Sommerjasmin, Perückenstrauch, Gerber Sumach, Gewürzstrauch und Tamariske. Spät blühen zum Beispiel der Syrische Eibisch, Hortensie und verschiedene Sommerfliederarten (Buddleja davidi). Die kletternde und sehr exotisch wirkende Trompetenblume blüht noch bis in den September hinein. Attraktive Kletterkünstler sind auch der duftende Blauregen, Hopfen (Humulus lupulus), Pfeifenwinde, der wüchsige Kürbis.

Und der Duft? Betörende Düfte verströmen die folgenden Sträucher: Weißdorn (süß muffig), Goldregen (zart), Zierapfel, Eberesche (zieht Bienen an), Winterblüte (ambrosaisch), Gewürzstrauch (duftet aus Blättern, Holz und Blüten), Berberitze, Schmetterlingsstrauch, Akazie, Scheineller (Clethra), Ginster, Zaubernuß, Geißblatt, Schneeball, Mahonie (exotisch), Wacholder. Der Pfeiffenstrauch (Sommerjasmin) duftet stark nach Orangen, und der Duft der Kornelkirsche/Hartriegel und auch des (Zwerg-) Flieders zieht durch den ganzen Garten.

Am Anfang war der Baum...
Die Holzfabrik »Wald« wird allein mit Sonnenenergie betrieben! (Ahornbaum im Herbst)

Duftsträucher sollte man möglichst so anordnen, daß man sie auch riechen kann (Terrasse, am Weg, am Fenster). Außerdem kann man den Garten mit Duftkräutern durchsetzen. Lauch und Zwiebeln verhindern Schimmel an Erdbeeren. Lavendel und Majoran vertreiben Ameisen. Bohnenkraut, Thymian, Salbei und Lavendel halten Blatt- und Blutläuse fern. Kohlweißlinge werden von Dill, Rosmarin, Pfefferminze und Sellerie irritiert. Auch der wilde Wein verströmt einen feinen Duft, womit wir wieder bei der Farbe angelangt wären, aber jetzt bei der Herbstfärbung.

Durch eine gut überlegte Zusammenstellung von Bäumen und Sträuchern können Sie sich Ihren »Indian summer« sogar in den Garten zaubern. Wilder Wein (Vitis coignetiae) steht dabei an erster Stelle. Dabei gibt es Sorten, die die Purpur-Blätter besonders lange halten. Sie brauchen viel Sonne und Feuchtigkeit. Es gibt aber auch Bäume, wie zum Beispiel Rotbuche und Japanahorn, die das ganze Jahr über farbige Blätter tragen und mit den verschieden Grünfärbungen im Gar-

ten abwechslungsreich kombiniert werden können. Eine ganz besonders schöne und exotische Herbstfärbung zeigt der Essigbaum (giftig). Er eignet sich (ebenso wie die Felsenbirne und die Vogelbeere) gut für kleine Gärten. Wählen Sie das weibliche Exemplar des Essigbaums. Es trägt im Frühjahr gelbgrüne Blütendolden, sie sich im Herbst zu einem aufrechtstehenden dunkelroten Fruchtkolben entwickeln und die Bäume auch im Winter schmücken. Auch Feuerahorn, Aralie, Hartriegel und Perückenstrauch legen im Herbst ein farbenfrohes Kleid an. Die Hagebuttenrose, Feuerdorn (gelb/rot), Zierapfel, Eberesche, Perückenstrauch, Berberitze, Hartriegel, Kirschlorbeer und Wacholder zieren dann den Garten zudem mit dunklen oder leuchtenden Beeren. Die buntblättrigen Varianten des Zierkohls sind sogar genießbar! Auch Rotkraut, in Terrakotta gepflanzt, wirkt dekorativ.

Die Lärche ist ein sehr schöner, exotisch wirkender Baum. Ihre Nadeln färben sich im Herbst sehr reizvoll, tiefgelb und orange. Allerdings wird die Lärche in einigen Jahren zu einem riesengroßen Baum heranwachsen. Zudem wirft sie im Winter die Nadeln ab, was auf Kieswegen u.U. mit viel Arbeit verbunden ist. (Auch Kiefern werfen ihre Nadeln teilweise ab.) Ähnlich verhält es sich mit der Birke, die im Herbst ebenfalls ein qietschgelbes Kleid trägt und zudem mit ihrem schönen weißen Stamm dem Garten eine zauberhafte nordische Stimmung verleiht. Daher paßt sie bestens zum Holzhaus. Lärchen und Birken wachsen allerdings nicht sehr dicht, so daß man ihre Höhe durchaus vertragen kann. Sie nehmen weniger Sonne weg. Aber Birken sind Flachwurzler und nehmen wiederum allen Gewächsen in ihrem Bereich Wasser und Nahrung weg. Der Garten besitzt seine eigene Dialektik der Natur. Der Katsurabaum duftet im Herbst nach verbranntem Karamel und leuchtet betörend schön in allen möglichen Farbnuancen. In 20 Jahren wird er etwa 7 m hoch, ausgewachsen bis zu 18 m. Auch der Eisenholzbaum zeigt eine phantastische Herbstfärbung von Purpurrot bis Gelb und Orange.

LITERATURVERZEICHNIS

BAUER-BÖCKLER, HANS-PETER: Holzhäuser - attraktiv und individuell, Blottner Verlage Taunusstein, 1998

BERGER, WILFRIED: Bauen und Wohnen mit Holz, Blottner Verlage, Taunusstein, 1999

BERGER, WILFRIED: Holz - Werkstoff, Gestaltung und Verarbeitung, Blottner Verlage, Taunusstein, 2001

BLASER, WERNER/TOMSK: Textur in Holz, Birkhäuser Verlag, Basel - Boston - Berlin, 1994

BOISSET, CAROLINE: Der Wuchs- und Pflanzenplaner für den Garten, Naturbuch Verlag im Weltbild Verlag GmbH, Augsburg, 1993

BOLLIGER/ERBEN/GRAU/HEUBL, Strauchgehölze, Mosaik Verlag, München, 1996

BRESSON, THÉRÈSE UND JEAN-MARIE: Baumeisterforum (1), Frühe skandinavische Holzhäuser, Beton-Verlag GmbH, Düsseldorf, 1981

CARGILL, KATRIN: Schwedischer Landhausstil, Christian Verlag, München, 1997

CROCKET, JAMES UNDERWOOD: Bäume, Time-Life-International (Nederland), 1992

DIREKTOR, MAX/BERNHARD SEREXHE: Selbst Dächer isolieren, dämmen und eindecken, Compact Verlag, München, 1996

DOERNACH, RUDOLF: Natürlich bauen, S. Fischer Verlag GmbH, Frankfurt am Main, 1986

EBERT, HANS-PETER: Heizen mit Holz in allen Ofenarten, Ökobuch Verlag, Staufen bei Freiburg, 5. Aufl., 1997

FERGER, PETER/RUDOLF STEINER und seine Architektur, DuMont Verlag, Köln, 1980

FINKE, CERSTIN/OSTERHOFF JULIA: Fassaden begrünen, Blottner Verlage, Taunusstein, 2001

FISCHER-UHLIG, HORST: Das Buch vom gesunden Bauen und Wohnen, Blottner Verlage, Taunusstein, 2001

GALLEI, KONRAD/GABY HERMSDORF: Blockhaus-Leben, Ein Jahr in der Wildnis von Kanada, Frederking u. Thaler, 5. Aufl., 1994

GARRETT, WENDELL: Amerikanischer Kolonialstil, Benedikt Taschen Verlag GmbH, Köln, 1995

GRASREINER, WOLFGANG: Das Buch vom ökologischen Hausbau, Blottner Verlage, Taunusstein, 2000

GRASREINER, WOLFGANG: Gärten zum Wohlfühlen, Blottner Verlage, Taunusstein, 2001

GRÜTZMACHER, BERND: Der Profi-Heimwerker, Holzhäuser, Selber bauen und montieren, Callwey Verlag, München, 1993

GUILD, TRICIA: Mein Landhausstil, Painted Country, Augustus Verlag, Augsburg, 1995

HABERER, MARTIN: Farbatlas Zierpflanzen, Ulmer Verlag, Stuttgart, 1990

HANSEN, RICHARD/FRIEDRICH STAHL: Bäume und Sträucher im Garten, Verlag Eugen Ulmer, Stuttgart, 1980

HUMM, OTHMAR: Niedrigenergiehäuser, Ökobuch Verlag, Staufen bei Freiburg, 1990

HUNDERTWASSER, FRIEDENSREICH: Schöne Wege, Deutscher Taschenbuch Verlag, München, 1984

JENI, KURT: Das neue Buch der Kamine und Kachelöfen, Blottner Verlage, Taunusstein, 2004

JENI, KURT: Das Buch der Wintergärten und Glasanbauten, Blottner Verlage, Taunusstein, 2000

JENI, KURT: Landhäuser, Blottner Verlage, Taunusstein, 1999

JENI, KURT: Modernisieren durch Umbauen, Blottner Verlage, Taunusstein, 2002

KAISER, KLAUS: Wildstauden, BLV-Garten- und Blumenpraxis, München, 1989

KLEINZ, DR. NORBERT: Der naturnahe Garten, Naturbuch Verlag, Weltbild Verlag, Augsburg, 1995

KOLB, BERNHARD: Handbuch für Natürliches Bauen, Verlag C.F. Müller GmbH, Karlsruhe, 1984

LARSSON, CARL: Aquarelle und Zeichnungen, Benedikt Taschen Verlag, Köln, 1993

LARSSON, CARL: Das Haus in der Sonne, Langewiesche Verlag, 1995

LARSSON, CARL: Unser Heim, Langewiesche Verlag, 1996

LAWS, BILL: Landhaus Träume, BLV Verlag, München, 1994

MARTENSSON, HANS: Haus und Garten mit Holz gestalten, Verlag Th. Schäfer, Hannover, 1992

MAURER, MANFRED: Dachgeschoß und Innenausbau, Falken-Verlag GmbH, Niedernhausen/Ts., 1992/1995

MEYER, RONALD: Selbst gebaut! Das Hausbau-Handbuch, Blottner Verlage, Taunusstein, 2004

MIAMI: Architecture of the Tropics, Ernst Wasmuth Verlag GmbH & Co, Tübingen, 1993

PAUL, TESSA/DAPHNE LEDWARD: Blütenpracht für jeden Garten, Natur-Verlag, Augsburg, 1991

PRACHT, KLAUS: Holzbau-Systeme, Verlagsgesellschaft Rudolf Müller, Köln-Braunsfeld, 1978

Preiswert bauen mit Eigenleistung vom Keller bis zum Dach, Compact Verlag, München, 1994

RINGEL, GUSTAV KILIAN: Der große Hausbauratgeber, mvg-verlag im verlag moderne industrie AG, München, 1995

SHURETY, SARAH/FENG SHUI: Harmonie im Ganzen, DuMont Verlag, Köln, 1997

SLESIN, SUZANNE/STAFFORD CLIFF & DANIEL ROZENSZTROCH: Wohnkultur und Lebensstil in Griechenland, DuMont Verlag, Köln, 1991

SOBON, JACK/ROGER SCHROEDER: Holzrahmen-Konstruktionen, Geschichte und Entwicklung der Timber-Frame-Bauweise, Werner-Verlag, Düsseldorf, 1990

STEINHÖFEL, OTTO: Holz im Bau, Konstruieren und Gestalten mit Holz, Verlagsanstalt Alexander Koch, Stuttgart, 1978

STEVENSON, VIOLET: Der schöne wilde Garten, Mosaik Verlag, München, 1985

THOEREAU, HENRY DAVID: Ein Leben mit der Natur, Deutscher Taschenbuchverlag, München, 1999

UHDE, CONSTANTIN: Der Holzbau, Reprint-Verlag-Leipzig, Originalausgabe von 1903

WEBER, HANS: Faszination Fertighaus, Konkordia Verlag, Bühl, 1995

WOLBERT, KLAUS/HUNDERTWASSER, Die Galerie, Frankfurt am Main, 1998

YORK, UTE: Zierbäume, Der Garten, Manfred Pawlak Verlagsgesellschaft, Herrsching, 1992

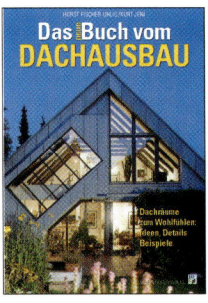